La química en 100 preguntas

La química en 100 preguntas

Gabriel Estañ Cerezo

nowtilus

Colección: 100 preguntas esenciales
www.100Preguntas.com
www.nowtilus.com

Título: *La química en 100 preguntas*
Autor: © Gabriel Estañ Cerezo

Camino de los Vinateros, 40, local 90, 28030 Madrid
www.nowtilus.com

Diseño de cubierta: NEMO Edición y Comunicación
Imagen de portada: Tabla periódica. Licencia Creative Commons Attribution. Autor original: 2012rc. Traducción al español: The Photographer

ISBN Papel: 978-84-1305-095-9
ISBN Impresión bajo demanda: 978-84-1305-096-6
ISBN Digital: 978-84-1305-097-3
Fecha de publicación: enero 2020
Fecha segunda edición: marzo 2023, marzo 2025

Impreso en España
Imprime: ULZAMA DIGITAL S.L
Depósito legal: M-37775-2019

Al doctor Diego Alonso,
por su guía intentando mostrarme los secretos de la química

A Santi, Ale y Marta,
por su compañía en esos momentos y en tantos otros

PRÓLOGO

¿Por qué decidí dedicarme a la química? La respuesta es bien sencilla, porque incluso mucho antes de que supiera lo que es, siempre he querido dedicarme a ella. Desde que era un mocoso me encantaba hacer experimentos, fuegos de colores y explosiones que alertaban a mis padres y vecinos, pero que hacían las delicias de mis amigos. Como a cualquier niño, por lo menos de los niños que estábamos todo el día en la calle, lo que me atrajo de la química fue su magia, sus colores y sus infinitas posibilidades. Es una ciencia llena vida, estruendo y transformaciones sorprendentes. En pocas palabras, la química siempre ha sido para mí una aventura irresistible desde que disfrutaba haciendo experimentos con los productos químicos que compraba en una droguería que había cerca de la casa de mis padres.

Ellos alimentaron mi vocación temprana por la experimentación con paciencia y tino. Un año me regalaron un Quimicefa enorme; un hecho que hoy sería catalogado poco más o menos de incitación al terrorismo. Con él, y todos los productos, utensilios y cachivaches que había reunido desde mi más tierna infancia, conseguí montar un pequeño laboratorio en la casa de mis padres que fue mi sala de juegos durante muchos años.

Pronto comprendí que necesitaba leer y aprender más si quería descubrir nuevos experimentos, entender por qué ocurría todo aquello que veía y sobre todo para evitar, digamos, sorpresas.

Recorría las librerías buscando un libro que me ayudara a entender todo lo que iba descubriendo y a responder las mil y una preguntas que me iban surgiendo. Pero era imposible que pudiera encontrar ese libro. Por un lado, no había entonces muchos de divulgación sobre química y sobre todo no sabía que debía buscarlo en la sección de ciencias, no en la de juegos, que obviamente es donde miraba yo, porque eso era lo que era para mí, la actividad que me ocupaba tras regresar del cole.

Este libro que tengo el placer de prologar, escrito por Gabriel Estañ Cerezo, exalumno de la universidad donde enseño y hago investigación, mi querida Universidad de Alicante, me hubiera sido de gran utilidad entonces, sobre todo porque me hubiera ayudado a responder muchas de las preguntas que me hacía entonces; y lo que es más importante, a hacerme preguntas que en aquel momento no me podía ni imaginar.

La Química en 100 preguntas es sobre todo un intento conciso de reunir las principales cuestiones de la química. Destilar la esencia para quedarse solo con lo nuclear, con aquello que resulta no solo fundamental, sino también más atractivo. Este libro cubre desde los constituyentes de la materia, cómo se transforman hasta cómo mejoran nuestras vidas. Muchas de las preguntas que se hace el autor en este libro no son muy diferentes a las que se haría un niño lleno de curiosidad por el mundo que le rodea: «¿Por qué se le echa sal a la nieve?» o «¿Cómo trabaja la policía científica?». Con otras preguntas el autor ilustra cómo la química está presente en aspectos cotidianos de nuestras vidas. Este es el caso de «¿Cuánta química hay en una piscina?», «¿Quiere que le ponga gasolina de 95 o de 98?» o «¿Son fiables las pruebas de paternidad?». Pero las mejores preguntas son aquellas que nos sorprenden y que nunca nos hubiéramos hecho como «¿Puede una letra cambiarte la vida?», «¿Por qué a los marineros se les caían los dientes?» o «¿Por qué un vidrio es transparente?».

En este libro hay un intento claro por sistematizar, por identificar patrones y dar sentido a la infinidad de compuestos que constituyen la química. Cuando el autor responde si existe algún método para organizar los millones de compuestos en química orgánica, lo que realmente está haciendo es repasar, a la vez que nos recuerda la nomenclatura básica, algunas de las principales familias de compuestos, muchos de los cuales están muy presentes en nuestras vidas.

Pero el autor nos lleva más allá y responde también a lo que podemos esperar de la química en el futuro. Para ello nos lleva hasta los más recientes descubrimientos científicos como por ejemplo los nuevos materiales, la nanotecnología o el uso de la inteligencia artificial aplicada a la química.

Como cabría esperar de cualquier viaje por la química, este libro tiene una hoja de ruta que ordena y estructura su contenido. Esta es, como no podría ser de otra forma, la tabla periódica. Precisamente en 2019 se celebraron los 150 años de la tabla periódica que propuso Mendeleiev. Él también estaba escribiendo un libro, *Principios de Química*, cuando confeccionó la tabla periódica, precisamente para darle orden y sentido. Años más tarde, ya en el siglo XX, el profesor Enrique Moles utilizaba también la tabla periódica para estructurar los estudios de química en nuestro país. En la primera parte del libro que ahora tienes entre tus manos, Gabriel, como otros antes que él, nos conduce grupo a grupo por la vida secreta de los elementos que, si bien es diversa, no es caprichosa y sigue una ley periódica que da sentido a la química y nos ayuda a predecir propiedades y diseñar nuevos experimentos.

Quiero pensar que las clases que Gabriel estudió en la Universidad de Alicante, donde también realizó su doctorado, le animaron a escribir esta obra generosa que intenta responder a las principales preguntas de la química. Ojalá hubiera tenido yo un libro similar cuando aún no le ponía nombre a la química. Ahora, tú también tienes la oportunidad de maravillarte con la ciencia de las cosas, de sus propiedades y sus transformaciones.

Javier García Martínez
Universidad de Alicante
Octubre de 2019

Introducción

La química es la ciencia que estudia la materia y sus relaciones, es decir, las transformaciones y mezclas que se producen de los elementos o de los compuestos químicos. Dado que todo lo que nos rodea es química (desde nosotros mismos al aire que respiramos), abarca un enorme rango de complejidad: desde los átomos más sencillos a enrevesadas reacciones químicas. El estudio de la química se ha sistematizado desde sus inicios y comprender su funcionamiento es básico para entender la forma en que la materia interacciona entre sí.

Los seres humanos estamos vinculados a la química desde el inicio de nuestra especie y desde ese momento ha habido personas que la han estudiado. Desde la preparación de perfumes a la elaboración de los materiales con los que se fabricaron las vidrieras de las grandes catedrales hace siglos, las relaciones de la humanidad con esta ciencia son innumerables. El desarrollo de la química ha supuesto importantes avances para la humanidad, ya sea en medicina, ciencia de materiales o gracias al desarrollo de combustibles y otras formas de producir energía como empleando baterías. Hoy la química es una disciplina fundamental en la investigación y uno de los sectores industriales más potentes. Pero esta ciencia no se aplica únicamente en avanzados laboratorios y punteras empresas. También lo hace en nuestra cocina o cuando limpiamos empleando lejía o jabones, ya que estamos llevando a cabo procesos que implican reacciones químicas.

Es una ciencia que combina un importante peso teórico con interesantes ejemplos prácticos. A veces resulta complicado entender los segundos sin el apoyo de la teoría. Este libro trata tanto de hacer comprensibles todos los conceptos más básicos, como de dar a conocer los temas más punteros que pueden resultar más atractivos tanto para estudiantes como para personas curiosas en general o con interés en el fascinante mundo de la química.

Se desarrolla en nueve capítulos que abarcan desde la historia de esta ciencia y quienes han formado parte de ella hasta cada una de las disciplinas en las que es posible dividirla, como son la química orgánica, la inorgánica, la bioquímica o la química física. Uno de los apartados más importantes lo encontramos en el estudio sobre cómo medir en esta materia, es decir, el dedicado a la química analítica. También incluye sus respectivos apartados dedicados a la química de materiales o a la nanotecnología, donde encontramos algunos de los ejemplos de las más destacadas aplicaciones. Cada uno de estos apartados trata de recoger las cuestiones más relevantes y de hacerlas accesibles para los lectores de este libro. Incluye diversos ejemplos de aplicaciones y casos de estudio que tratan de remarcar algunos de los aspectos más interesantes de la química.

Esperamos, por tanto, que aprendáis con él y que disfrutéis con su lectura tanto como en Ediciones Nowtilus hemos disfrutado con su elaboración. Os invitamos a continuar navegando en sus páginas para abriros al apasionante mundo de la química a través de sus cien preguntas esenciales.

I

Historia de la Química. Átomos y partículas. Química Nuclear

1

¿Eran los primeros químicos unos brujos o unos *frikis* de laboratorio?

Si, hoy en día, le preguntamos a cualquier persona hoy cómo ve a los químicos, seguramente su respuesta sea: «como unos *frikis* o unas ratas de laboratorio, vestidos con una bata blanca, unas gafas de seguridad, guantes y haciendo explotar toda clase de experimentos». Si les preguntamos por los químicos de la Antigüedad probablemente responderán que eran brujos. Pero ¿qué hay de cierto en esta afirmación?

No fue hasta finales del siglo XVII cuando se sentaron las bases de la química moderna en el mundo occidental. Antes de esa fecha (y todavía hoy en muchas tribus) había personas que trabajaban dentro de la química sin atenerse a lo dictado por los científicos que llevaron a cabo la clasificación y organización que nos llevan a entender esta ciencia actualmente.

Los druidas celtas o los chamanes africanos son ejemplos de personas que trataban de conocer la materia y sus propiedades. Estas personas conocían qué podían emplear de determinadas plantas para enfrentarse a infecciones y otras enfermedades. El uso de plantas para tratar enfermedades, para aliviar sus síntomas o para prevenirlas, es lo que se conoce como fitoterapia, y es el origen de los tratamientos farmacológicos a los que hoy estamos acostumbrados.

Existen otros casos documentados como el de la perfumista Tapputi-Belatekallim, que trabajó en Mesopotamia hace más de 3000 años; cabe imaginar a esta mujer trabajando rodeada de frascos en los que guardar y conservar las sustancias que mezclaba para elaborar sus codiciados perfumes.

También en esta época se llevó a cabo el desarrollo de los procesos de fermentación para la obtención de bebidas alcohólicas o la metalurgia, destinada a convertir los metales que se obtenían en minería en útiles para la agricultura, la caza o la guerra.

Pero tal vez el ejemplo más conocido sea el de los alquimistas, que eran personas que trabajaban tratando de lograr, por ejemplo, transformar el plomo en oro (convertir un elemento en otro se conoce como transmutación de la materia). Otro de sus principales objetivos era encontrar el elixir de la vida, sustancia que afirmaban que volvía inmortal a quien la bebía. A diferencia de la ciencia moderna, estas personas trabajaban tratando de hacer descubrimientos y ocultándolos a los demás. Sin lugar a dudas, el ejemplo mas famoso de alquimista lo encontramos en Nicolas Flamel (1330-1418), que vivió en París y de quien se dice que alcanzó los mayores logros dentro de esta disciplina. Existen múltiples leyendas sobre los descubrimientos que realizaron estos hombres y mujeres, pero por el oscurantismo con el que trabajaban y la falta de pruebas escritas, no podremos saber hasta dónde llegaron sus logros.

En cualquier caso, es importante saber que por aquel entonces la carencia de modernos laboratorios era suplida por una ingeniosa inventiva y una gran capacidad de observación. Las personas que llevaban a cabo su labor en el campo de la alquimia conocían los sabores y olores de los productos que utilizaban, si se trataba de sustancias solubles en agua o no, su comportamiento químico cuando se mezclaban con ácidos o bases y llevaban a cabo diversas estrategias para clasificar las sustancias, así como para trabajar con ellas. Lo que incluía tomar medidas de precaución cuando empleaban sustancias tóxicas, por ejemplo.

El nacimiento de la química moderna está fechado en el siglo XVIII gracias a los trabajos de Antoine Laurent Lavoisier (1743-1794), que rechazó los postulados de la alquimia como la transmutación de la materia y otorgó una gran importancia a la sistematización científica de la química.

Retrato de Nicolas Flamel de Baltazar Moncornet (1600-1668)

A partir de entonces se desarrolla y se organiza todo el conocimiento científico asociado a la química tal y como lo conocemos actualmente. Es importante señalar que a diferencia de los alquimistas, los científicos tratan de compartir su conocimiento de la manera más efectiva posible y ahí destaca el papel jugado por las revistas científicas que, elaboradas inicialmente por sociedades científicas, publicaban los resultados más punteros para que la ciencia fuese compartida y empleada como base para desarrollar nuevos y más sofisticados estudios. La primera revista científica, conocida como *Philosophical Transactions,* nace en Londres en 1665. Hoy día cuando un científico quiere comunicar sus descubrimientos lo sigue haciendo en alguna de las miles de revistas científicas que existen.

2

¿Es posible entender la química?

La mayoría de las cosas que nos rodean son compuestos químicos, que son la unión de elementos químicos, pongamos como ejemplo el agua, que está formada por los elementos hidrógeno y oxígeno. La cantidad de compuestos químicos es casi imposible de calcular, ya que cada día se descubren nuevos y actualmente ya hay más de cien millones de compuestos descritos. Pero el número de elementos químicos es mucho menor. Supera ligeramente el centenar, siendo muchos ellos elementos sintéticos generados por el ser humano a lo largo del último siglo.

El químico ruso Dimitri Mendeléiev (1834-1907) observó que existían algunos patrones que se repetían cuando se analizaban los elementos químicos y los organizó esquemáticamente en lo que posteriormente se llamaría la tabla periódica de los elementos. Presentó su idea en 1869.

Pero el científico ruso no se limitó a describir lo que se conocía. Además, Mendeléiev predijo que había elementos que todavía no habían sido descubiertos y dejó sus huecos en el esquema que realizó. Incluso señaló, en base a los elementos que quedaban encima y debajo de estos huecos, las propiedades que esos elementos no conocidos debían tener. Entre ellas, el químico ruso señaló la masa atómica, la densidad, el punto de fusión o las fórmulas de los óxidos y los cloruros de esos elementos (dos de los compuestos químicos que debían ser capaces de formar) y sorprendentemente sus predicciones tuvieron un importante grado de acierto.

Por ejemplo, las predicciones de Mendeléiev de tres de los huecos a los que él llamó eka-boro, eka-aluminio, eka-silicio (que quedaban debajo de los elementos que suceden al prefijo sánscrito -eka) fueron corroboradas posteriormente con el descubrimiento de los elementos escandio, galio y germanio, respectivamente.

Sobre el descubrimiento de la tabla periódica por parte de Mendeléiev se cuenta una pequeña fábula, ya que se dice que tuvo la idea durante un sueño. Sin embargo, la misma leyenda cuenta que el científico respondía que: «Llevo trabajando en esto desde hace veinte años, aunque creas que estaba dormido y de repente se me ocurrió». Real o no, la leyenda da una idea del carácter del ruso.

A día de hoy se siguen descubriendo nuevos elementos químicos que se adicionan a la tabla periódica que ya contiene 118 elementos. Estos nuevos elementos se sintetizan mediante reacciones nucleares en aceleradores de partículas donde se hacen colisionar haces de partículas, por ejemplo de átomos, a gran velocidad y que provocan, entre otras cosas, las fusiones de núcleos pesados y la creación de nuevos elementos más pesados. Estos nuevos elementos tienen, hasta ahora, una vida media muy corta, lo que los convierte, de momento, en información científica pero sin una posible aplicación práctica.

Los elementos que componen la tabla periódica se encuentran organizados de manera tanto horizontal como vertical. El orden horizontal (cada una de las filas es llamada período) se creó en base al llamado número atómico, que es el número de protones que contiene un átomo y lo que define un elemento (es decir, todos los átomos que contengan tres protones son necesariamente átomos de litio).

Por otro lado, los elementos con propiedades parecidas se agrupan de manera vertical (cada columna también es llamada grupo). La propiedad que determina esta organización es la llamada configuración electrónica que responde a la organización que presentan los electrones de cada elemento. Este parámetro está fuertemente condicionado por los orbitales, que son las regiones en las que se pueden colocar cada uno de los electrones del átomo y en particular por la disposición de los electrones de la última capa. Los electrones más externos son los que más fácilmente pueden ser perdidos por un átomo. Además, junto a ellos se encuentran los orbitales en los que se pueden colocar los electrones que son tomados por un átomo. Existen diferentes tipos de orbitales y esto también afecta a la organización de la tabla periódica; en el siguiente diagrama se citan los orbitales que rigen las propiedades de cada grupo de elementos en función de su posición.

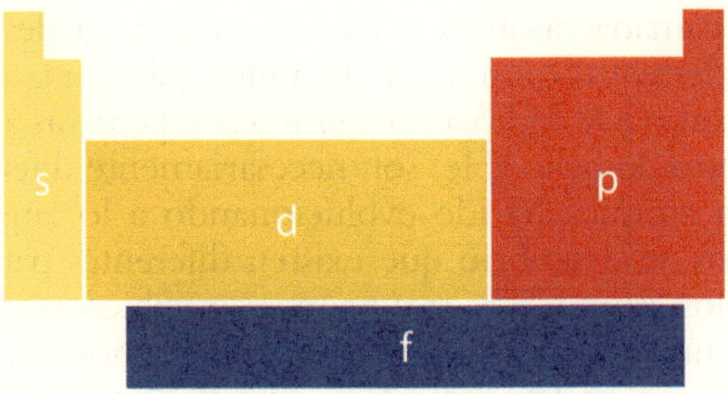

Esquema de la tabla periódica dividida en función de los orbitales en los que se colocan los últimos electrones de cada átomo

La combinación de la organización vertical y horizontal de la tabla periódica ha dibujado la figura tan conocida a día de hoy que difiere bastante geométricamente de la diseñada por Mendeléiev, pero que mantiene su espíritu intacto. En la tabla periódica además aparecen inscritos otros datos de gran relevancia para cada elemento químico, como veremos más adelante, que abarcan desde la masa atómica y la electronegatividad a los estados de oxidación que puede adoptar cada elemento. Toda esta información es de gran ayuda para las personas que trabajan en el ámbito de la química y tiene su origen en los trabajos desarrollados por Mendeléiev hace siglo y medio.

3

¿Existe algo que sea común a toda la materia del universo?

El concepto de átomo se lo debemos a varios pensadores de la antigua Grecia. Demócrito estableció que el átomo era la parte más pequeña e indivisible de la materia. Sin embargo, esta teoría no se extendió hasta mucho más tarde.

No fue hasta principios del siglo xix, cuando John Dalton (1766-1844), quien además es conocido por haber descrito el daltonismo, formuló el primer modelo atómico. Entre sus postulados se encuentra que la materia está formada por pequeñas partículas indivisibles llamadas átomos y que estos son iguales entre sí en un mismo elemento químico y diferentes para cada elemento. Es decir, dos átomos de hidrógeno son iguales, pero un átomo de hidrógeno y otro de helio (He) son necesariamente diferentes.

La teoría atómica ha ido evolucionando a lo largo de la historia. Además, se descubrió que existen diferentes partículas en el interior de los átomos. Las tres primeras recibieron el nombre de protones, neutrones y electrones y toman su nombre de la carga eléctrica que poseen. Por tanto, los electrones tienen carga negativa, los protones carga positiva y los neutrones no poseen carga alguna. En un elemento químico que no esté cargado habrá el mismo número de protones que de electrones.

Pero en esencia, en los átomos se diferencian dos partes: el núcleo y la corteza. En el primero, que posee un volumen mínimo, se concentra la inmensa mayoría de la masa del átomo y su carga positiva. La masa se debe a que posee todos los protones y neutrones del átomo (el protón y el neutrón poseen masas similares, ambas muy superiores a la del electrón. En el caso del protón unas 1836 veces mayor que la del electrón). Mientras que la carga positiva se debe exclusivamente a la presencia de los protones.

En la corteza se encuentran los electrones, que son partículas con carga negativa y con una masa muy pequeña. Esas partículas son de gran importancia en la química ya que rigen las relaciones de atracción entre los diferentes elementos químicos y son los responsables directos de la formación de los aniones o cationes y, por tanto, de los compuestos químicos, así como de la conductividad eléctrica.

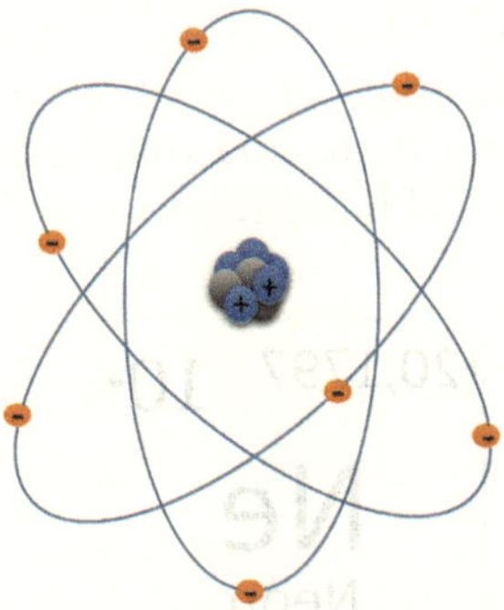

Esquema de la estructura atómica. En el centro del átomo se encuentra el núcleo que posee la mayoría de la masa del átomo concentrada en un volumen muy pequeño. Posee dos tipos de partículas: los protones, con carga eléctrica positiva; y los neutrones, con carga neutra. Alrededor del átomo se organizan los electrones en lo que se conoce como la corteza, que ocupa la gran mayoría del volumen del átomo. Es importante señalar que los electrones no se encuentran siguiendo una órbita fija, sino que ocupan zonas concretas de la corteza (conocidas como orbitales) realizando órbitas erráticas.

Ahora bien, para entender bien la estructura de los átomos hemos de recurrir a las matemáticas. La ciencia de los números rige todas las demás. En el caso de los átomos hay dos números a los que debemos prestar especial atención. Son los llamados número atómico y número másico.

Como hemos comentado, en cada átomo habrá un número de protones diferente. En función de ese número tendremos un elemento químico u otro. A esto se le llama número atómico.

Por el contrario, el número de neutrones es variable. Es decir, los átomos de un mismo elemento químico pueden tener diferente número de neutrones (pero deben tener el mismo número de protones). Este hecho dota de propiedades diferentes a esos átomos. Los átomos de un mismo elemento químico con diferente número de neutrones se llaman isótopos. Por ejemplo, el hidrógeno posee únicamente un protón y un electrón, pero puede no tener neutrones o que sean uno en el caso del deuterio o dos en el caso del tritio, que son los nombres propios de los dos isótopos de este elemento químico. Estos tres isótopos tienen propiedades diferentes, muchas de las cuáles están relacionadas con la radiactividad.

A la suma de protones y neutrones se le conoce como número másico, ya que ambas partículas constituyen la gran mayoría de la masa de las partículas. Un isótopo con un mayor número de neutrones tendrá una masa atómica mayor que otro con menos neutrones. El tritio tiene una masa mayor que el deuterio y este a su vez mayor que el hidrógeno.

Ejemplo de elemento con su número atómico y su masa atómica. Tanto el número atómico como el másico son siempre números enteros, pero la masa atómica de un elemento puede ser un número decimal. Esto es así porque los elementos en la naturaleza tienen diferentes isótopos (que poseen masas atómicas diferentes) que se encuentran en una proporción determinada y cuando se calcula la masa atómica se aplican esos porcentajes. Por ejemplo, en el caso del cloro, en la naturaleza hay dos isótopos: uno con número atómico 35 y otro con 37. Como las proporciones entre ambos son 3:1, la masa atómica ponderada del cloro es de 35,453 uma (unidades de masa atómica).

El número de neutrones que tiene un átomo se calcula restando el número atómico (número de protones) al número másico (número de protones y neutrones).

Por otro lado, en un átomo sin carga eléctrica encontraremos el mismo número de protones que de electrones. Los electrones que se encuentran en movimiento alrededor del núcleo pueden interactuar con otros átomos e incluso pueden abandonar el átomo para incorporarse a otro. En este fenómeno, en el que perdemos una carga negativa, el átomo originario queda cargado positivamente mientras que el átomo receptor del electrón queda cargado negativamente. Además, los átomos pueden perder o ganar varios electrones, por lo que la carga puede ser mayor a uno. El número de electrones que pueda incorporar o perder ha sido conocido a lo largo de la historia como valencia química (el término empleado actualmente es estado de oxidación). Por ejemplo, el hidrógeno, que contiene un único electrón (y un único protón) tiene dos estados de oxidación -1 y +1 (que se producirían en caso de que ganase otro electrón o perdiese su electrón). Otros elementos poseen varios estados de oxidación; en el caso del oxígeno (O) tiene +2 y −2 y en el del cloro (Cl) −1, 1, 3, 5, 7 (lo que quiere decir que puede ganar un electrón o perder 1, 3, 5 o 7 electrones, si bien los valores positivos también referencian la posibilidad de compartir).

Cuando un átomo se encuentra cargado se dice que es un ion. En caso de que la carga sea negativa será un anión y si es positiva, un catión. Por ejemplo, si el hidrógeno pierde un electrón, su carga será positiva (H^+) y estaremos ante un catión. Si el cloro gana un electrón, quedará cargado negativamente (Cl^-) y obtendremos un anión.

Finalmente, la física moderna ha descubierto un mayor número de partículas subatómicas (bosones, leptones, neutrinos, hadrones…). Para ello se requiere realizar experimentos en complejos sistemas científicos conocidos como aceleradores de partículas. Uno de los principales organismos dedicados a la investigación subatómica es la Organización Europea para la Investigación Nuclear (organización conocida comúnmente como CERN, de las siglas en francés *Conseil Européen pour la Recherche Nucléaire*). Cabe señalar que el principal acelerador de partículas, el LHC (llamado así por las siglas en inglés *Large Hadrone Collider*), que significa Gran Colisionador de Hadrones, es un túnel con forma de circunferencia (recorrida por los tubos que actúan acelerando las partículas) cuyo perímetro mide 27 kilómetros, que se encuentra en la frontera franco-suiza y cuya profundidad promedio es de cien metros. En este centro trabajan unos 2000 científicos. Tanto en el CERN como en otros centros de investigación, en física subatómica se sigue investigando para saber más sobre las partículas subatómicas de las que vamos a hablar a continuación.

4

¿Son las partículas subatómicas la última frontera del conocimiento?

Previamente hemos descrito las partículas atómicas más conocidas (es decir, protones, neutrones y electrones). La introducción de estos conceptos fue, en su momento, sumamente rompedora e incluso revolucionaria. Pero el rápido avance de la ciencia durante el siglo xx ha provocado que actualmente sepamos que la materia está compuesta por otras partículas subatómicas que, por ejemplo, forman parte de los protones u otras que no se integran en los átomos. Sus funciones son múltiples y las vamos a conocer a lo largo de este capítulo.

Actualmente se investiga en punteros laboratorios para seguir desentrañando los misterios que se esconden dentro de los átomos y la comunidad científica ha conseguido importantes logros. Por ejemplo, en el año 2013, el descubrimiento de una partícula conocida como el bosón de Higgs obtuvo el Premio Nobel de Física, lo que da una idea del interés que existe por continuar estudiando estas partículas. Curiosamente, la física de partículas se emplea para conocer tanto lo que sucede en el interior de un átomo (el tamaño más pequeño que podemos imaginar) como para estudiar la materia que existe en el universo (un tamaño que no podemos ni concebir).

Pero para poder entender mejor este tema vamos a explicar la llamada teoría del modelo estándar, que busca describir la materia del universo y las fuerzas que rigen sus relaciones en base a unas pocas partículas. Además, la idea principal de esta teoría es que existen dos tipos de partículas: las partículas materiales y las portadoras de fuerza.

Las partículas materiales son aquellas que poseen masa y componen todas las cosas que forman la materia universal (desde una galaxia lejana a los átomos que forman nuestro cuerpo) y se clasifican en dos: quarks y leptones.

En el caso de los leptones existen seis tipos de partículas, tres de los cuales poseen carga eléctrica negativa y tres son neutros. Los que poseen carga son el electrón (e^-), muón (μ^-) y tau (τ^-); y los leptones neutros son los llamados neutrinos, que son tres: neutrino electrónico, neutrino muónico y neutrino tau. Los neutrinos

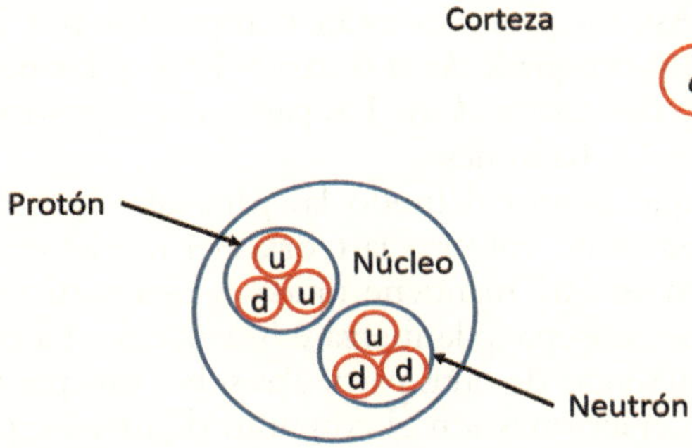

Si analizamos el deuterio (que posee un protón, un neutrón y un electrón) en base a sus partículas elementales, observamos que posee el electrón en la corteza del átomo, mientras que el núcleo posee un protón (compuesto por dos quarks *up* (u) y un quark *down* (d)) y un neutrón formado por dos quarks *down* (d) y un quark *up* (u). Como los quarks *up* poseen una carga eléctrica de +2/3 y los *down* de −1/3, el protón en conjunto posee una carga positiva y el neutrón, sin embargo, mantiene carga cero (de ahí el nombre por su carácter neutro).

son partículas que han sido ampliamente estudiadas en este campo de la física. Se trata de partículas sin carga, de masa muy pequeña y que casi nunca interaccionan con otras partículas (lo que dificulta su estudio). En el universo existen muchísimas de estas partículas y por ejemplo, la mayoría atraviesan nuestro planeta sin interaccionar con ninguna otra partícula.

En cuanto a los quarks es posible clasificarlos también en seis y sus nombres son: *up, down, charm, strange, top* y *bottom*. Una de las curiosidades de estas partículas es que poseen carga eléctrica fraccionada. Así por ejemplo, el quark *up* posee carga +2/3 y el *strange* −1/3. Además, cada quark posee otro tipo de carga que se ha denominado «color».

Es el momento de realizar una anotación sobre los electrones, protones y neutrones. Mientras que, como hemos visto, los electrones son partículas fundamentales (es decir, se trata de leptones que no se pueden descomponer en otras partículas), tanto los neutrones como los protones poseen otras partículas que han sido descritas por los científicos. Nos referimos a los quarks, de los que ya hemos comentado que existen al menos seis tipos. Cada protón y cada neutrón están compuestos por tres quarks. Dado que cada quark posee una carga eléctrica fraccionada y que los protones poseen carga +1 y los neutrones son neutros, cabe imaginar que están formados por quarks cuyo sumatorio en carga eléctrica provoca esos valores. Así, los protones están compuestos por 2 quarks *up* (carga +2/3) y un quark *down* (carga −1/3) y los neutrones por un quark *up* y dos quarks *down*. Las partículas formadas por quarks se conocen como «hadrones».

Una vez que hemos definido las partículas que dan forma a la materia, hemos de volver a la teoría del modelo estándar para tratar de entender qué mantiene unidas a esas partículas, y de ahí se deducen los conceptos de fuerza e interacción. La primera es el efecto de la presencia de otras partículas sobre una partícula, mientras que las interacciones son el conjunto de fuerzas que afectan a una partícula, así como desintegraciones o aniquilaciones. Todas las partículas que participan en estas interacciones y que intermedian en las mismas se conocen como partículas portadoras de fuerzas.

Existen cuatro tipos de fuerzas que pueden afectar a la materia: electromagnetismo, gravedad y fuerzas nucleares fuerte y débil. En el caso de la gravedad, su influencia a nivel atómico es despreciable, por lo que la física de partículas se centra en el estudio de las otras tres. Las partículas que portan fuerza electromagnética se denominan fotones, mientras que los llamados gluones son los portadores de la fuerza fuerte y las partículas portadoras de la fuerza débil se conocen como W^+, W^- y Z. Ahora bien, conocer las funciones exactas de cada una de estas partículas es algo que te invitamos a hacer por tu cuenta, ya que es un campo de información cuantiosa en el que los científicos y científicas han encontrado hasta 200 partículas diferentes, y sus trabajos siguen cosechando frutos. La investigación de alto nivel que realizan permite que cada día se conozcan mejor las relaciones que se rigen tanto dentro de la materia como entre diferentes partículas.

Sin embargo, un caso particular que es conveniente desarrollar lo encontramos en el llamado bosón de Higgs, que también se conoce como «la partícula de Dios» (o en inglés *the God particle*). Esta partícula resultaba central para poder demostrar una teoría propuesta por los físicos Peter Higgs y François Englert en 1964, que lo hicieron con muy poco tiempo de diferencia y de manera independiente. Esta teoría ofrecía una explicación fundamental a diversos aspectos de la física de partículas. Pero para poder demostrar su validez, la teoría requería de la presencia de una partícula determinada conocida como bosón de Higgs. Según Higgs y Englert, partiendo de la base de que hay partículas que tienen masa y otras que no, esta partícula es vital ya que es la que dota de masa a las partículas que la tienen. Para poder observarla se requiere generar grandes cantidades de energía y detectarla es casi imposible. Por eso se requirió la construcción de los grandes aceleradores y colisionadores de partículas y no fue hasta el año 2012 cuando se consiguió detectar esta partícula. Tras la detección del bosón de Higgs, los físicos que formularon la teoría, Higgs y Englert, recibieron el Premio Nobel de Física, casi cincuenta años después de haber publicado su teoría.

Tal vez una de las anécdotas más curiosas sobre esta partícula la encontremos en su nombre: la partícula de Dios. ¿Qué tiene que ver la religión con la física de partículas? La explicación es muy mundana. El Premio Nobel Leo Lederman escribió un libro sobre física para tratar de divulgar el conocimiento sobre esta materia. Decidió calificar esta partícula como The Goddamn particle, cuya traducción se corresponde con 'la partícula puñetera'. La explicación de este apelativo hacía referencia a que no había manera de detectarla. Pero la editorial de este libro apostó por variar ligeramente el apelativo asignado al bosón de Higgs, que pasó de The Goddamn particle a The God particle, es decir, pasó de ser *puñetera* a *divina*, y esta es la manera en la que ha llegado hasta nuestros días.

Volviendo a la física de partículas, uno de los conceptos que surge en esta ciencia lo encontramos en la llamada «antimateria». Según este concepto, para cada partícula material existe una antipartícula (componente de la antimateria) que es idéntica a la primera excepto por su carga ya que es de signo opuesto. Así, existen los antiquarks, antineutrinos, etc. Cuando ambas se encuentran colisionan, destruyéndose y convirtiéndose en energía (la masa y la energía son en física dos caras de la misma moneda y se pueden convertir la una en la otra).

Ahora bien, ¿se puede concluir que todo lo que se conoce actualmente es exactamente así? Es decir, ¿podemos concluir que los electrones son partículas fundamentales y no están compuestos por otras subpartículas? Hasta hoy no se ha encontrado nada que lo desmienta. Pero debemos ser conscientes de que hace doscientos años no se conocía la existencia de protones o electrones, que hace cien se desconocían los quarks y que hace veinte no se había encontrado el bosón de Higgs. Por tanto es posible que, gracias al trabajo que se realiza en los centros de investigación en física de partículas, en 2029 todo lo que se ha comentado en este capítulo se haya quedado anticuado. ¿Nos encontramos ante un campo en el que es imposible llegar hasta el final? ¿Hasta dónde seremos capaces de comprender?

5

¿Los electrones giran libremente por todo el átomo?

Hasta ahora hemos señalado que los electrones se encuentran en movimiento alrededor del núcleo del átomo (donde se concentran protones y neutrones). Sin embargo, la forma en que estos se mueven ha sido motivo de controversia a lo largo de la historia.

El modelo atómico de Rutherford (1871-1937) estableció que los protones se concentraban en el centro del átomo, como así sucede, y señaló que los electrones se encuentran dando vueltas alrededor de este. Se asemeja a un sistema solar donde cada electrón posee una órbita circular. Sin embargo, observaciones posteriores señalaron que los electrones poseen comportamientos diferentes y que eso no se ajusta al modelo de Rutherford.

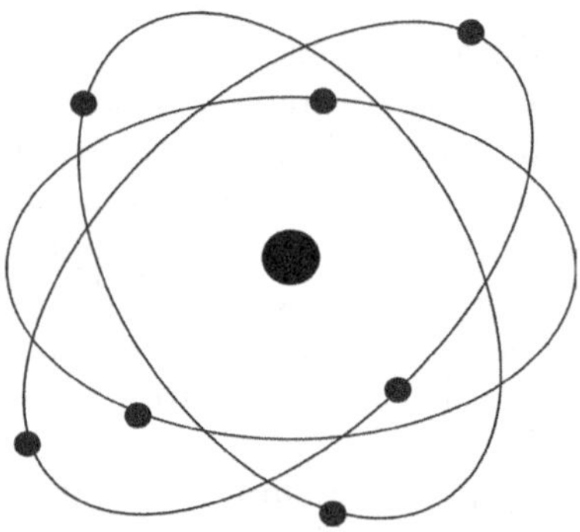

En el modelo atómico de Rutherford se postuló una estructura del átomo similar a un sistema solar, en cuyo centro se sitúa el núcleo que posee carga positiva. Según los cálculos de Rutherford el núcleo ocupa la milésima parte del volumen total del átomo. Alrededor del núcleo, girando en órbitas circulares se encontrarían los electrones, que poseen carga negativa. La suma de las cargas positivas del núcleo y de las negativas de los electrones sumaría cero para alcanzar el carácter neutro del átomo.

Actualmente está aceptado que los electrones se encuentran dentro de lo que se llama orbitales, que serán diferentes en función de cuántos electrones tenga un átomo. Además los electrones no tienen una órbita fija, sino que se mueven dentro de todo el orbital.

Por ejemplo, en el caso del hidrógeno, con un solo electrón, el orbital (llamado de tipo s) tiene forma esférica. Al ser el primero se conoce como 1s. Para describir el número de electrones de un átomo se emplea el término configuración electrónica y se representa así: H: $1s^1$, donde la letra es el tipo de orbital, el primer número hace referencia al período de la tabla periódica donde se encuentra el elemento, y el número en superíndice el número de electrones en ese orbital.

En este tipo de orbitales únicamente caben dos electrones, por tanto, con dos electrones (como tiene el compuesto químico helio) el orbital está completo y su configuración electrónica es He: $1s^2$.

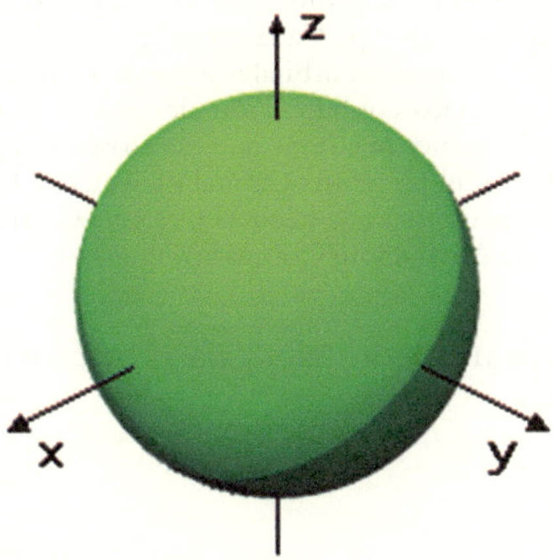

Los orbitales s tienen forma esférica teniendo su centro en el núcleo del átomo. Los diferentes orbitales s (1s, 2s, 3s...) se superpondrían de manera concéntrica. En ellos se puede colocar un máximo de dos electrones. Así, por ejemplo, el helio posee una configuración electrónica de $1s^2$ y el berilio de $1s^2$ $2s^2$ teniendo ambos los orbitales completos. Extracto de Imagen generada con el programa OrbitalViewer, (C) David Manthey. Este archivo se encuentra bajo la licencia Creative Commons Genérica de Atribución/Compartir-Igual 3.0.

Además de los orbitales tipo s, existen los tipo p, d, f y cada uno posee un número diferente de orbitales. Por ejemplo, los tipo p son 3, mientras que los d son 5 y los f son 7. Cada orbital puede albergar un máximo de dos electrones, por lo que el número máximo de electrones en cada tipo de orbital es de seis, diez y catorce para los orbitales p, d y f respectivamente. Sus formas proceden de ecuaciones obtenidas por los químicos y físicos teóricos. A continuación presentamos la forma de los orbitales p:

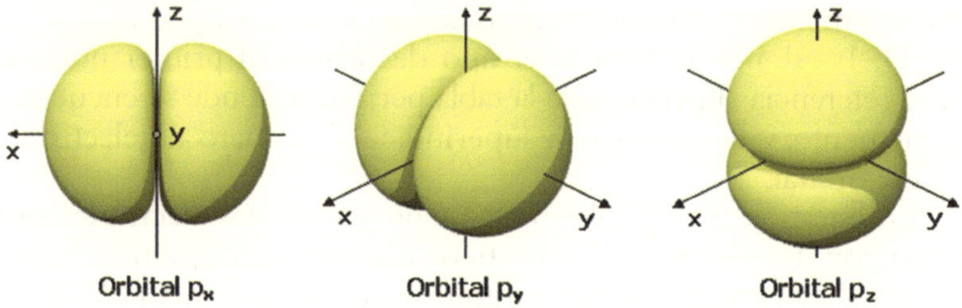

Los orbitales p son tres y sus nombres hacen referencia a la disposición espacial que ocupan: p_x, p_y y p_z. Cada orbital puede alojar un máximo de dos electrones. Por tanto, los orbitales p pueden alojar un máximo de seis electrones. La llamada configuración electrónica de gas noble es la que posee los seis electrones máximos que estos orbitales pueden albergar. Imagen generada con el programa OrbitalViewer, (C) David Manthey. Este archivo se encuentra bajo la licencia Creative Commons Genérica de Atribución/Compartir-Igual 3.0.

Existe una regla mnemotécnica para asignar los electrones a los diferentes orbitales:

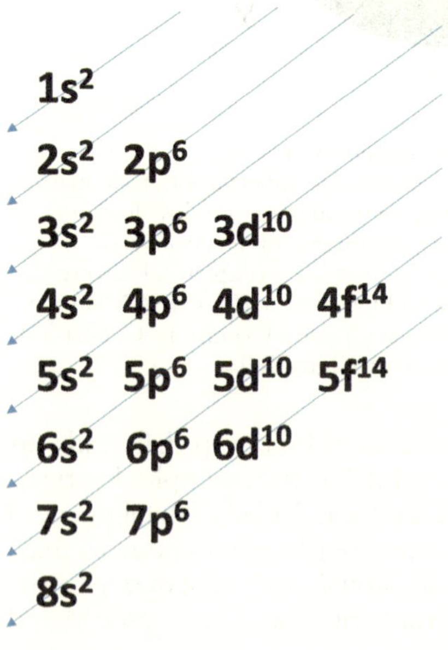

Empleando este diagrama es posible asignar los orbitales a cualquier elemento. Tan solo tenemos que saber su número total de electrones y comenzar a asignar por la flecha que se encuentra en la parte superior (la que únicamente atraviesa $1s^2$). Por tanto, en ese orbital habrá dos electrones. A continuación se continúa por la siguiente línea y se siguen asignando los orbitales de los electrones. Cuando una línea acaba (en la parte izquierda del diagrama), se continúa por la siguiente línea desde la parte derecha del esquema.

Es importante señalar que los elementos químicos para alcanzar su forma más estable tienen que conseguir (o deshacerse) de los electrones necesarios hasta alcanzar lo que se conoce como la última capa llena, que es la configuración electrónica que tienen los llamados gases nobles (que es la columna que cierra por la derecha la tabla periódica). Para ello deben tener ocho electrones en esa última capa, es decir, dos en un orbital y seis en los orbitales.

La configuración electrónica se puede presentar de cualquier elemento. Por ejemplo, para el nitrógeno (N) sería $1s^2\ 2s^2\ 2p^3$; como hemos dicho, los gases nobles poseen la llamada última capa llena y eso se emplea cuando se describen los orbitales y entonces, para el caso del nitrógeno, lo más habitual sería encontrarla así: [He] $2s^2\ 2p^3$. En elementos mucho más complejos, como el oro (Au) con un número atómico de 79 (es decir, 79 protones y 79 electrones en su forma neutra) simplifica mucho la descripción de la configuración electrónica que pasaría de ser: $1s^2\ 2s^2\ 2p^6\ 3s^2\ 3p^6\ 3d^{10}\ 4s^2\ 4p^6\ 4d^{10}\ 5s^2\ 5p^6\ 4f^{14}\ 5d^{10}\ 6s^1$ a [Xe] $4f^{14}\ 5d^{10}\ 6s^1$.

Si el átomo gana o pierde un electrón se observa también en la configuración electrónica, por ejemplo para el sodio (Na):

Na: [Ne] $3s^1$ → Configuración electrónica fundamental

Na^+: [Ne] → pierde un electrón.

Na^-: [Ne] $3s^2$ → gana un electrón.

Finalmente, existe un fenómeno que se da entre orbitales cuyas energías son similares y que se conoce como hibridación. Esto supone que varios orbitales se pueden combinar formando orbitales híbridos. El caso más conocido es el del carbono (C) cuya configuración electrónica es: [He] $2s^2\ 2p^2$ pero que, con un pequeño aporte de energía, puede pasar a tener un estado excitado cuya configuración electrónica es [He] $2s^1\ 2p^3$, y por tanto que posee un electrón en un orbital s y tres en orbitales p. El C tiende a formar cuatro orbitales híbridos llamados sp^3 (ya que son la combinación de un orbital s y tres orbitales p) cuya representación geométrica es la de un tetraedro, como veremos más adelante en este mismo libro.

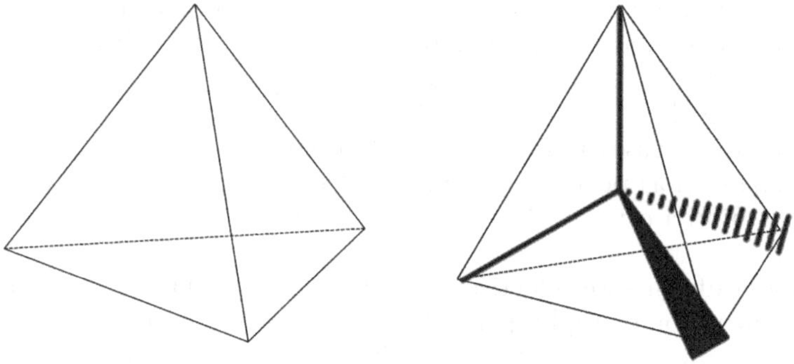

Se presenta la estructura de un tetraedro (izquierda) en la que se puede observar que todas sus caras son triángulos. La línea formada por puntos se dibuja, pero al encontrarse en la parte trasera no se observa. A la derecha se presenta la estructura que tendrían un carbono sp^3 y sus sustituyentes en el espacio. Las dos líneas planas se encuentran en el mismo plano (que sería el del propio folio) mientras que la cuña formada por líneas se encontraría hacia dentro y la cuña con forma triangular hacia fuera del papel. Se han dibujado las líneas gracias a las cuales es fácil observar que también se forma un tetraedro.

6

AVOGADRO, ¿ALGO MÁS QUE UN NÚMERO?

Actualmente nos imaginamos a los químicos trabajando con potentes ordenadores y sofisticados equipos. Sin embargo, algunos de los mayores descubrimientos de la ciencia se hicieron mucho tiempo antes y con medios más limitados.

Uno de los mejores ejemplos lo podemos encontrar en el llamado número de Avogadro. Se llama así en honor al profesor Amedeo Avogadro (1776-1856), que fue profesor de la Universidad de Turín y que, si bien no fue él quien descubrió este concepto, fue el primero en afirmar que «volúmenes iguales de gases distintos bajo las mismas condiciones de presión y temperatura, contienen el mismo número de moléculas». Esta observación, junto con la de otros científicos posteriores, dio como resultado el concepto de «mol» que se emplea como unidad de medida de la cantidad de sustancia.

Retrato de Amedeo Avogadro (1776-1856). Restaurado de la imagen original en 2005 por Anton, el archivo está disponible bajo la licencia CC BY-SA 3.0.

Los primeros cálculos del valor de este número se produjeron casi un siglo después de que Avogadro formulase su hipótesis, y fue el francés Jean Perrin (1987-1942) quien propuso el número de Avogadro. A día de hoy el mol está incluido en el Sistema Internacional de Unidades y el número de Avogadro es $6{,}022\,140\,758 \times 10^{23}$ mol^{-1}.

Coloquialmente se dice que este número se corresponde con la cantidad de átomos de hidrógeno que hay en un gramo de este elemento en su forma atómica, es decir, sin formar ningún enlace. Un gramo de hidrógeno tiene $6{,}022\,140\,758 \times 10^{23}$ átomos de hidrógeno, y supone a su vez un mol de esta sustancia.

Si tenemos un mol de otro elemento tendríamos el mismo número de átomos, pero un número diferente de gramos. Por ejemplo, en el caso del oxígeno, tendríamos 16 gramos de este elemento.

El concepto de mol también se utiliza para compuestos químicos, que son la unión de varios átomos, y por ejemplo en un mol de agua, cuya fórmula química con dos átomos de hidrógeno y uno de oxígeno es H_2O, tendríamos $6{,}022\,140\,758 \times 10^{23}$ moléculas y 18 gramos de agua.

El concepto de mol es fundamental en el mundo de la química, ya que ofrece una herramienta a la hora de comparar sustancias de manera adecuada para conocer sus relaciones y es básico a la hora de conocer las reacciones químicas.

7

¿Fue casualidad el descubrimiento de la radiactividad?

En 1906 el químico francés Henri Becquerel (1852-1908) realizaba una serie de experimentos sobre la fluorescencia para observar la emisión de este tipo de luz por parte de algunos compuestos químicos y decidió añadir sales de uranio a sus experimentos. Entonces observó que en condiciones de oscuridad las sales de uranio colocadas sobre una placa fotográfica ennegrecían, es decir, velaban dicha placa. Este hecho se producía incluso en ausencia del compuesto fluorescente objeto del estudio de Becquerel, por lo que la casualidad quiso que el empleo de las sales de uranio le llevara a deducir que estas debían emitir una radiación capaz de atravesar incluso sustancias opacas. Este fenómeno fue posteriormente descrito como radiactividad natural.

Si bien la radiactividad fue descrita por primera vez por Becquerel, al hablar de ella no podemos dejar pasar el nombre de Marie Curie (1867-1934), posiblemente la científica más famosa de la historia. Nacida en Varsovia (Polonia), desarrolló gran parte de su actividad en París y fue la primera persona en recibir dos Premios Nobel en distintas categorías (en Física en el año 1903 y en Química en 1911). Descubrió los elementos químicos polonio (Po) y radio (Ra).

Nació con el nombre de Maria Salomea Sklodowska pero adoptó el nombre de Marie cuando se mudó a Francia, mientras que el apellido Curie se lo debe a su marido, el también científico Pierre Curie (1859-1906).

Aunque la radiactividad fue descrita previamente por otros científicos, fue Marie Curie quien acuñó el término proveniente del elemento químico radio, también descrito por ella. Pero sus trabajos llegaron mucho más allá ya que fue capaz de aislar isótopos radiactivos (los isótopos son átomos del mismo elemento químico pero que se diferencian únicamente en el número de neutrones), realizó estudios de cristalografía, colaboró activamente empleando rayos X durante la Primera Guerra Mundial para salvar soldados franceses y realizó los primeros estudios para tratar neoplasias mediante el empleo de radiactividad, ya que descubrió que las células tumorales eran afectadas por esta en mayor medida que las células sanas.

Maria Salomea Sklodowska (1867-1934), después llamada Marie Curie, es una de las figuras más relevantes de la historia de la Química. Imagen de Tekniska museet bajo licencia Creative Commons Attribution 2.0 Generic.

Actualmente, sus hallazgos han servido de base tanto para el tratamiento de multitud de cánceres como para el diagnóstico de enfermedades y tienen aplicación también, por ejemplo, en los detectores de metales empleados en los aeropuertos.

Hoy día, además, las becas postdoctorales, es decir para personas que han terminado su doctorado, más importantes de la Comisión Europea reciben el nombre de Marie Sklodowska-Curie y forman a la próxima generación de excepcionales científicos que continuarán contribuyendo al avance de la ciencia y, con ella, de la humanidad al completo.

8

¿SON LAS REACCIONES NUCLEARES TAN PELIGROSAS COMO SUENAN?

En el imaginario colectivo al pensar en una reacción nuclear imaginamos una bomba atómica y una gran explosión. Pero ¿son siempre así?

No. No siempre son así. Aunque son procesos que liberan mucha energía no todos ellos se emplean para la fabricación de bombas atómicas.

Uno de los procesos que conlleva una reacción nuclear fue llevado a cabo por Rutherford, que bombardeó átomos de nitrógeno con partículas alfa (que se corresponden con átomos de helio con dos neutrones y sin ningún electrón, por tanto con dos cargas positivas) y obtuvo átomos de oxígeno y de hidrógeno, manteniendo el número de protones y neutrones constante. Es decir, consiguió que un elemento se convirtiese en otro y, por tanto, ¡llevó a cabo el principal objetivo de los alquimistas! Este proceso se conoce como transmutación de la materia y se puede conseguir empleando reacciones nucleares.

Si bien existen varios tipos de reacciones nucleares, además del experimento de Rutherford, en este capítulo vamos a centrarnos en dos términos: fusión y fisión. En ambos procesos se libera una gran cantidad de energía almacenada en el núcleo de los átomos. Pero mientras que en la fisión nuclear se produce una descomposición de los núcleos pesados en otros elementos con menor masa atómica, en la fusión nuclear los átomos que reaccionan son ligeros y el resultado son elementos más pesados.

La fusión nuclear es el proceso que tiene lugar en el Sol, donde gracias a la elevada presión, los átomos de hidrógeno (o sus isótopos deuterio y tritio) colisionan y reaccionan entre sí formando un elemento químico estable y más pesado (helio), pero con una masa ligeramente inferior a la que sumaban las sustancias de partida. Esta diferencia de masa es lo que se traduce en un proceso que libera una importante energía. En el caso del Sol se producen temperaturas en torno a los 15 000 000 °C.

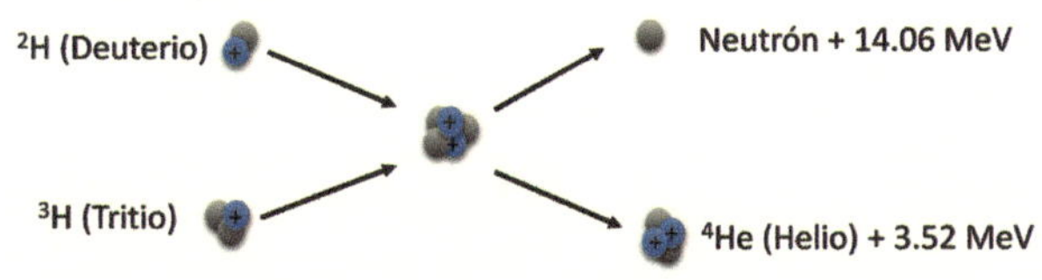

Esquema de la reacción de fusión entre un átomo de deuterio y otro de tritio. En el proceso se libera mucha energía (17,58 MeV), un átomo de helio y un neutrón.

Este proceso todavía no puede emplearse comercialmente ya que no hemos sido capaces de desarrollar la tecnología para controlarlo. Sin embargo, se está trabajando en esa dirección, por ejemplo con la construcción de un reactor en Cadarache (Francia) conocido como ITER donde se espera lograr importantes avances en este campo y donde esperan ser capaces de controlar el proceso mediante confinamiento magnético, ya que no se conoce ningún material capaz de aguantar las temperaturas que se alcanzarían durante esta reacción.

La fisión es la reacción química que se produce en todas las centrales nucleares del mundo, donde átomos de uranio son bombardeados con neutrones que le provocan una inestabilidad que deriva en la descomposición del uranio en bario (Ba) y kriptón (Kr) y varios neutrones. La masa obtenida es ligeramente inferior a la que existía inicialmente y ello es lo que provoca la elevada cantidad de energía que se produce en esta reacción.

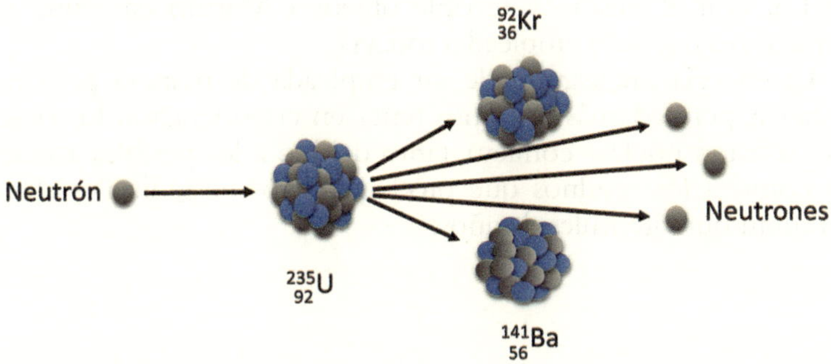

Esquema de la reacción nuclear de fisión de un núcleo de uranio (U) radiactivo que es provocada por el impacto de un neutrón que desestabiliza el núcleo y provoca que se divida en dos átomos menos pesados como son el kriptón (Kr) y el bario (Ba) y además se provoca la emisión de energía y de otros neutrones que actúan provocando nuevas reacciones de fisión si impactan en otros núcleos de uranio. El número que se coloca como superíndice junto a los símbolos de los elementos es el número másico (es decir, la suma de protones y neutrones), y el número situado debajo es el número atómico (por tanto, el de protones únicamente). Mientras que la suma de los números atómicos del bario y el kriptón se corresponde con el del uranio, los números másicos no suman 235 porque con la reacción se han liberado varios neutrones.

Además, un término que debemos conocer es el de reacción nuclear en cadena. Como hemos visto, en las reacciones de fisión se liberan varios neutrones. Algunos de los neutrones producidos serán absorbidos por otros núcleos, otros escapan al medio y el resto puede interaccionar con otros núcleos y provocar más reacciones de fisión liberando nuevos neutrones que pueden volver a provocar nuevas reacciones, dando lugar a las reacciones en cadena. Estas reacciones en cadena pueden ser autosostenidas, es decir, que continúan reaccionando de manera controlada gracias a estos neutrones, o puede que gracias al efecto multiplicador se descontrolen. Evitar este hecho es uno de los principales objetivos cuando se trabaja con reacciones nucleares.

Finalmente, el ser humano ha construido diversos tipos de bombas atómicas, pero la mayoría se basa en emplear una reacción nuclear en cadena para generar una gran energía capaz de generar una tremenda devastación, como se pudo observar en Hiroshima o Nagasaki en agosto de 1945. Además, el ser humano ha sido capaz de desarrollar las llamadas bombas H, que emplean la fusión nuclear con el mismo y terrible objetivo. Afortunadamente estas bombas no han sido empleadas todavía.

La energía nuclear puede ser empleada de manera positiva o negativa, pero además debemos tener en consideración los riesgos que la fisión nuclear conlleva, tanto debido a los posibles accidentes como a los residuos que produce, cuyos perjudiciales efectos perduran durante miles de años.

9

¿Es peligroso hacerse una resonancia magnética?

Una de las pruebas diagnósticas más empleadas en la medicina moderna es la llamada resonancia magnética nuclear. ¿Tienen estas pruebas algún riesgo?

Lo primero que tenemos que señalar en este capítulo es que es necesario separar la respuesta en dos puntos: el proceso en sí y varios hechos necesarios durante la prueba.

Vamos a empezar por esta segunda parte. Los equipos empleados para la realización de resonancias magnéticas están formados por potentes imanes, pero lo que más llama la atención de estos equipos es que es necesario introducirse en ellos a través de un tubo empleando una pequeña camilla, y el espacio que queda entre la persona y la parte superior del tubo donde se realiza la prueba es minúsculo. Si lo que es necesario estudiar es un tobillo o una rodilla, tan solo se introducirá una pequeña parte del cuerpo dentro. Pero si lo que se tiene que estudiar es la cabeza o el pecho, se puede producir una importante sensación de claustrofobia. El personal sanitario está muy formado respecto a esta cuestión y ellos podrán ayudarle a pasar el rato de la mejor manera posible. Por otro lado, durante su funcionamiento se producen muchos estridentes ruidos que pueden ser molestos. Antes de comenzar la prueba se le entregarán unos cascos para protegerle de estos ruidos.

Ahora bien, en cuanto al proceso en sí, es decir, sobre cómo funciona una resonancia magnética nuclear, también conocida como RMN, vamos a intentar emplear términos sencillos. En esta técnica se emplea un gran imán que produce un campo electromagnético. Este campo interacciona con los protones de nuestro cuerpo (dado que en nuestro cuerpo hay agua, también hay protones, como ya veremos más adelante) y provoca que el protón se excite (es decir, que se altere). Cuando el campo magnético es retirado este protón se relaja, y midiendo esa relajación es como se obtiene la información que dará lugar a la obtención de la imagen diagnóstica. No se relajará igual un protón que se encuentre en un tejido sano que en uno inflamado o en un tumor.

Pero ¿es peligroso hacerse una resonancia? No, para la realización de esta técnica no se emplean radiaciones ionizantes (como los rayos X) que sí tienen posibles consecuencias negativas. El procedimiento empleado durante las resonancias magnéticas, hasta donde se conoce, no puede causar perjuicio alguno para quienes se someten a esta prueba. Si su médico le ha recomendado hacerse una resonancia magnética, el principal riesgo estará precisamente en no hacérsela.

10

¿Qué es y cómo funciona la radioterapia?

El tratamiento contra el cáncer posee cuatro estrategias principales: la cirugía, la quimioterapia, la inmunoterapia y la radioterapia. En este capítulo vamos a centrarnos en esta última.

La radioterapia se basa en los descubrimientos de Marie Sklodowska-Curie, en los que observó que las células cancerosas son más proclives a ser destruidas por las radiaciones. Por tanto, se pueden eliminar las células del cáncer, pero también se causa daño a las células sanas. Entre las radiaciones empleadas se encuentra la emisión de partículas y ondas de elevada energía, por ejemplo rayos X, rayos gamma y haces de electrones o de protones. Esta terapia se basa en la emisión controlada de radiación que incide en el tumor del paciente y destruye el ADN de las células cancerosas, que de ese modo dejan de reproducirse, mueren y son absorbidas por el propio organismo, que desecha esos restos de células.

En el tratamiento con radioterapia es necesario realizar un estudio que aborde cómo conseguir el máximo efecto terapéutico con la menor toxicidad. Para ello se establece un calendario con las dosis y se trata de concentrar la radiación sobre el tumor, minimizando la incidencia sobre otros tejidos (para ello, por ejemplo, se intenta que la radiación llegue al tumor a través de diversos haces de manera que no toda la radiación acceda a través de la misma superficie de piel).

Existen dos tipos de radioterapia: la externa y la interna. En la radioterapia externa las radiaciones son generadas por potentes y modernas máquinas que trabajan con una gran precisión. Estas máquinas aceleran un haz de partículas que incide directamente sobre el cuerpo del paciente. En el caso de la radioterapia interna, o braquiterapia, se emplean isótopos radioactivos que se introducen en el interior del cuerpo del paciente.

La radioterapia posee efectos secundarios generales como una sensación extra de cansancio o que aparezca un tono rojizo en la piel irradiada. También existen otros efectos secundarios más específicos en función de la zona donde se irradie. Así por ejemplo, si se irradia en la cabeza se puede perder el pelo, si es en la boca el sentido del gusto o si es en el abdomen puede haber náuseas y vómitos. Todos estos efectos son conocidos por el personal sanitario y ellos pueden orientar a las personas que reciben tratamiento para minimizar sus efectos. De igual modo, cuando finaliza el tratamiento debe valorarse la situación de los efectos secundarios si los hubiera para tratar de minimizarlos.

La radioterapia es una de las principales herramientas para combatir muchas de las enfermedades que conocemos de manera genérica como el cáncer, y es la responsable de salvar un gran número de vidas cada año.

11

¿ESTÁN LAS COSAS ORGANIZADAS O DESORGANIZADAS EN LA NATURALEZA?

A lo largo de este capítulo hemos hablado principalmente de elementos químicos como el hidrógeno, oxígeno o helio, que son sustancias químicas compuestas por un solo tipo de átomos. Ahora vamos a introducir dos conceptos: las moléculas y los compuestos químicos, ya que la naturaleza no se puede explicar empleando tan solo unos pocos átomos.

Una molécula está formada por dos o más átomos. Puede estar formada por átomos de un único ejemplo, como sucede con el H_2, el O_2 o el ozono (O_3).

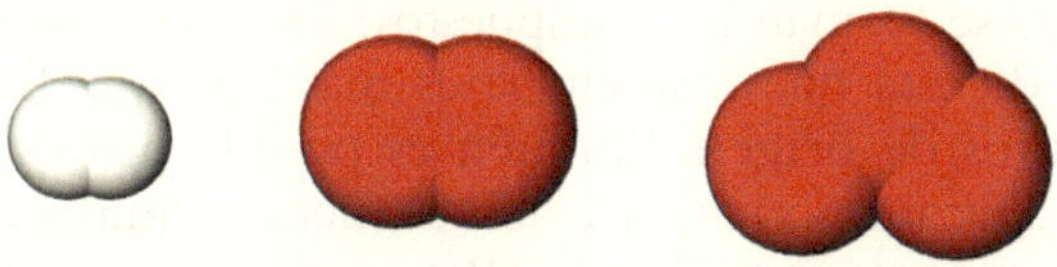

De izquierda a derecha estructuras del H_2, O_2 y O_3. En el caso del H_2, el enlace entre los dos átomos de hidrógeno (átomos blancos en la imagen) es un enlace simple, mientras que en el O_2 se trata de un doble enlace entre los átomos de oxígeno (esferas rojas). Finalmente, en el O_3 existe un doble enlace entre un átomo del extremo de la molécula y el átomo central y un enlace simple entre el átomo central y el del otro extremo. Además, existe una separación de cargas (habiendo una carga positiva en el átomo central y una negativa en uno de los átomos del extremo), siendo la carga total de la molécula neutra. Es importante saber, además, que en el caso del O_3 existe un fenómeno conocido como resonancia que significa que los electrones pueden cambiar de enlace muy rápidamente y que, por lo tanto, el doble enlace en unos casos estará hacia un extremo y en otros momentos hacia el otro extremo. Cuando los electrones de una molécula se pueden alternar entre diferentes estructuras estables supone un mayor grado de estabilidad para esas moléculas.

La razón de la formación de estas moléculas la tenemos en los electrones, ya que, al compartirlos, los átomos alcanzan una configuración electrónica más estable. Así, en el caso del hidrógeno pasa de tener una configuración $1s^1$ a $1s^2$, que se corresponde a la del helio y que se considera que tiene la última capa completa (que es la forma más estable). De igual modo sucede con el oxígeno, que al formar una molécula de O_2 comparte dos electrones por cada átomo y su configuración electrónica pasa de [He] $2s^2$ $2p^4$ a [He] $2s^2$ $2p^6$ (o lo que es lo mismo, la configuración electrónica del gas noble neón, cuyo símbolo es Ne). Por tanto, al formarse el oxígeno molecular aumenta su estabilidad.

Pero en cambio, si las moléculas están formadas por varios átomos diferentes tendremos un compuesto químico. Es lo que sucede con el agua (H_2O), la sal común (NaCl) o el cloroformo ($CHCl_3$).

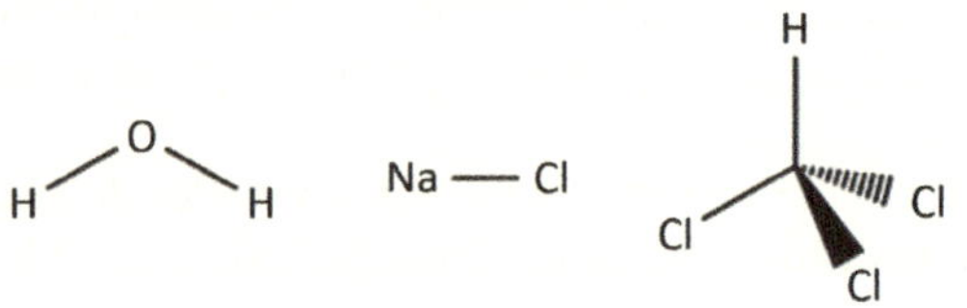

De izquierda a derecha estructuras químicas del agua, la sal común y el cloroformo

¿Por qué se forman los compuestos? De forma natural porque la energía de esta nueva sustancia es más baja que la que tenían sus elementos de origen. También es posible provocar transformaciones aplicando energía a los elementos químicos para que reaccionen y formen moléculas. Pero estos procesos los vamos a estudiar más adelante.

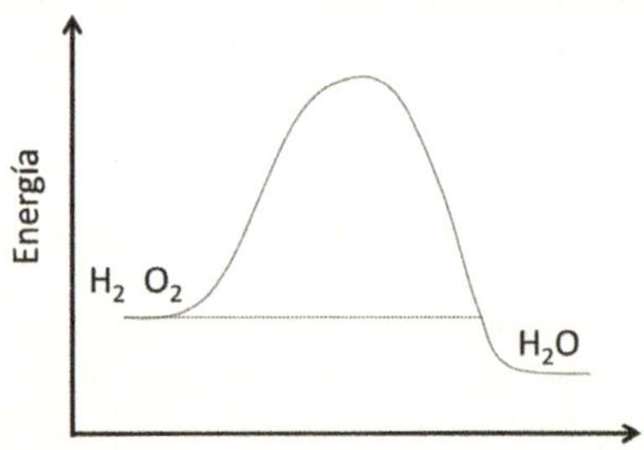

Se presenta el diagrama para entender la evolución energética de una mezcla de los gases hidrógeno (H_2) y oxígeno (O_2) hasta su conversión en agua. Si se analiza la posición de los reactivos (H_2 y O_2), es más alta que la del producto (H_2O). Ello quiere decir que tienen una energía mayor, pero para poder llegar a lograr la transformación ambos productos deben aumentar su energía hasta alcanzar un máximo. La diferencia entre este valor máximo y la energía inicial de los reactivos se conoce como energía de activación (Ea) y si su valor es muy pequeño la reacción sucederá fácilmente, pero si es muy alto la reacción estará muy limitada y no sucederá a menos que aumentemos mucho la temperatura, la presión o añadamos alguna sustancia que actúe como catalizador de la reacción.

Ahora bien, como comentábamos, en la naturaleza la materia se encuentra formando diversas sustancias, pero además, estas se hallan mezcladas. Saber de qué manera se encuentran resulta vital para entender la materia y lo que nos rodea. A continuación vamos a conocer los tipos de mezclas que existen ya que resulta algo básico para operar en química. Existen dos tipos:

1. Las mezclas homogéneas. Son aquellas en las que no es posible diferenciar sus componentes a simple vista. Incluyen desde el aire (que es una mezcla de diferentes gases) a una aleación de metales o un refresco comercial (que posee múltiples componentes como agua, azúcar y colorantes o conservantes).

El café está compuesto por diversos compuestos químicos, siendo los más conocidos la cafeína y, por supuesto, el agua. Dado que a simple vista no podemos diferenciar sus componentes, estamos ante una mezcla homogénea. Julius Schorzman es el autor de la imagen (*Taza de café*) y el archivo se encuentra bajo licencia Creative Commons Attribution-Share Alike 2.0 Generic.

2. Mezclas heterogéneas. En este tipo sí es posible observar los componentes individuales que forman la muestra. Por ejemplo, al mezclar agua y aceite, el segundo queda formando una capa sobre la primera y se observan totalmente diferenciados. Existen otros ejemplos muy visuales, por ejemplo, una paella es una mezcla heterogénea ya que sus componentes se diferencian a simple vista.

Una paella es un ejemplo de una mezcla heterogénea, ya que es posible diferenciar a simple vista los componentes de la mezcla. Imagen titulada *Paella-Paella valenciana auténtica* del autor Jan Harenburg. El archivo se encuentra bajo licencia Creative Commons Attribution-Share Alike 4.0 International.

Sabiendo qué tipo de mezclas existen es posible conocer los procesos destinados a separar los componentes de las mismas. Existen muchos procedimientos, algunos de los cuales sirven para separar mezclas homogéneas y otros para mezclas heterogéneas. A continuación vamos a listar algunos de estos procedimientos:

Posiblemente la más conocida sea la filtración. Esta técnica se basa en hacer pasar una mezcla líquida que posee algún tipo de partículas sólidas a través de un filtro y que dichas partículas sean retenidas.

Una técnica similar se emplea para separar mezclas de sólidos con partículas de diferentes tamaños y se conoce como tamizado. En ella se pasa la mezcla por varios tamices (que son una especie de filtros que cada uno posee un tamaño determinado de poro por el que pasan unas partículas y otras no). Por tanto, las partículas quedan separadas en función de su tamaño, ya que cada tamiz las retendrá en función de ese parámetro.

Para las mezclas como la del aceite y el agua (donde los líquidos se separan en dos fases bien diferenciadas) se emplea la decantación. Para ello, se deposita la mezcla en un sistema especial llamado embudo de decantación que posee una llave en la parte inferior y permite sacar el líquido que se queda en la parte inferior y separarlo del otro.

Existen otros procesos, como la destilación, donde se calienta una mezcla de líquidos, generalmente homogénea, que se separan en función de su punto de ebullición (ya que el compuesto que tiene menor punto de ebullición se evapora a menor temperatura); la evaporación, cuya función es eliminar el líquido de una mezcla que contenía un sólido disuelto (y por tanto que permite recuperar el sólido), y que se realiza dejando la mezcla al aire de manera que paulatinamente el líquido se evapora del recipiente; o la separación magnética, en la que se buscan sustancias magnéticas de las que no lo son gracias al uso de imanes (que se acercan a la mezcla y provocan que las sustancias magnéticas queden adheridas).

12

¿Qué podemos esperar de la química en el futuro?

Vamos a intentar entender los retos a los que se enfrenta la química hoy día:

1. La síntesis de nuevos fármacos

Todavía hoy existen muchas enfermedades que no tienen un tratamiento farmacológico efectivo. No existe, por ejemplo, un tratamiento capaz de detener el avance de la enfermedad de Alzheimer y con el aumento del envejecimiento de la población cabe suponer un aumento en el número de casos de esta demencia. Tampoco existe un tratamiento efectivo para todos los tipos de cáncer o para erradicar el virus del VIH, así como para detener el avance de otras enfermedades como Parkinson o Esclerosis Lateral Amiotrófica (ELA).

Además, muchos microorganismos para los que sí existe un tratamiento efectivo están desarrollando resistencias a los fármacos actuales que los dejan desfasados. Los miles de millones de euros invertidos en estas materias dibujan una carrera por salvar vidas en la que no sabemos cuál será el resultado. Sobre todo en el desarrollo de nuevos antibióticos, ya que la velocidad a la que las bacterias desarrollan sus mecanismos de defensa es, a día de hoy, mayor a la que necesitamos los humanos para poner a punto nuevos tratamientos. Por tanto, si no avanzamos en la síntesis de nuevos antibióticos y las bacterias continúan desarrollando resistencias podemos encontrarnos con que no habrá un medicamento capaz de detenerlas y volveremos a la época preantibiótica en la cual muchas personas fallecían por infecciones que hoy se tratan y se curan de manera sencilla.

2. El desarrollo de nuevos materiales

La química de los materiales es uno de los campos donde más se investiga en la actualidad. Lograr productos más ligeros, más pequeños, más resistentes o más duraderos son algunos de sus objetivos más generales. El desarrollo de materiales biocompatibles para lograr prótesis o marcapasos que aglutinen estas propiedades será uno de los objetivos más concretos de la química en los próximos años. También se están desarrollando pantallas de televisión flexibles, fibras textiles mucho más resistentes o aleaciones metálicas extremadamente ligeras. Otro de los objetivos en la química de materiales es la puesta a punto de baterías más eficientes, más potentes y menos contaminantes. Sin duda, el desarrollo de la telefonía móvil, los coches eléctricos y los ordenadores portátiles han contribuido y van a seguir haciéndolo para lograr mejorar estas baterías. Además, actualmente se está trabajando en la puesta a punto del grafeno como un material de referencia que inundará nuestras vidas en las próximas décadas, sobre todo en el campo de la tecnología, ya que por sus propiedades se plantea como un material con mayor capacidad, más efectivo y menos pesado, y puede ser empleado para la fabricación de chips, sensores, pantallas o incluso como parte de la terapia contra algunos tipos de cáncer.

La interacción de esos nuevos materiales con el ser humano será uno de los asuntos clave de las próximas décadas.

3. La apuesta por la Green chemistry

El desarrollo de la química ha conllevado también un aumento de la contaminación en nuestro planeta. Los procesos de emisión de dióxido de carbono (CO_2) que contaminan nuestra atmósfera o la proliferación de los plásticos que contaminan los mares suponen un grave riesgo para la vida en el planeta Tierra. Cada día estos problemas se ven agravados sin que se ponga freno al deterioro medioambiental. El desarrollo de nuevos procedimientos que reduzcan las emisiones de gases contaminantes, así como plásticos biodegradables o procesos que destruyan los plásticos y microplásticos presentes en las aguas marinas deben ser una clara apuesta de futuro dentro de la evolución de la química.

Resulta casi imposible establecer los límites futuros de la química, una ciencia tan diversa y que actualmente se encuentra en plena ebullición en el campo de la investigación, pero esperemos que sirva para mejorar nuestra calidad de vida y para proteger el medio ambiente de nuestro planeta.

II

ELEMENTOS

13

¿TIENE EL ÁTOMO MÁS SIMPLE ALGO QUE ENSEÑARNOS?

Como ya hemos visto, el átomo más sencillo es el hidrógeno (H) y contiene únicamente un protón y un electrón (cuya configuración electrónica es $1s^1$). Generalmente en la tabla periódica se coloca en la parte más alta de la columna del lado izquierdo, ya que algunas de sus propiedades coinciden con las de los elementos de ese grupo. En condiciones normales (cuando se emplea este término se hace referencia a que la presión es de una atmósfera y la temperatura de 20 °C) se trata de un gas incoloro, inodoro, no metálico y además insoluble en agua. Otra de sus propiedades a tener en cuenta es que es inflamable.

Sin embargo, este elemento es único por diferentes motivos. Es, en primer lugar, el elemento más abundante del universo, ya que es el principal componente de las estrellas (y su combustible). Sin embargo, la que es su forma natural (como gas diatómico H_2, es decir, dos átomos de hidrógeno unidos entre ellos) apenas se encuentra en la naturaleza en nuestro planeta, ya que es muy ligero y abandona nuestra atmósfera y es tan reactivo

Casilla de la tabla periódica correspondiente al hidrógeno. En muchas representaciones de la tabla periódica se incluyen otros datos además del número atómico y la masa atómica, como son la configuración electrónica del átomo, sus estados de oxidación, sus puntos de fusión y ebullición o su electronegatividad. Estas tablas poseen más información y son muy útiles para el trabajo de los químicos con estos elementos.

que enseguida forma otras especies. Esta sustancia es gaseosa por encima de −252,7 °C.

En nuestro planeta podemos encontrar hidrógeno en diferentes formas: como parte de las moléculas orgánicas o en el gas natural y el petróleo, pero la más común es como parte de las moléculas del agua (H_2O), que contienen dos átomos de hidrógeno y uno de oxígeno. La forma más habitual de obtención de hidrógeno es precisamente a través de la descomposición del agua, que se produce mediante electrólisis, es decir, aportando una corriente eléctrica al agua (la reacción necesita que los electrones rompan enlaces en la molécula) y cuya descomposición se ajusta a la siguiente reacción:

$$2\ H_2O\ (l) \leftrightarrow 2\ H_2\ (g) + O_2\ (g)$$

Pero durante la reacción se están produciendo de manera simultánea dos reacciones:

$$4\ H^+\ (ac) + 4\ e^- \leftrightarrow 2\ H_2\ (g)$$

$$2\ H_2O\ (l) \leftrightarrow O_2\ (g) + 4\ H^+\ (ac) + 4\ e^-$$

La anotación (l) significa que se trata de un líquido, (g) que es una sustancia gaseosa y (ac) que se encuentra en disolución acuosa. En la reacción de electrólisis del agua se rompen los enlaces que forman la molécula gracias a la electricidad que se aporta. Sin él esta reacción no sucede. Los átomos de hidrógeno, que en el agua tienen un estado de oxidación +1, se reducen al estado de oxidación 0 y reaccionan formando las moléculas de H_2. De manera similar, los átomos de oxígeno se oxidan (pasando de un estado de oxidación −2 en el agua al estado 0 de la molécula diatómica). Tanto el H_2 como el O_2 son gases a temperatura ambiente que se liberan en la reacción.

Precisamente la reacción inversa es la que se emplea cuando el hidrógeno es empleado como combustible:

$$2\ H_2\ (g) + O_2\ (g) \leftrightarrow 2\ H_2O\ (l)$$

Reacción de combustión del hidrógeno. En este caso se hacen reaccionar las moléculas gaseosas y se obtiene el agua como producto (residuo) de la reacción. En esta reacción se libera una gran cantidad de energía.

Esta reacción genera energía y, a diferencia de otras reacciones, no emite productos contaminantes para la atmósfera, sino tan solo agua. Por eso se considera que debería ser una de las principales fuentes de energía limpia del futuro. Uno de los problemas que posee este proceso es que para poder ser llevado a cabo se requiere obtener previamente el hidrógeno (lo que requiere un elevado aporte de energía). Además, existe un hecho empírico según el cual las reacciones químicas no tienen por qué ser 100% efectivas, y por tanto a nivel real la cantidad de energía necesaria para producir H_2 es superior a la obtenida tras su empleo como combustible. Además, en el coste energético se tiene que incluir la energía necesaria para transportar el H_2 desde donde se produzca hasta donde sea empleado. Actualmente se están estudiando diversas posibilidades que se centran en el uso de las energías renovables (como la solar o la eólica) para producir grandes cantidades de H_2 que pudiera ser utilizado posteriormente como combustible.

Sin embargo, también tiene sus riesgos, ya que se trata de un compuesto extremadamente explosivo y su almacenamiento y uso deben hacerse bajo importantes medidas de seguridad.

Otros dos hechos sobre el hidrógeno están relacionados con la existencia de sus isótopos: el deuterio y el tritio. En el deuterio, además de un protón, encontramos un neutrón, conformando un isótopo estable del H. Su abundancia natural es del 0,015% de los átomos de hidrógeno. Es decir, se encuentra en esa proporción también en los compuestos formados por H, incluida el agua o los hidrocarburos. Cuando los dos átomos del hidrógeno de las moléculas de agua son átomos de deuterio se conoce al compuesto formado también como agua pesada. La masa de este isótopo es casi el doble que la del hidrógeno.

El tritio, que posee un protón y dos neutrones, se produce de manera muy minoritaria en la naturaleza por la acción de los rayos cósmicos sobre los gases de la atmósfera. También se puede sintetizar en el laboratorio. A diferencia del deuterio, no es estable y descompone, lo que le convierte en un isótopo radiactivo. Si bien la energía que emite es baja y su período de semidesintegración (que es el tiempo que necesitarían la mitad de los núcleos de una muestra radiactiva para descomponerse) es de 12,32 años.

Como ya hemos comentado, actualmente se está tratando de desarrollar la tecnología que permita usar deuterio y tritio en reacciones de fusión nuclear, cuyo producto de reacción es el helio, que no es radiactivo y, por tanto, la reacción produce una gran cantidad de energía sin generar residuos radiactivos.

Además, es necesario hablar de su principal forma iónica: el hidrógeno puede perder su único electrón y formar el catión protio, también conocido coloquialmente como protón. Este catión es fundamental en un importante número de reacciones químicas y es la base fundamental de las reacciones ácido-base, como veremos más adelante. Encontramos hidrógeno cargado positivamente en compuestos como el cloruro de hidrógeno (HCl), yoduro de hidrógeno (HI) o sulfuro de hidrógeno (H_2S). Estos compuestos son gases, pero cuando se encuentran disueltos en agua se les conoce como ácido clorhídrico, yodhídrico y sulfuroso, respectivamente, y son famosos por su elevado poder corrosivo.

Pero en la reactividad del hidrógeno existen otros compuestos que son relevantes y que se conocen como hidruros metálicos. En estos, el hidrógeno actúa como anión, ya que posee carga negativa gracias a la adquisición de un electrón. Por tanto, aparece como H^- y forma estos compuestos con cationes como los del sodio (Na^+), potasio (K^+) o litio (Li^+). Estas moléculas son inestables al contacto con el agua (la reacción es muy vigorosa y peligrosa), y por tanto cuando se trabaja con ellos es importante hacerlo en lo que se conoce como atmósfera inerte (en la que no puede haber ni agua ni oxígeno). Estos compuestos se emplean como bases en síntesis en química orgánica. Una base es químicamente lo contrario a un ácido. Mientras que los ácidos liberan protones, las bases los toman.

El hidrógeno ha sido básico en el estudio de la química nuclear y la estructura atómica. Gracias a este átomo tan simple hemos aprendido los principios de todo lo que sabemos sobre protones, neutrones y electrones.

14

¿Qué características describen a los elementos alcalinos y alcalinotérreos?

Si observamos la tabla periódica, observaremos que en la izquierda aparecen dos columnas. Son los llamados elementos alcalinos y alcalinotérreos y poseen muchas propiedades en común. Por ejemplo, todos son elementos metálicos y sus últimos electrones ocupan orbitales tipo s.

Pero para conocerlos más en profundidad debemos analizarlos por separado. La primera columna que tenemos es la de los alcalinos, que también es conocido como Grupo 1. Está compuesta por los siguientes elementos: litio (Li), sodio (Na), potasio (K), rubidio (Rb), cesio (Cs) y francio (Fr). El sodio y el potasio son elementos muy abundantes en la corteza terrestre, los otros no son tan habituales.

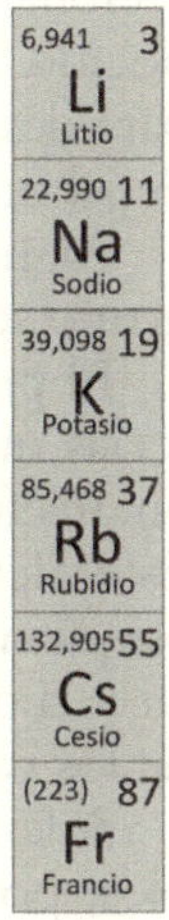

Se presenta la columna de los elementos alcalinos o Grupo 1. Todos estos elementos son metálicos y su configuración electrónica es ns^1 (donde n es el número del período en el que se encuentra el elemento). La masa atómica del francio (Fr) aparece entre paréntesis debido a que se trata de un elemento radiactivo y 223 es la masa del isótopo más estable.

Se trata de elementos metálicos. Son conductores del calor y poseen una elevada conductividad eléctrica. Son maleables y dúctiles. Además, al cortarlos podemos observar el tono brillante de sus superficies. Los elementos alcalinos poseen una densidad baja (incluso inferior a la del agua en el caso del litio) y sus puntos de fusión también son bajos, siendo el menor el del cesio (29 °C). En su forma líquida, algunos de estos elementos se emplean en la refrigeración de centrales nucleares.

Estos elementos en estado metálico son tan reactivos que en la naturaleza no se encuentran de esta manera, sino formando sales (es decir, combinados con otros). Las sales que contienen estos elementos en su forma catiónica son incoloras y solubles en agua. El ejemplo más conocido es el de la sal común, cuyo nombre científico es cloruro de sodio y su fórmula química es NaCl.

Además, todos ellos comparten una gran similitud en cuanto a su reactividad química. Ello es debido a su configuración electrónica, ya que todos poseen un único electrón en su última capa que se encuentra en el mismo tipo de orbital: tipo s, que posee forma esférica. Por tanto, para todos estos elementos es fácil perder ese electrón y formar un catión de gran estabilidad. Es decir, pasarían de la forma M a M^+. Por ejemplo, cuando el potasio (K) pierde un electrón, se convierte en K^+, que junto al anión de otro elemento como el bromo forma el bromuro de potasio (KBr), que es un compuesto que se empleaba en el siglo XIX como anticonvulsivo en humanos.

También reaccionan al encontrarse con el oxígeno y forman óxidos, como puede ser el óxido de sodio (Na_2O), que a su vez reaccionan con el agua y forman el hidróxido (NaOH, también conocido como sosa cáustica). Este compuesto se emplea en limpieza para desatascar tuberías (por su alta reactividad) o en la fabricación de jabones, entre otros usos.

Algunas otras propiedades destacables de los elementos de este grupo son:

El principal uso del litio se encuentra en la elaboración de baterías que contienen el catión Li^+ y que actualmente se utilizan en teléfonos móviles, ordenadores portátiles y coches eléctricos. Este elemento además se emplea en medicina, concretamente en psiquiatría como fármaco en el tratamiento para el trastorno bipolar y la depresión, ya que posee un efecto estabilizador en el ánimo de los pacientes que padecen estos trastornos.

Además de la sosa, que ya hemos comentado, el sodio se emplea, por ejemplo, como bicarbonato de sodio ($NaHCO_3$) para combatir la acidez y el dolor de estómago o como carbonato de sodio (Na_2CO_3) en los detergentes.

En el caso de las sales de potasio (K), sus usos son muy variados. Por ejemplo, en fertilizantes (tanto el nitrato como el cloruro) o en la fabricación de pólvora y pirotecnia (el nitrato).

El sodio y el potasio poseen una gran importancia a nivel biológico. El equilibrio entre las concentraciones a nivel celular y extracelular de sus formas catiónicas (Na^+ y K^+) es vital para el ser humano, y dentro de la célula podemos encontrar una herramienta, una proteína conocida como bomba sodio-potasio, destinada a mantener una concentración alta de potasio dentro de la célula y menor fuera de esta y de manera inversa para el Na; por tanto, con una baja concentración dentro de la célula y mayor fuera. Esto se consigue gracias a esta bomba sodio-potasio que, colocada en la membrana celular (es decir, la «pared» de la célula), expulsa tres átomos de Na^+ e introduce dos de K^+. Los desequilibrios entre estos dos cationes poseen efectos en la salud que deben ser corregidos con sumo cuidado por profesionales sanitarios.

El rubidio (Rb) posee diversas aplicaciones que pueden ser destacadas. Por ejemplo, relacionadas con la tecnología, como son la fabricación de células fotoeléctricas o sistemas de telecomunicaciones a través de fibra óptica y equipos de visión nocturna, pero en otro ámbito también se utiliza para dotar de color púrpura a los fuegos artificiales. De igual modo, el cesio (Cs) es utilizado en tecnologías productoras de luz y otros sistemas tecnológicos, además uno de sus isótopos es utilizado en el tratamiento de diversos tipos de cáncer a través de la radioterapia.

Finalmente, el francio es un compuesto altamente radiactivo que fue descubierto por la química francesa Marguerite Perey (1909-1975), que fue alumna de Marie Curie. El período de semidesintegración de este elemento es inferior a 22 minutos. Por ello, no posee aplicaciones comerciales y tan solo se ha empleado en investigación.

Junto a los elementos alcalinos, justo a su derecha, nos encontramos con los alcalinotérreos (o Grupo 2). Este grupo está compuesto por los elementos berilio (Be), magnesio (Mg), calcio (Ca), estroncio (Sr), bario (Ba) y radio (Ra). Todos estos elementos son metálicos y bastante reactivos, aunque menos que los alcalinos. El radio, como sucede con otros elementos de la parte inferior de la tabla periódica, es radiactivo y posee un tiempo de vida medio corto.

Los alcalinotérreos son similares a los alcalinos en su configuración electrónica, ya que en los llamados orbitales s caben únicamente dos electrones, y como todos los elementos de este grupo poseen dos electrones en su última capa, estos se encuentran en este tipo de orbital. Dado que perdiendo dos electrones obtendrían la última capa completa, esta será su forma preferencial en la naturaleza, alcanzando las formas catiónicas Be^{2+}, Mg^{2+} o Ca^{2+}. Todos estos cationes poseen ocho electrones en la última capa, excepto el Be^{2+}, que tiene tan solo dos electrones, que es la configuración electrónica de la primera capa completa, equivalente a la del helio (He).

9,012	4	Be	Berilio
24,305	12	Mg	Magnesio
40,078	20	Ca	Calcio
87,620	38	Sr	Estroncio
137,327	56	Ba	Bario
(226)	88	Ra	Radio

Los alcalinotérreos forman el Grupo 2 de la tabla periódica. Se trata de seis elementos metálicos con configuración electrónica ns^2. Al igual que en el caso del francio, para el radio (Ra) la masa atómica aparece entre paréntesis porque es la masa del isótopo radiactivo más estable.

Estos elementos tienen un valor de electronegatividad (la capacidad de atraer los electrones que forman un enlace) muy bajo debido a que tienden a perderlos con facilidad. La medida de lo difícil o fácil que resulta arrancar un electrón se conoce como energía de ionización. En el caso tanto de los alcalinos como de los alcalinotérreos, el valor de esta propiedad será bajo, ya que tienden a perder los electrones con facilidad. Hay una relación entre la electronegatividad y la energía de ionización. De forma general, en los elementos en que la primera es baja la segunda también lo es. Igualmente, ambas aumentan cuando nos desplazamos en la tabla periódica hacia la derecha o hacia arriba.

Existe además una propiedad atómica que se conoce como afinidad electrónica y que se define como la energía liberada cuando un átomo neutro captura un electrón y forma una especie con carga negativa. En el caso de los alcalinotérreos este valor está especialmente desfavorecido, ya que incorporar un electrón (que se colocaría en los orbitales p) disminuye de gran manera su estabilidad. Este valor está favorecido cuando al adicionar un electrón extra se consigue completar la última capa de electrones o alcanzar una capa semillena (es decir, que tenga la mitad del número máximo de electrones) porque esa situación también aporta un extra de estabilidad.

En cuanto a las propiedades y aplicaciones de los elementos de este grupo, cabe señalar que mientras que el calcio y el magnesio presentan una elevada abundancia en la corteza terrestre, el resto son bastante más escasos. Estos elementos, como metales que son, poseen buena conductividad térmica y eléctrica. Se trata de elementos blandos (es decir, son fáciles de rayar). Sin embargo, al ser bastante reactivos, en la naturaleza no se encuentran en su forma metálica y para poder tenerlos así, no solo hay que sintetizarlos (lo que se realiza reduciendo la especie catiónica), sino que hay que preservarlos en ausencia de aire, ya que el oxígeno reacciona con ellos formando óxidos (y la reacción puede ser bastante violenta).

Varios elementos de este grupo poseen una importante implicación bioquímica. Tanto el magnesio como el calcio participan activamente en este campo y su ingesta es necesaria para tener una dieta saludable. Es de sobra conocido el papel del calcio en huesos o dientes. Pero, por ejemplo, el magnesio juega un papel fundamental en la estructura de la clorofila, que es vital para la vida de las plantas.

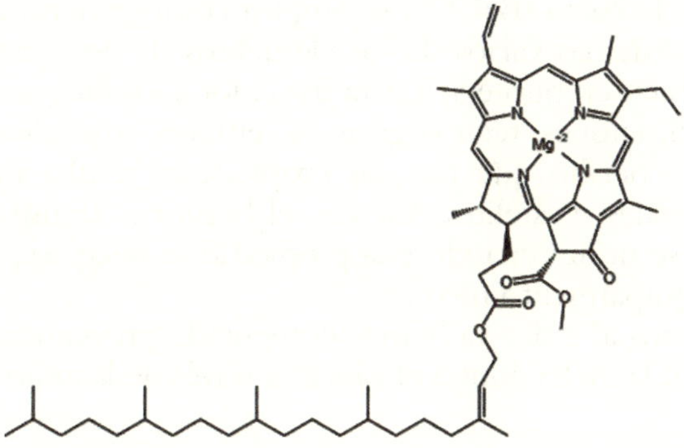

Estructura general de la clorofila a. Este compuesto se estructura alrededor de un átomo de magnesio unido a cuatro átomos de nitrógeno (dos de los cuales aportan los dos electrones al enlace N–Mg). Existen otros tipos de clorofila que se diferencian en pequeños cambios respecto de la estructura de la clorofila a. La función del anillo alrededor del átomo de magnesio consiste en absorber la luz del sol, mientras que la cadena de átomos de carbono (de carácter hidrófobo) mantiene la molécula integrada en la membrana fotosintética de la planta.

Podemos encontrar compuestos con estos elementos en múltiples aplicaciones. A nivel natural cabe destacar el mármol, que es uno de los materiales más empleados en construcción y acabados de calidad, cuyo principal componente es el carbonato de calcio ($CaCO_3$). También es posible señalar que las piedras preciosas de color verde conocidas como esmeraldas están formadas por un mineral que contiene berilio y aluminio, que se conoce como berilo y cuya fórmula química es $Be_3Al_2(SiO_3)_6$.

En cuanto a las aplicaciones industriales de estos elementos cabe señalar que los primeros flashes para fotografía eran de magnesio, ya que produce una potente luz cuando se quema. También un compuesto como el sulfato de calcio ($CaSO_4$) en su forma anhidra (es decir, sin agua) se emplea para desecar y extraer agua en procesos químicos tanto industriales como en investigación. Este compuesto atrae las moléculas de agua, y por tanto se pueden separar. El yeso, utilizado en construcción o en medicina para inmovilizar extremidades con huesos rotos, está compuesto también por sulfato de calcio, en este caso hidratado (es decir, que en su estructura ha incorporado moléculas de agua). De igual modo, el término cal hace referencia a un compuesto que contiene calcio, en concreto al óxido de calcio (CaO). Otro compuesto como el carbonato de bario ($BaCO_3$) se emplea como veneno contra ratas y ratones. Además varios de los elementos de este grupo se emplean también en pirotecnia para dar color a los fuegos artificiales.

En aplicaciones tecnológicas se emplea una aleación entre aluminio y berilio que por sus propiedades resulta muy útil en aviones, misiles o satélites. Además, el berilio es transparente a los rayos X y se utiliza cuando esta propiedad es necesaria para determinado equipamiento médico.

En cuanto al radio ya hemos comentado previamente sus aplicaciones en la lucha contra el cáncer a través de la radioterapia.

15

¿QUÉ SON TODOS LOS ELEMENTOS QUE OCUPAN EL CENTRO DE LA TABLA PERIÓDICA?

En la zona central de la tabla periódica encontramos los llamados metales de transición. Todos estos elementos tienen una serie de cosas en común: la primera es que todos son metales. Es decir, que poseen propiedades metálicas como: que tienden a perder electrones antes que a atraerlos (y por tanto forman cationes), que son buenos conductores del calor y la electricidad, que son sólidos a temperatura ambiente (excepto el mercurio, Hg) y que sus átomos se unen mediante el llamado enlace metálico, que será detallado más adelante, pero que en resumen significa que todos los átomos de un mismo elemento comparten sus electrones de valencia (lo que les confiere su elevada conductividad eléctrica). Pero además todos los elementos de esta zona tienen sus últimos electrones en orbitales tipo d.

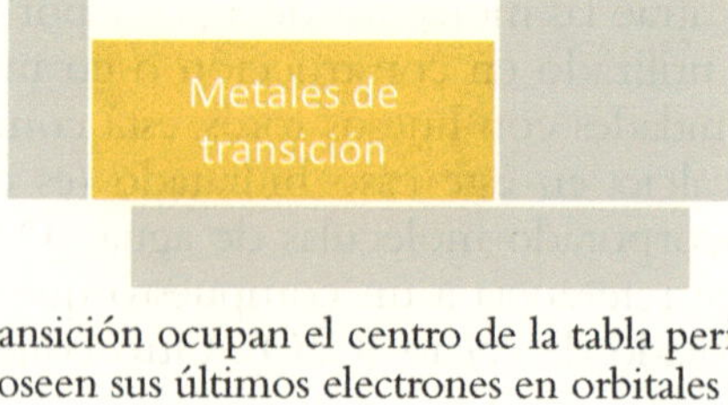

Los metales de transición ocupan el centro de la tabla periódica, todos ellos poseen sus últimos electrones en orbitales d.

Los orbitales tipo d tienen cinco posibles estructuras y por tanto, dado que es posible colocar hasta dos electrones por orbital, poseen capacidad para albergar hasta diez electrones.

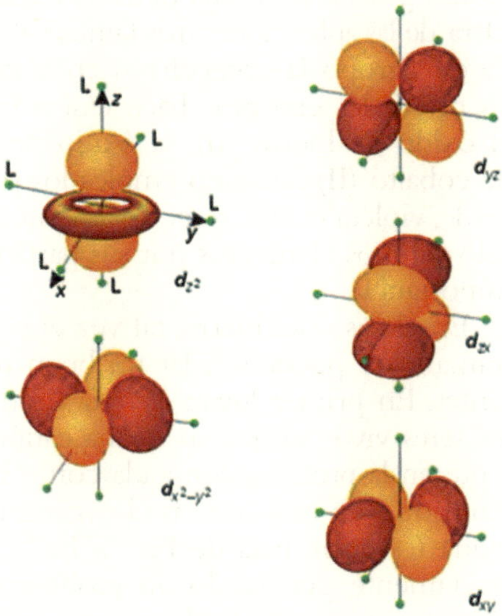

Se presentan los cinco orbitales tipo d ($d_z{}^2$, d_{yz}, $d_{x^2-y^2}$, d_{zx}, d_{xy}). Como se puede observar presentan formas diferentes, destacando el que incluye un anillo toroide ($d_z{}^2$). Estos orbitales son los que albergan los electrones de la última capa de los metales de transición que pueden llegar a ser un máximo de diez. *Modelo de orbitales d* generada por J3D3. Este archivo se encuentra bajo licencias Creative Commons Attribution-Share Alike 4.0 International, 3.0 Unported, 2.5 Generic, 2.0 Generic y 1.0 Generic.

Las propiedades de los elementos que forman este grupo son muy amplias y abarcan desde el uso como catalizadores (por ejemplo, el hierro o el platino), al hecho de que se trata de elementos con una gran ductilidad y maleabilidad. Otra propiedad de gran relevancia la encontramos en sus diferentes densidades, ya que gracias a este valor se puede apostar por unos u otros para mejorar su aplicabilidad. Por ejemplo, una bicicleta de aluminio es casi tres veces más ligera que una de hierro.

Los metales pueden formar aleaciones, que son mezclas entre ellos, lo que puede alterar de manera significativa sus propiedades. Las aleaciones permiten disminuir la densidad, aumentar la dureza o reducir significativamente el coste de un material para una aplicación determinada.

Dentro de esta zona es posible encontrar elementos como el hierro (Fe), la plata (Ag) o el oro (Au). Aunque todos poseen muchas características comunes, es posible encontrar algunas diferencias que son muy relevantes. Se podría describir cada uno de los elementos y citar sus características y usos más relevantes. Por ejemplo, el uso del cobre (Cu) en el cableado eléctrico por su buena conductividad o del wolframio (W) en lámparas incandescentes. Otros elementos como el titanio (Ti) o el zinc (Zn) han sido ampliamente utilizados por la humanidad para aplicaciones gracias a su baja densidad y alta resistencia a la corrosión. Otra de las aplicaciones más famosas y antiguas de muchos elementos de este grupo la observamos en la coloración de las vidrieras de las catedrales europeas hace casi un milenio. Compuestos como el óxido de hierro (II), el óxido de manganeso (IV) o el óxido de cobalto (II) han sido empleados para dotar de colores como el verde, violeta o azul, respectivamente. Pero se han seleccionado tan solo algunos elementos por sus particulares características o por su importancia.

En el caso del hierro, tal vez el metal más conocido por el ser humano, se puede señalar un buen número de aplicaciones diferentes. En primer lugar, se trata de un elemento importante para los seres vivos ya que su forma catiónica (Fe^{2+}) se encuentra presente en la proteína conocida como hemoglobina, responsable del transporte de oxígeno en el organismo. Si el catión del hierro se oxida (es decir, pasa de Fe^{2+} a Fe^{3+}) la proteína no funciona correctamente, generando un problema de salud. Pero el hierro es principalmente conocido por sus aplicaciones en metalurgia y en la creación de herramientas para uso humano. La llamada Edad del Hierro comienza hace unos tres mil años, cuando su uso se popularizó para la construcción de herramientas y armas. El material más extendido hoy día que contiene hierro es el acero, que es una aleación que contiene este elemento y carbono (en una proporción en masa que se encuentra entre el 0,008 y el 2,11%) y al que se pueden añadir muchos otros elementos, incluyendo metales como el níquel (Ni), wolframio (W), cobalto (Co) o el cromo (Cr). Este último es especialmente relevante ya que se añade para generar el llamado acero inoxidable.

El níquel se utiliza para su uso en monedas (como en las de 1 y 2 euros), como catalizador y también se encuentra presente, junto al hierro, en un tipo de enzimas conocidas como hidrogenasas, cuya función es la de descomponer de manera reversible las moléculas de H_2, proceso que se da principalmente en bacterias y otros microorganismos anaerobios. El hecho de que sea reversible significa que la reacción puede suceder tanto para sintetizar hidrógeno como para descomponerlo. Pero el interés que existe en el uso del hidrógeno como fuente de energía ha conllevado el desarrollo de una línea de investigación para la síntesis de hidrógeno empleando este proceso biológico.

También es posible destacar el tecnecio (Tc) ya que se trata del primer elemento obtenido de forma artificial. Este elemento apenas existe en la naturaleza, tan solo como subproducto de la reacción nuclear de fisión del uranio (concretamente del isótopo U^{235}), hecho que fue conocido después de su síntesis en un ciclotrón (que es un tipo de acelerador de partículas). El tecnecio se emplea principalmente en medicina nuclear, ya que se recurre a él en técnicas de diagnóstico que requieren el uso de un contraste radiactivo para detectar posibles problemas de salud.

Otro de los elementos metálicos que es necesario destacar lo encontramos en el mercurio (Hg). Es el único metal que es líquido a temperatura ambiente (su punto de fusión lo encontramos a −39 °C, por tanto tan solo sería sólido por debajo de esa temperatura). El hecho de que sea líquido posee una explicación dentro del mundo de la química cuántica que señala que existen fuerzas atractivas muy débiles (mucho menores que en el resto de metales) entre los átomos de este metal. Presenta un color plateado y su densidad es de 13 534 kg m^{-3}, es decir, es más de trece veces más denso que el agua (997 kg m^{-3}) o casi el doble que el hierro (7 874 kg m^{-3}). Su aplicación más conocida han sido los termómetros y otros instrumentos como manómetros, si bien se encuentra en desuso, ya que algunas formas de este elemento presentan una elevada toxicidad.

Finalmente, destacan los llamados metales nobles, término que hace referencia a que son elementos químicamente muy inertes (es decir, que son muy estables y no se degradan con facilidad) y que agrupa a los elementos platino (Pt), oro (Au), paladio (Pd), iridio (Ir), plata (Ag), rutenio (Ru), rodio (Rh) y osmio (Os).

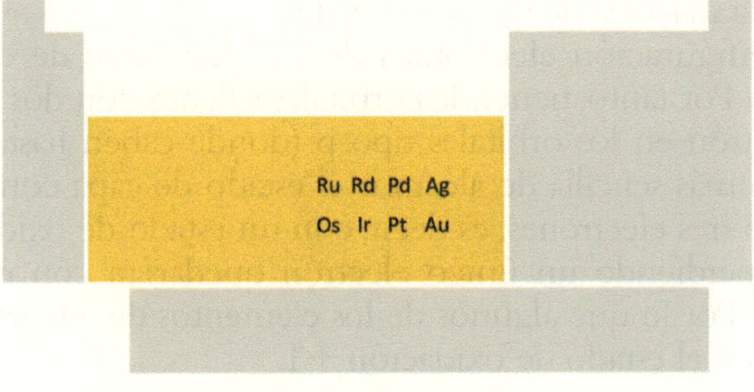

Posición en la tabla periódica de los metales nobles

Estos elementos poseen una elevada densidad, siendo la más elevada la del osmio (22 610 kg m^{-3} a temperatura ambiente), y han sido ampliamente utilizados en joyería y en monedas, pero también poseen diversos usos como electrodos o catalizadores y en otras aplicaciones científicas. Además del conocido uso del oro y la plata para elaboración de las medallas de los Juegos Olímpicos. El bronce, premio para la tercera posición, no se trata de un metal noble, sino que es una aleación entre cobre y estaño.

16

¿QUÉ CARACTERÍSTICAS TIENEN LOS ELEMENTOS CONOCIDOS COMO TÉRREOS?

La tabla periódica se divide en cuatro zonas fácilmente diferenciables. Las dos primeras columnas de la izquierda (los elementos alcalinos y alcalinotérreos), el bloque central más bajo (los metales de transición), las dos filas que salen de la propia tabla (y que son conocidos como lantánidos y actínidos) y el bloque de la derecha que es igual de alto que el bloque de la izquierda. La primera columna de este bloque es conocida como el grupo de los térreos o Grupo 13. También son llamados a veces grupo del boro, ya que este es el primer elemento que lo compone.

Junto con el boro (B), este grupo está compuesto por los elementos aluminio (Al), galio (Ga), indio (In) y talio (Tl). Los seres humanos hemos sintetizado de manera artificial otro elemento que se coloca en este grupo y que es conocido como nihonio (Nh), que tiene una estabilidad muy corta y del que no es posible describir la mayoría de sus propiedades.

La configuración electrónica de los elementos de este grupo es ns^2 np^1. Por tanto, tienen los orbitales s llenos con dos electrones y un electrón en los orbitales tipo p (donde caben hasta seis). Así, la manera más sencilla de alcanzar el estado de capa completa será perdiendo tres electrones, es decir, con un estado de oxidación +3. Además, perdiendo un único electrón quedarían con el orbital s completo. Por lo que algunos de los elementos de este grupo también poseen el estado de oxidación +1.

Todos los elementos de este grupo, a excepción del boro, se consideran metálicos. En el caso del B, se considera un elemento semimetálico, lo que le confiere propiedades intermedias entre los metales y los no metales y diferentes a las del resto del grupo. Entre las diferencias se encuentra que es el único de estos elementos capaz de captar electrones para formar un anión y de ahí aparecen compuestos como el boruro de magnesio (Mg_3B_2). Ninguno del resto de los elementos del Grupo 13 posee una forma aniónica que forme compuestos estables.

El Grupo 13 de la tabla periódica está encabezado por el boro. Con este grupo se da comienzo a los electrones alojados en los orbitales p.

El boro es un mal conductor de la electricidad a temperatura ambiente. Cuando la temperatura aumenta, esta propiedad mejora. Por otro lado, es un elemento con una elevada dureza, es decir, es difícil de rayar. Este elemento se emplea, por ejemplo, en la elaboración de vidrios resistentes a los cambios de temperatura empleando borosilicatos. El famoso vidrio de laboratorio tipo Pyrex es el ejemplo más conocido. Además aporta color verde a los fuegos artificiales.

El aluminio es uno de los metales más conocidos y más empleados por los seres humanos. Además, como ya se ha comentado, forma parte de la estructura de las esmeraldas (junto al berilio). Pero también se encuentra en la composición del mineral conocido como corindón (Al_2O_3), que en función del color puede formar rubíes (de color rojo) o zafiros (de color azul). Esta coloración proviene de la presencia de impurezas como son el óxido de cromo (III) en el caso de los rubíes o del óxido de titanio (IV) para los zafiros.

Ahora bien, en su forma natural se encuentra de manera mayoritaria formando parte de una roca conocida como bauxita (que está compuesta por diferentes minerales, entre los que se encuentran varios que contienen aluminio). Cuando esta roca es tratada químicamente, se obtiene de ella el óxido de aluminio (Al_2O_3, también conocido como alúmina) que posteriormente se reduce a aluminio metal mediante electrólisis (aportando corriente eléctrica). La producción de aluminio requiere una elevada cantidad de energía a nivel mundial.

De izquierda a derecha: esmeralda, rubí y zafiro. En el caso del rubí vemos la joya, mientras que en los otros dos casos se trata de piedras preciosas sin tallar. Rob Lavinsky iRocks.com es el autor de las imágenes de la esmeralda (*Beryl (Var.: Emerald)*) y del zafiro (*Corundum (Var.: Sapphire)*). Ambos archivos se encuentran bajo licencia CC-BY-SA-3.0, mientras que el autor de la imagen del rubí es Humanfeather y el archivo (*cut ruby gemstone with inclusions*) se encuentra bajo licencia Creative Commons Attribution 3.0 Unported.

Como metal, y gracias a su baja densidad y elevada resistencia a la corrosión, se emplea en todo tipo de aplicaciones como aviones, bicicletas o electrodomésticos. Pero también lo encontramos en el llamado «papel de aluminio». Este material, que es principalmente utilizado en el embalaje alimentario, está formado por láminas metálicas muy finas, lo que provoca que sea fácilmente maleable.

El caso del galio es similar al aluminio, la mayoría de sus propiedades y sus aplicaciones más destacables las encontramos en su uso en termómetros, en bombillas ledes (de sus siglas en inglés *light-emitting diode*) y otras piezas eléctricas. Además se emplea en medicina nuclear como contraste, es decir, se inyecta en el paciente y su diferente acumulación en los tejidos permite saber si estamos ante una persona que padece algún tipo de tumor o una inflamación. El indio y el talio también poseen aplicaciones tecnológicas como son las pantallas planas para televisión para el primero o la creación de termómetros a temperaturas muy bajas para el segundo.

17

LA COLUMNA DEL CARBONO, ¿POR QUÉ ES VITAL?

Este grupo posee una importancia vital por un motivo muy fácil de comprender: la química orgánica está basada en el carbono. Esto, que será analizado con mayor profundidad más adelante, se basa en el hecho de que se pueden producir uniones C–C que dan lugar a cadenas y a las que pueden adicionarse diferentes sustituyentes. Estas uniones dan lugar a las proteínas, los aminoácidos, azúcares o grasas, pero también forman el esqueleto de los combustibles fósiles como la gasolina y el diésel. Finalmente, el carbono puede formar unas estructuras conocidas como formas alotrópicas y que son el carbón, el grafito, el grafeno o el diamante, entre otras.

Además del carbono, este grupo posee al silicio (Si), germanio (Ge), estaño (Sn) y plomo (Pb). Después analizaremos qué hace únicos a estos elementos. Finalmente, el elemento sintetizado artificialmente y llamado flerovio (Fl) se ha adicionado a la tabla periódica en este grupo y se trata de un compuesto radiactivo que tiene una vida muy corta (entre 2,6 y 66 segundos).

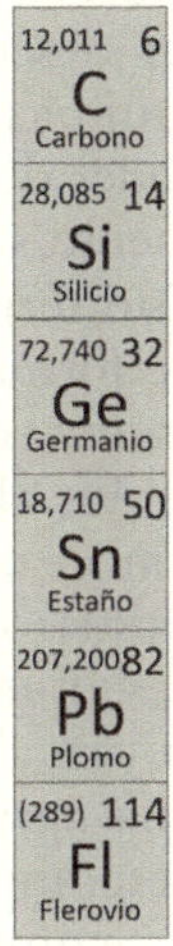

Sin lugar a dudas el elemento principal del Grupo 14 es el carbono. La química orgánica y la bioquímica giran alrededor de este elemento. Pero este grupo tiene mucho más que ofrecer.

Pero centrándonos en las propiedades de este grupo, lo primero que se puede señalar es que mientras que el plomo y el estaño son metales, el carbono es un elemento no metálico y el silicio y el germanio son metaloides (también conocidos como semimetales). Esto quiere decir que poseen propiedades intermedias entre los metales y los no metales, incluso compartiéndolas con unos y otros. En general se considera que los metales son buenos conductores de la electricidad y el calor, además de ser dúctiles (se pueden hacer alambres con ellos) y maleables (se pueden hacer láminas) y tienden a perder electrones más que a ganarlos, mientras que los no metales son malos conductores tanto del calor como de la electricidad y no son ni maleables ni dúctiles. Las propiedades de los semimetales serían intermedias entre estas características.

Todos los elementos de este grupo poseen cuatro electrones en su última capa. Es decir, su configuración electrónica es $ns^2\ np^2$ (con 2 electrones en orbitales tipo s y otros 2 electrones en orbitales p). Por tanto para llegar a 8 electrones pueden optar por perder 4 electrones, por ganarlos o por compartirlos. Además tendrían la posibilidad de perder dos electrones, por lo que sus estados de oxidación son, en general, +2 y +4. El único elemento que puede perder cuatro electrones y alcanzar el estado de oxidación −4 es el carbono, dando lugar al anión carburo.

En cuanto al resto de propiedades, en este grupo dependen mucho de cada elemento. Por ejemplo, como hemos comentado el carbono es esencial para la vida por su versatilidad para formar cadenas de enlaces C–C, pero esta influencia y sus efectos van a ser descritos en las preguntas de los apartados de Bioquímica y Química Orgánica. Por tanto, vamos a describir el resto de propiedades del carbono. Lo más relevante de este elemento es, seguramente, su capacidad para poseer formas alotrópicas muy diferentes. Este término hace referencia a la capacidad de algunas sustancias de formar estructuras atómicas o moleculares diferentes, lo que se traduce en poseer propiedades macroscópicas diferentes.

En el caso del carbono se habla de diversas estructuras como son el carbón, el grafito, el grafeno o el diamante, pero además existen otras como los nanotubos y los fullerenos (que fueron descubiertos recientemente y a los que dedicaremos una pregunta casi al final de este libro). Con el término carbón se describe una agrupación amorfa de átomos de carbono formada por la descomposición de vegetales en zonas pantanosas o marinas que se acumulan en el fondo y que al quedar cubiertos de sedimentos se encuentran protegidos de la degradación a través del aire (del oxígeno, concretamente). En esas situaciones, la acción de bacterias anaerobias (que crecen sin oxígeno) acaba produciendo la formación del carbón. Este material puede poseer restos de otros elementos como hidrógeno, nitrógeno, oxígeno o azufre. El carbón se clasifica en función del porcentaje de carbono que tenga, siendo de mayor calidad el que mayor porcentaje posea.

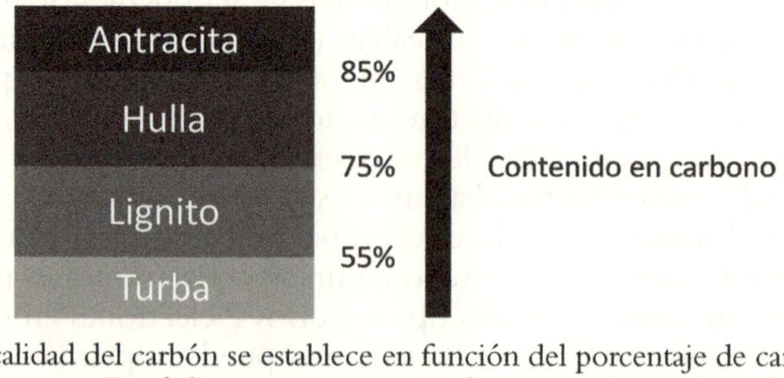

La calidad del carbón se establece en función del porcentaje de carbono que tenga. En el diagrama se presentan los cuatro tipos principales de carbono.

En el caso del grafito se obtienen láminas planas formadas por celdillas hexagonales de átomos de carbono. La interacción entre las láminas es muy débil; esta propiedad es la base del funcionamiento de un lápiz, ya que forma la parte central de este y al pasar suavemente sobre un papel deposita una pequeña capa de láminas de grafito que sirven para escribir o dibujar.

El diamante es la forma alotrópica del carbono que se obtiene si se someten materiales que posean carbono a temperaturas y presión muy elevadas. Esto sucede a gran profundidad (entre 140 y 400 km) o gracias al impacto de meteoritos. El diamante es el material con mayor dureza conocido, siendo esta propiedad la resistencia que ofrece el material a ser rayado. Posee, además, la mayor conductividad térmica. Este material es uno de los más caros que existen gracias al precio que se paga por él cuando forma parte de joyas.

Aunque pueda costar creerlo, tanto el diamante (izquierda) como la mina (que está constituida por grafito) de un lápiz (derecha) están compuestas por el mismo elemento, ya que ambas son formas alotrópicas del carbono. La imagen de la izquierda se titula «diamond» y su autor es Mario Sarto. El archivo se encuentra bajo licencia Creative Commons Attribution-Share Alike 3.0 Unported. El autor de la imagen de la derecha es moritz320 y el archivo se encuentra bajo licencia Pixabay.

Pero si hay una forma alotrópica del carbono que se ha puesto de moda en los últimos años es, sin lugar a dudas, el grafeno. Este material posee una estructura similar al grafito (laminar con forma hexagonal), pero sus propiedades son muy diferentes. Se trataría de láminas individuales que poseen una elevada dureza, una baja densidad, elevadas conductividades eléctricas y térmicas, es transparente, flexible y elástico. Sus propiedades (y la importante inversión en investigación llevada a cabo en este material) han llevado a que posea aplicaciones en medicina o desalinización y sobre todo en electrónica y aplicaciones tecnológicas como la creación de baterías con una elevada duración, ordenadores con una mayor capacidad o pantallas flexibles.

Además existe otro compuesto formado por carbono que posee una gran relevancia para la especie humana y es el dióxido de carbono (CO_2), que es el principal producto que se libera cuando se consumen moléculas orgánicas, ya sea a través de nuestra respiración o al quemar combustibles fósiles. Este gas, que aumenta día a día su concentración a nivel atmosférico, se considera el principal responsable del efecto invernadero. Este efecto está directamente relacionado con el calentamiento global. Se ha demostrado que la actividad humana ha provocado el aumento de la temperatura de la Tierra y que esta tendencia va a ir en aumento durante las próximas décadas. Los riesgos de este fenómeno para la vida en la tierra (que incluyen el aumento del nivel del mar, mayores períodos de sequía y tormentas más devastadoras) están fuera de toda duda para la comunidad científica y la sociedad debería tomar conciencia de ellos e intentar reducir sus efectos con la mayor rapidez posible.

Actualmente, el elemento fundamental en la electrónica lo encontramos justo debajo del carbono, ya que el silicio ha sido la base de toda esta tecnología. Su nombre da pie a la zona conocida como *Silicon Valley*, que se encuentra junto a la ciudad de San Francisco en Estados Unidos y que es la principal zona de desarrollo tecnológico mundial. Se trata de un elemento con una gran abundancia en la corteza terrestre (con un porcentaje superior al 25%), tan solo por detrás del oxígeno. Esta abundancia se debe a la presencia de sílice (SiO_2) y de silicatos, que son otros compuestos formados por este elemento y oxígeno. Además de los silicatos, la unión entre estos dos elementos da lugar a la formación de siliconas que son polímeros en los que se forman cadenas de uniones Si–O–, que son muy utilizadas para diversas aplicaciones tanto industriales como en medicina. Además el silicio es un componente fundamental de los vidrios, muchas cerámicas o algunos fertilizantes.

Pero, sobre todo, como hemos dicho es empleado en electrónica. Su carácter de semiconductor se emplea para todo tipo de aplicaciones en este campo ya que es el componente principal de la mayoría de chips comerciales.

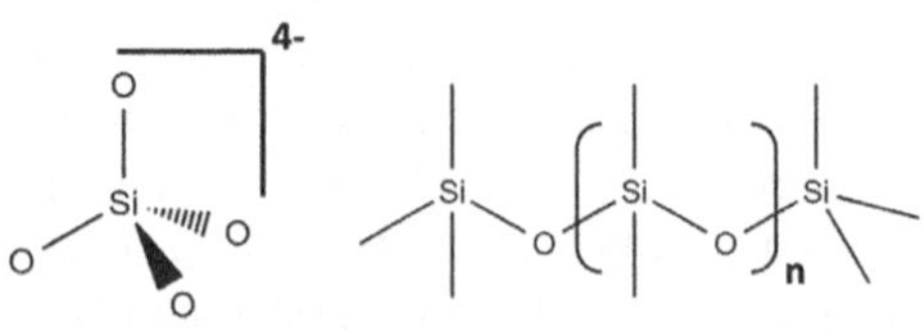

A la izquierda es posible visualizar la estructura del anión SiO_4^{4-} (que es una de las fórmulas de los silicatos), mientras que a la derecha se observa la estructura tipo de una silicona, en este caso un polidimetilsiloxano (PDMS) en la que n quiere decir que esa subestructura se repite muchas veces.

El germanio es también un semimetal y un semiconductor, y por ello, al igual que el silicio, posee importantes aplicaciones electrónicas y tecnológicas. Por ejemplo, se emplea en la fibra óptica, en la fabricación de lentes, en sistemas de visión nocturna o en radares.

Finalmente, sobre los metales del grupo cabe señalar que el estaño y el plomo son elementos ampliamente conocidos y empleados por la humanidad. En el caso del estaño, hace unos dos mil años que su aleación con el cobre dio lugar a una aleación tan conocida y empleada como el bronce, dando lugar a la llamada Edad del Bronce (que dependiendo de la zona geográfica se sitúa entre el año 3000 y el 800 a. C.); mientras que el plomo ya era conocido en la antigua Grecia o Roma y se empleaba tanto con fines bélicos como sanitarios, por ejemplo en cañerías. Estas últimas hoy día no son utilizadas, ya que este elemento ha mostrado una importante toxicidad para el ser humano. Igualmente, el estaño también ha mostrado ser tóxico, aunque en menor grado.

18

EL GRUPO 15 DE LA TABLA, ¿NITRÓGENO Y QUÉ MÁS?

En cuanto al grupo que lidera el nitrógeno (N) o Grupo 15, también llamado de los nitrogenoideos, es posible señalar que está compuesto además por el fósforo (P), el arsénico (As), el antimonio (Sb), el bismuto (Bi) y por el moscovium (Mc), siendo este último sintético.

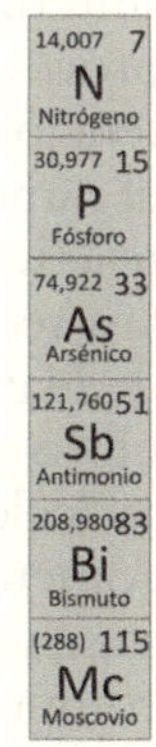

Los elementos del Grupo 15 están encabezados por el nitrógeno. Las propiedades de los elementos de este grupo varían mucho de uno a otro.

Los elementos de este grupo poseen cinco electrones en su última capa, y por ello su configuración electrónica es ns^2 np^3 (es decir, dos electrones en orbitales s y tres en orbitales p). Dado que los orbitales p pueden tener hasta seis electrones, poseen la capa semillena (con un electrón en cada uno de los tres orbitales p) y eso genera una estabilidad adicional.

Sin embargo, no se pueden establecer unas propiedades químicas generalizadas en todo el grupo ya que varían mucho y cada elemento debe ser analizado de manera individual.

El nitrógeno, que forma moléculas diatómicas N_2, es el elemento más abundante de la atmósfera, ya que compone aproximadamente el 78% de la mezcla que llamamos comúnmente aire. Este gas es muy poco reactivo y se emplea, por ejemplo, para generar atmósferas inertes donde se pueda trabajar en ausencia de oxígeno y agua. Pero además, este elemento posee una elevada versatilidad ya que puede formar muchos otros gases como los óxidos de nitrógeno (conocidos como NO_x) o el amoniaco (NH_3), ácidos inorgánicos (nitroso o nítrico) y un gran número de compuestos orgánicos, ya que puede formar enlaces covalentes tanto con el carbono como con el oxígeno y el hidrógeno. Entre los compuestos orgánicos que pueden formar los más conocidos y que se analizarán más adelante en este libro se encuentran los aminoácidos.

Los óxidos de nitrógeno poseen diversas fórmulas químicas, siendo las más habituales N_2O, NO y NO_2; se nombran habitualmente como NO_x y son responsables en gran medida de la contaminación atmosférica. Se producen como residuos en muchas reacciones de combustión, por ejemplo en los vehículos diésel, y su emisión está tratando de ser frenada.

El amoniaco (NH_3) es uno de los compuestos químicos más sintetizados por la industria. Se obtiene a través del llamado proceso de Haber, que emplea nitrógeno e hidrógeno para su obtención. El hidrógeno es un compuesto muy reactivo. Sin embargo el nitrógeno, cuya obtención es fácil y de bajo coste, es muy poco reactivo, por lo que la reacción entre ambas moléculas no está muy favorecida y sucede de manera muy lenta. Pero gracias al proceso de Haber, que emplea catalizadores (como Fe^{3+} u óxidos de aluminio o potasio) y que requiere de temperaturas y presión elevadas, se acelera la reacción hasta lograr sintetizar el amoniaco de manera comercialmente rentable. Este compuesto se emplea en limpieza, en síntesis química como base y como precursor de diversos compuestos químicos, por ejemplo de fertilizantes. De hecho, el objetivo final de los descubridores del proceso de Haber era lograr sintetizar de manera sencilla y barata compuestos químicos destinados a mejorar la producción agrícola. Gracias a los fertilizantes la agricultura es más eficiente y permite que un mayor número de personas puedan acceder a alimentos de primera necesidad.

$$N_2\,(g) + 3\,H_2\,(g) \leftrightarrow 2\,NH_3\,(g)$$

El proceso de síntesis del amoniaco empleado en el proceso de Haber. Esta reacción libera una gran cantidad de energía. Sin los catalizadores que se emplean la reacción apenas tendría lugar. La invención del proceso fue llevada a cabo por el químico alemán Fritz Haber, quien recibió en 1918 el Premio Nobel de Química en reconocimiento principalmente a este trabajo.

Otra de las aplicaciones de este elemento la encontramos precisamente en los fertilizantes nitrogenados. Tanto las plantas como los árboles necesitan nitrógeno y tienen que tomarlo del suelo. Dado que se consume, suplementar nitrógeno es una estrategia destinada a mejorar el rendimiento de los cultivos. Para ello se recurre a los fertilizantes. El nitrógeno, además, se emplea en compuestos con poder explosivo como el trinitrotolueno o la nitroglicerina (que es el componente principal de la dinamita).

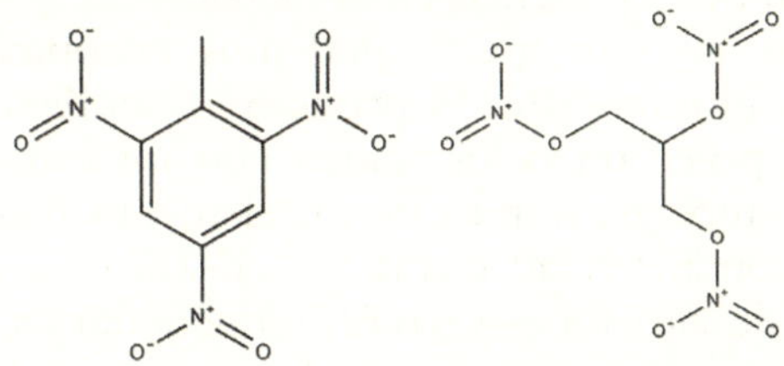

A la izquierda, estructura del compuesto trinitrotolueno (TNT). A la derecha, estructura química de la nitroglicerina. En la estructura de la nitroglicerina aparecen de manera simultánea cargas negativas y positivas siendo la carga global cero. Las moléculas que poseen estas cargas negativas y positivas de manera simultánea se conocen como zwitteriones.

Tras el nitrógeno, en este grupo aparece el fósforo (P), que se trata de un no metal sólido a temperatura ambiente. Es muy reactivo, posee un olor desagradable y es venenoso (se utiliza como raticida). Además, es combustible (a las cerillas también se les conoce como fósforos porque están elaboradas con este elemento) y también se emplea como fertilizante. En la naturaleza es un elemento muy abundante, pero siempre aparece en forma de fosfatos (que proceden del ácido fosfórico). Finalmente, cabe destacar su papel biológico ya que forma parte de moléculas como el adenosín trifosfato (ATP), que se encarga de la producción y almacenaje de energía o del ADN que contiene la información genética de los individuos, entre otras muchas funciones biológicas. La palabra fosforescencia proviene de la capacidad de este elemento para producir luz cuando se encuentra a oscuras; esto se debe a la capacidad de absorber energía y almacenarla, emitiéndola posteriormente como radiación (luz).

El arsénico (As) es el siguiente elemento del Grupo 15 y su triste fama se debe a su carácter extremadamente venenoso. A diferencia de sus predecesores, se trata de un semimetal (el carácter metálico va aumentando conforme se desciende en el grupo). Además es un semiconductor, lo que le confiere nuevas aplicaciones en el campo de la tecnología como son los llamados circuitos integrados o en la fabricación de ledes. Se continúa empleando con otras funciones, pero su uso como pesticida o herbicida está casi erradicado. Este elemento ha sido empleado con fines homicidas a lo largo de la historia. La dificultad forense para determinar la presencia de este elemento lo convirtió en el rey de los venenos. Actualmente, para comprobar si ha sido empleado se recurre a la determinación de su presencia en el cabello.

Finalmente, en este grupo podemos encontrar el antimonio (Sb) y el bismuto (Bi). El primero es también un elemento semimetálico, posee un color blanco con un tono azulado y es brillante. Sin embargo, se trata de un elemento frágil, quebradizo y con mala conductividad térmica y eléctrica. Se emplea como componente de aleaciones y como semiconductor en baterías y acumuladores; mientras que el segundo es también de color blanco, pero mezclado con tintes rojizo y grisáceo. Aunque se trata de un metal, comparte muchas propiedades con el antimonio, como su mala conducción térmica y eléctrica o su carácter quebradizo. Es duro y poco maleable. Posee propiedades similares al plomo en cuanto a densidad (el plomo posee una densidad de 11,32 $g \cdot cm^{-3}$) y el bismuto de 9,78 $g \cdot cm^{-3}$), lo que ha conllevado que el bismuto sustituya al plomo en algunas de sus aplicaciones. Además, hay compuestos orgánicos que contienen este elemento que se emplean en el campo médico, por ejemplo el subsalicilato de bismuto, al que se recurre como tratamiento contra la diarrea.

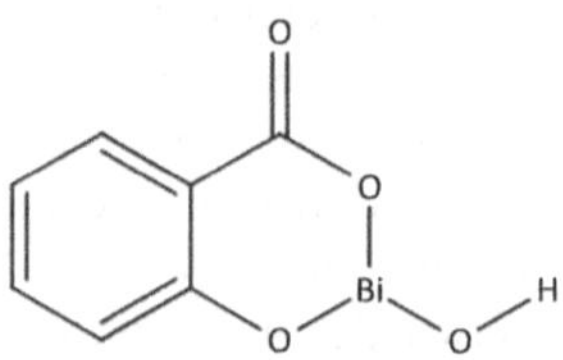

La estructura del subsalicilato de bismuto está formada por lo que se conoce como un anillo aromático de seis carbonos (parte izquierda de la molécula) y otro ciclo de seis átomos en el que dos son átomos de oxígeno y otro el propio bismuto.

19

EL OXÍGENO Y LOS ELEMENTOS DEL GRUPO 16, ¿UN GRUPO ÚNICO?

El Grupo 16 es en el que se encuadra el oxígeno (O). Este grupo también es conocido como el de los anfígenos o calcógenos. El oxígeno es el elemento más conocido del grupo y el que más nos afecta a los seres humanos. Pero no podemos obviar la importancia del resto de elementos que componen este grupo: azufre (S), selenio (Se), teluro (Te), polonio (Po) y livermorio (Lv). De nuevo, este último es un elemento creado por el ser humano con una escasa estabilidad.

Todos los elementos de este grupo poseen seis electrones en su última capa, y por tanto su configuración electrónica es $ns^2\ np^4$. Por ello, para alcanzar los ocho electrones en su última capa, la tendencia natural será captar dos electrones (estado de oxidación −2), pero además tienen la posibilidad teórica de ceder 4 electrones (y tener el orbital s lleno) o de perder 6 y tener la configuración electrónica del gas noble de la fila anterior de la tabla periódica. A excepción del oxígeno (porque es muy electronegativo), el resto de elementos de este grupo cuentan con estas dos posibilidades.

En este grupo la mayoría de los elementos son no metálicos (O, S, y Se), mientras que solo el teluro y el polonio son semimetálicos. Al único que se le considera metálico es al livermorio, que como ya hemos comentado es un elemento que ha sido sintetizado artificialmente y su estabilidad es muy baja. Las propiedades de los elementos de este grupo varían mucho de un elemento a otro, por ello vamos a estudiarlos uno a uno.

El Grupo 16 está formado por el oxígeno, el azufre, el selenio, el teluro, el polonio y el livermorio, siendo los dos últimos elementos radiactivos.

El oxígeno, además de ser un elemento muy reactivo, es vital para la vida humana por dos motivos: porque lo necesitamos para respirar y porque forma parte del agua. Pero este elemento tiene muchas más implicaciones en nuestro día a día. En primer lugar, debemos saber que en su forma mayoritaria se encuentra como molécula diatómica (O_2), es decir, como O=O. Este gas forma parte del aire en una proporción del 21%.

Previamente hemos hablado de las formas alotrópicas para el carbono. El oxígeno también posee formas alotrópicas, porque además del O_2 puede formar el ozono (O_3), gas vital para la vida humana en la Tierra ya que ejerce como barrera protectora frente a las radiaciones ultravioletas del sol.

Otro gas, que ya se ha citado previamente, que contiene oxígeno lo encontramos en el CO_2. Este compuesto se produce como subproducto de las reacciones que involucran la producción de energía tanto a nivel celular como empleando combustibles fósiles.

También se ha descrito que el oxígeno forma parte del agua (H_2O). Eso, junto a su presencia en el aire, lo convierte en uno de los elementos más habituales de la corteza terrestre. El agua no solo es necesaria para la vida, sino que se emplea para muchas otras aplicaciones, desde para apagar incendios, enfriar procesos industriales, en limpieza o como medio donde llevar a cabo las reacciones químicas.

El agua se transforma de diferentes maneras. Se genera también cuando se consumen hidrocarburos. Estos compuestos, formados principalmente por carbono e hidrógeno, al reaccionar con el oxígeno generan dióxido de carbono y agua. Existen otros procesos que involucran reacciones de oxidación reducción (red-ox) que también generan esta sustancia, y es posible descomponerla de diversas maneras. La más conocida es a través de electrólisis, mediante la que se aplica corriente eléctrica al agua y se separa en hidrógeno (H_2) y oxígeno (O_2).

Relacionado con el agua, conocemos el compuesto agua oxigenada (H_2O_2), cuyo nombre científico es peróxido de hidrógeno. Este compuesto ha sido utilizado en cantidades muy diluidas para desinfectar heridas, pero los peróxidos en general poseen otras aplicaciones como iniciadores de reacciones químicas. Sin embargo son corrosivos y poseen un potencial efecto explosivo, por lo que se requiere manejarlos con mucho cuidado.

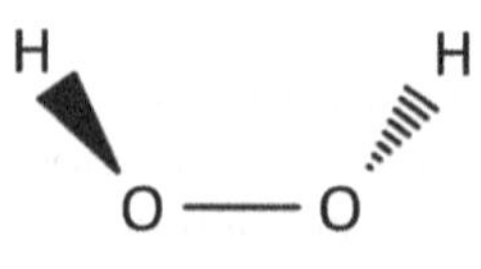

Se presenta la estructura del peróxido de hidrógeno (también conocido como agua oxigenada).

El oxígeno además forma un elevado número de compuestos orgánicos (alcoholes, éteres, ácidos carboxílicos...), gracias a su capacidad de formar enlaces C–O. Más adelante se describen de forma ampliada estos compuestos.

Debajo del oxígeno se encuentra el azufre (S). Este elemento se extrae principalmente de zonas volcánicas donde se acumula y es fácilmente reconocible por su vivo color amarillo limón. El azufre forma parte de la molécula más importante a nivel de la química industrial: el ácido sulfúrico (H_2SO_4) y su síntesis es su principal aplicación. Pero tiene otros usos como es el vulcanizado del caucho. Este proceso se realiza para mejorar las propiedades del caucho (una sustancia que se extrae de un árbol) y hacerlo más resistente. Al emplear temperatura (es decir, al calentar), el azufre se incorpora a la estructura del caucho y mejora sus propiedades mecánicas (haciéndolo más estable, resistente y duro, sin provocar pérdida alguna de la elasticidad natural de este material). Este descubrimiento fue fundamental para el desarrollo de la industria automovilística, y en concreto del desarrollo de los actuales neumáticos para vehículos.

Además, algunos compuestos orgánicos formados por este elemento, como los sulfuros, presentan un desagradable y penetrante olor. Finalmente, cabe señalar que algunos aminoácidos (que son los compuestos orgánicos que forman las proteínas) contienen azufre, concretamente la cisteína y la metionina. Por ello, este compuesto posee también una gran importancia para la vida.

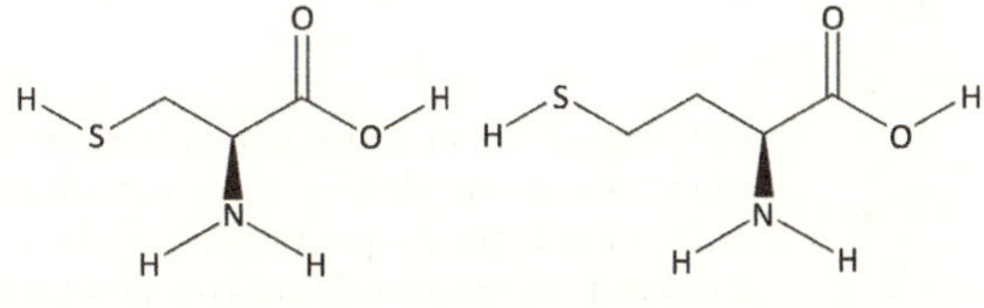

Estructuras de la cisteína (izquierda) y la metionina (derecha). Ambos aminoácidos poseen un átomo de azufre en su estructura.

El elemento selenio sigue siendo no metal dentro de este grupo. Una de sus principales aplicaciones la tenemos en el champú anticaspa. Sin embargo, dado que su conductividad aumenta con la intensidad de la luz, se ha utilizado en los medidores de luz para cámaras fotográficas y otros elementos tecnológicos, como dispositivos ledes.

El siguiente elemento del grupo es el teluro, que también posee diversas aplicaciones basadas en su carácter de semimetal. Es empleado para mejorar las propiedades de algunas aleaciones metálicas y también se incorpora en dispositivos tecnológicos, por ejemplo, los CD-ROM poseen este elemento en su composición.

En cuanto al polonio, ya hemos descrito que fue descubierto por Marie Curie Sklodowska y que se trata de un compuesto radiactivo. Sus usos están vinculados a este hecho y se ha empleado principalmente en medicina nuclear.

20

¿SON LOS HALÓGENOS Y LOS GASES NOBLES ALGO MÁS QUE UNAS LUCES?

Cuando coloquialmente nos referimos a un halógeno sabemos que se trata de un tipo de luces. Tal vez sea esta la aplicación más conocida de estos elementos. Sin embargo, el Grupo 17 o grupo de los halógenos tiene otras muchas cosas que deberíamos conocer.

En primer lugar, los elementos que lo componen son el flúor (F), cloro (Cl), bromo (Br), yodo (I) y astato (At). Además, como sucede con otros elementos, en la parte inferior de la tabla periódica existe un elemento que ha sido sintetizado de manera artificial por los humanos: el teneso (Ts), del que todos los isótopos sintetizados hasta el momento poseen una vida media inferior al segundo.

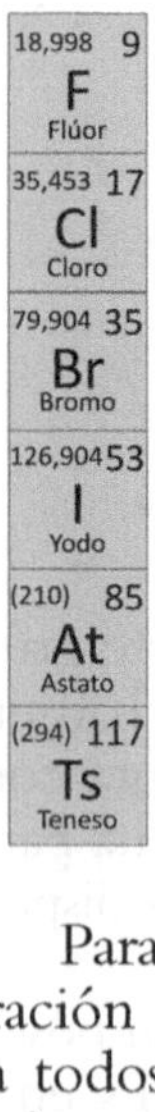

El Grupo 17 es el de los halógenos. Estos elementos son todos no metálicos y presentan en general una gran versatilidad ya que pueden actuar con diferentes estados de oxidación. Asimismo, poseen una elevada electronegatividad y sus sales son los llamados haluros (X^-). Cuando el catión de estos haluros es el protón (H^+), se forman los haluros de hidrógeno, que son gases, y que en disolución acuosa forman los ácidos fluorhídrico, clorhídrico, etcétera.

Para describir este grupo hemos de recurrir a su configuración electrónica que será en todos los casos $ns^2\ np^5$. Es decir, a todos ellos les faltará únicamente un electrón para alcanzar el número de 8 electrones en su última capa. Este hecho confiere una gran estabilidad al átomo, y por lo tanto tenderán de manera preferente a captar un electrón, por lo que poseerán una gran electronegatividad. De hecho, el elemento con el mayor valor de este parámetro es el del flúor, siendo su valor 4. De manera general, la electronegatividad desciende cuando bajamos en el grupo o cuando nos desplazamos hacia la izquierda a través de la tabla periódica.

Los halógenos tienden a formar moléculas diatómicas, como F–F, Cl–Cl o Br–Br, que son moléculas gaseosas, tóxicas y muy reactivas. Por ello en la naturaleza no los encontramos de esta manera, sino en forma de los aniones que se forman cuando reaccionan y que se conocen como haluros. Estos aniones, cuya fórmula sería X^- (F^-, Cl^-, Br^-, I^-, At^-) forman sales, es decir, se unen a cationes procedentes generalmente de metales. El compuesto más conocido de este tipo es el NaCl (cloruro de sodio o sal común), que empleamos a diario en la comida o para derretir nieve. Una de las aplicaciones de los fluoruros la encontramos en la pasta de dientes que posee fluoruros inorgánicos que se intercambian con grupos hidroxilo en nuestros dientes y que previene la formación de caries, aunque un exceso de flúor puede provocar que aparezcan manchas en los dientes.

Pero los elementos de este grupo pueden formar muchos otros compuestos, lo que se debe en gran parte a la variedad de estados de oxidación (número de electrones que pueden ceder o tomar) que pueden tener. A excepción del flúor, que únicamente puede ganar o compartir un electrón (−1, +1), el resto poseen los siguientes estados de oxidación: −1, +1, +3, +5 y +7. Entre los compuestos que pueden formar gracias a esta capacidad tenemos los oxoácidos, como el ácido hipocloroso (HOCl), que cuando reacciona formando la sal con sodio se obtiene el hipoclorito de sodio (NaOCl), que es la forma más común de lejía. Como seguramente habrás podido comprobar, de manera voluntaria o involuntaria, cuando se emplea lejía sobre la ropa coloreada aparecen unas manchas que la decoloran. La capacidad blanqueante de muchos compuestos formados con iones de este grupo es otra de sus aplicaciones industriales.

Otros compuestos relevantes formados por átomos procedentes del Grupo 17 los conocemos gracias a la capacidad de estos elementos de unirse a moléculas orgánicas. Así por ejemplo, son ampliamente conocidos compuestos como el cloroformo ($CHCl_3$) o la hormona tiroxina ($C_{15}H_{11}I_4NO_4$), secretada por la glándula tiroides, que posee cuatro átomos de yodo y que es el motivo por el que se recomienda que la sal común sea yodada (es decir, que contenga una cierta cantidad de yodo para suplementarlo). Es importante no confundir este compuesto con la tirosina, que es uno de los veinte aminoácidos fundamentales. Existen muchos fármacos que poseen halógenos, principalmente flúor, en su estructura. El hecho de que el flúor sea el elemento predominante se debe seguramente a que es el más parecido (en cuanto a tamaño) al hidrógeno, que es el que se encuentra de forma natural formado de un mayor número de cadenas, y por tanto es el más efectivo a la hora de sustituirlo. Uno de los ejemplos más conocidos lo encontramos en el raltegravir, un fármaco cuya fórmula molecular es $C_{20}H_{21}N_6FO_5$, y que se emplea en el tratamiento contra la infección por el virus del VIH.

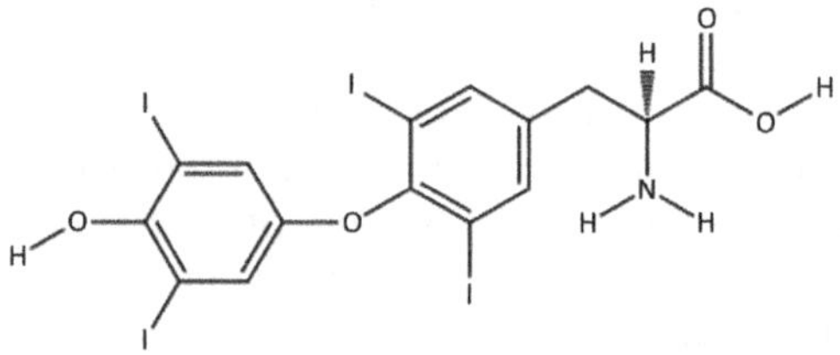

Estructura de la hormona tiroxina con sus cuatro átomos de yodo. Es importante ingerir yodo en la dieta ya que su carencia provoca importantes desequilibrios en la salud.

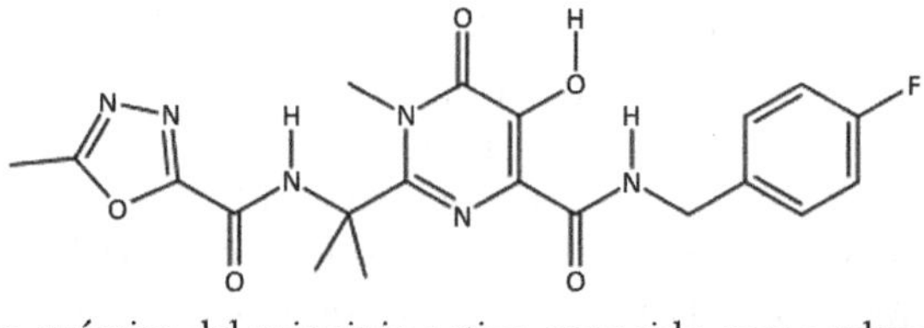

Estructura química del principio activo conocido como raltegravir. Este fármaco fue aprobado por la FDA en 2007 para tratar la infección por VIH. Es uno de los fármacos que se incluyen en la llamada terapia TARGA (Terapia AntiRretroviral de Gran Actividad) en la que se combinan varios fármacos y que ha supuesto un aumento en la esperanza de vida para las personas infectadas por el VIH de manera que para la mayoría de ellos se ha convertido en una enfermedad crónica y no mortal.

Existen otros compuestos orgánicos ampliamente conocidos que poseen elementos procedentes de este grupo como son los clorofluorocarbonados (CFC). Estos compuestos, que se empleaban de manera habitual en frigoríficos de todo el mundo, actualmente se hallan en desuso ya que se ha demostrado su efecto contaminante así como su responsabilidad en la disminución de la capa de ozono. Por tanto, actualmente representan un peligro para la vida en el planeta y su uso está controlado.

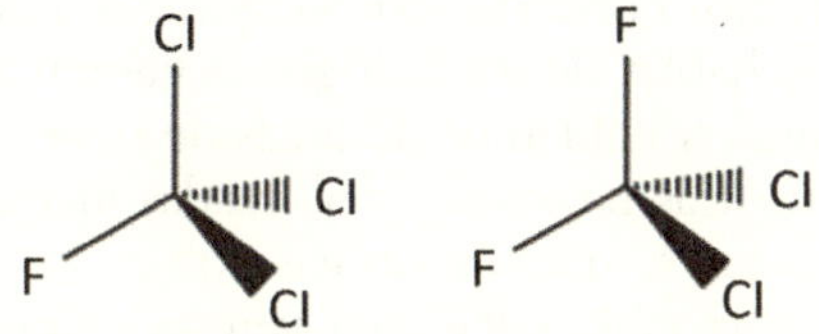

Los CFC agrupan a un grupo de moléculas compuestas por átomos de carbono, flúor y cloro. En la figura se presentan dos de los más habituales: el CFC-11 (izquierda) y el CFC-12 (derecha).

Un comentario aparte requiere el yodo ya que uno de sus isótopos radiactivos (I^{131}) es empleado en medicina. Concretamente se administra cuando una persona padece hipertiroidismo, que se trata de un problema generado debido a una excesiva actividad de la glándula tiroidea que se encuentra en el cuello y que se encarga de la producción de determinadas hormonas.

Otro grupo de moléculas de gran importancia formado por átomos procedentes de este grupo lo encontramos en los haluros de hidrógeno. Estos compuestos están formados por un haluro y un átomo de hidrógeno, es decir son H–F, H–Cl, H–Br o H–I, y se les conoce como fluoruro de hidrógeno, cloruro de hidrógeno, bromuro de hidrógeno y yoduro de hidrógeno, respectivamente. Son gases y son sustancias muy reactivas. Poseen una elevada solubilidad en agua. Cuando los haluros de hidrógeno se ponen en contacto con el agua, los dos átomos se separan y generan el haluro por un lado y un protón (H^+) por otro. Cuando están en disolución se les conoce como ácido fluorhídrico, clorhídrico, bromhídrico o yodhídrico y se trata de ácidos muy potentes que deben ser manejados con muchas precauciones debido a su poder corrosivo.

Finalmente, ¿a qué nos referimos cuando empleamos el término luces halógenas? En realidad estas lámparas no funcionan gracias a los halógenos; generalmente tienen un filamento de wolframio (W) dentro de una bombilla que contiene gases inertes y una cierta cantidad de algún halógeno (por ejemplo, yodo o bromo). Cuando la elevada temperatura del filamento provoca que una parte de este se evapore, los halógenos reaccionan con él evitando que se deteriore el funcionamiento de la bombilla. Además poseen un cierto número de ventajas frente a sus predecesoras (las lámparas incandescentes al uso), pero su empleo es cada vez más minoritario debido a que la tecnología ha desarrollado nuevas opciones más potentes y con menor consumo como las luces ledes.

Al igual que al hablar de los halógenos vienen a nuestra mente las famosas lámparas, si hablamos de luces de neón también nuestra mente se posa en otras famosas y coloreadas luces. El neón no es un halógeno sino que se trata de un gas noble.

Si visualizamos la tabla periódica veremos que en el extremo derecho queda un grupo que posee un elemento más que los demás. Se le conoce como Grupo 18 o de los gases nobles y posee un elemento más porque en la parte superior del grupo aparece un elemento muy simple: el helio (He).

Este elemento está formado únicamente por dos protones en su núcleo y dos electrones en su corteza, si bien puede tener también neutrones. Como ya hemos visto, los orbitales tipo s únicamente pueden tener dos electrones, y por tanto en la configuración electrónica de este elemento tendremos este orbital lleno. Es el primer elemento que posee una capa llena de la tabla periódica y ello se traduce en que es mucho más estable que su predecesor (el hidrógeno) o que los elementos que le siguen en número de protones (como el litio y el berilio). Este elemento en su forma natural es un gas monoatómico e inerte. El resto de elementos de este grupo poseen propiedades muy similares y de ahí que se les conozca como el grupo de los gases nobles.

Los elementos que componen el Grupo 18, además del helio, son: neón (Ne), argón (Ar), kriptón (Kr), xenón (Xe), radón (Rn) y oganesón (Og). El último es otro ejemplo de un elemento sintetizado por los seres humanos (concretamente el que posee el mayor número de protones hasta el momento) y el radón es otro elemento radiactivo.

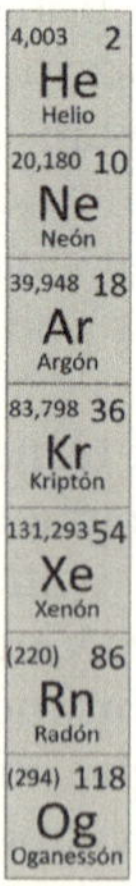

La última columna por la derecha de la tabla periódica es la que se corresponde con el Grupo 18, también conocido como el de los gases nobles, ya que son elementos que tienen muy poca reactividad, lo que se debe a que poseen su última capa completa (con ocho electrones que completan los orbitales s y p de cada nivel).

Como su última capa electrónica está llena, estos elementos se emplean para describir la configuración electrónica de los elementos que les siguen. Es decir, para señalar por ejemplo la del rubidio (Rb) que se encuentra en la quinta fila de la tabla periódica y que posee 37 electrones quedando un único electrón en la última capa, escribiremos: [Kr] $5s^1$, que hace referencia al kriptón, el gas noble correspondiente a la cuarta fila de la tabla periódica, y por tanto el que tiene la última capa completa. Igualmente, si queremos escribir la configuración electrónica del bromo (Br) (cuarta fila, siete electrones libres) tendremos que escribir: [Ar] $3d^{10}$ $4s^2$ $4p^5$, que señala que tiene la estructura del de capa completa del argón, los orbitales d llenos (que aparecen a partir de la cuarta fila) y siete electrones en su última capa: dos en un orbital s y cinco en los orbitales p.

Volviendo a los gases nobles, como su nombre indica todos ellos son a temperatura ambiente gases monoatómicos (otros elementos como los halógenos o el hidrógeno formaban especies diatómicas), y la palabra noble hace referencia a que son prácticamente inertes, es decir, no reaccionan con casi nada.

Estos elementos están presentes en su mayoría en el aire (que es una mezcla de diversos gases, de manera mayoritaria nitrógeno y oxígeno). Concretamente, el nitrógeno se encuentra en un 78% y el oxígeno en un 21%. En el resto, un 1%, se encuentran los gases nobles pero también compuestos como el dióxido de carbono, el vapor de agua o trazas de hidrógeno. La obtención de los gases nobles se hace a través de técnicas que los concentran a partir de las cantidades de estos gases presentes en el aire.

Estos gases poseen diversas aplicaciones. Tal vez las más conocidas sean los globos de helio y las llamadas luces de neón. Los primeros son aquellos que vemos que flotan y que debemos tener cogidos o volarán hacia el cielo y los perderemos. Estos globos flotan debido a que este gas es menos denso que el aire.

Las luces de neón (que también se pueden fabricar con otros gases nobles e incluso con elementos externos a este grupo y con algunos otros compuestos) son unos tubos que contienen estos gases y que al aplicar una corriente eléctrica provocan una brillante luminiscencia. En función del gas que contengan se obtendrá un color u otro. Por ejemplo el neón propiamente dicho provoca que la luz sea roja, o el helio consigue que la luz sea amarilla.

Pero además, el argón se emplea habitualmente cuando se busca provocar lo que se llama una atmósfera inerte en una reacción química. Para ello se vacía de aire el sistema donde se vaya a llevar a cabo la reacción, se sustituye por argón y se cierra de manera hermética. Además, para preservar los compuestos que no son estables en presencia de oxígeno o agua también se realiza este procedimiento previo a su almacenamiento.

Por otro lado, desde hace varias décadas se han conseguido sintetizar diferentes compuestos que poseen gases nobles en su composición. Por ejemplo el tetrafloruro de xenón (XeF_4), el tetraóxido de xenón (XeO_4) o el difluoruro de kriptón (KrF_2). Estos compuestos se conocen como hipervalentes, pues no cumplen la regla del octeto (según la cual ocho es el número máximo de electrones que puede tener un átomo en su última capa).

21

¿QUÉ SON ESAS DOS FILAS QUE SALEN DE LA TABLA PERIÓDICA?

La tabla periódica está compuesta por dos bloques claramente diferenciados, uno de mayor tamaño y dos filas que se colocan debajo de este. Los elementos de este segundo grupo son conocidos como lantánidos y actínidos, debido a que el lantano (La) y el actinio (Ac) son los primeros en cada una de las filas. También se les conoce como elementos de transición interna o tierras raras.

Estos elementos son todos metálicos y muchos de ellos son radiactivos. Además, tanto los lantánidos como los actínidos poseen importantes propiedades magnéticas. Son famosos los imanes de neodimio (Nd) por su elevado poder magnético y coste no muy elevado.

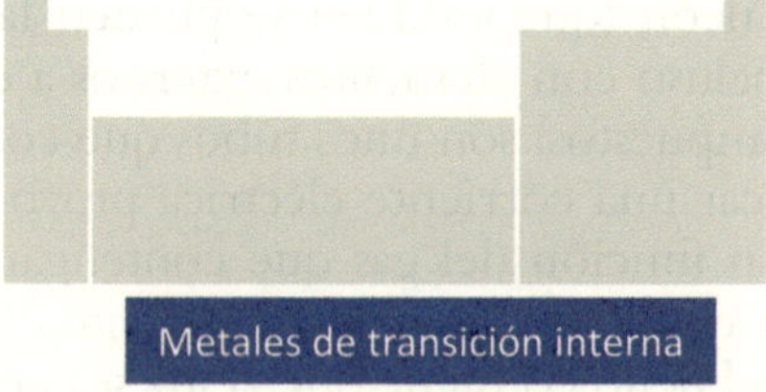

Posición de los metales de transición interna en la tabla periódica. Se trata de dos filas de elementos. La fila superior es la de los lantánidos, ya que el lantano se encuentra en ella, y la inferior, en la que se encuentra el actinio, la de los actínidos.

Son elementos muy poco habituales en la corteza terrestre (0,02% en peso). Al igual que sucede con el resto de zonas de la tabla periódica, es su configuración electrónica lo que les confiere características diferenciadas. Todos los elementos de esta zona poseen electrones en los llamados orbitales f, que se trata de un conjunto de siete orbitales con formas diferentes. Al igual que sucede con el resto de orbitales, pueden tener dos electrones en cada orbital, y por lo tanto se pueden poseer hasta catorce electrones en cada nivel. Hasta el día de hoy, los orbitales que se han descrito son los s, los p, los d y los f. Todavía no se conocen otros tipos de orbitales, pero teóricamente deben existir más tipos y, si se consiguen sintetizar nuevos y más pesados elementos, es algo que podría llegar a corroborarse.

Los orbitales f son siete, por lo que pueden alojar hasta catorce electrones, lo que se corresponde con los catorce elementos que aparecen en la tabla periódica como metales de transición interna por período, es decir, catorce lantánidos y catorce actínidos. *Gráfico en tres dimensiones de las funciones de onda de los orbitales f.* Autores: Ángel Terrón, Ángel García-Raso y Miquel Barceló-Oliver. Este archivo se encuentra bajo la licencia Creative Commons Genérica de Atribución/Compartir-Igual 3.0.

A pesar de que son elementos muy poco habituales, poseen una elevada importancia para los seres humanos. El más conocido es, sin lugar a dudas, el uranio (U), ya que es empleado para obtener energía como combustible en las reacciones nucleares de fisión en las centrales nucleares. Este elemento fue descubierto en 1871 por el químico alemán Martin Heinrich Klaproth y lo denominó con este nombre en honor al planeta Urano, que fue descubierto un año antes. Klaproth descubrió otros elementos químicos como son titanio (Ti), circonio (Zr) y teluro (Te).

El U tiene un número atómico de 92 y diversos isótopos porque puede poseer un número diferente de neutrones, que varía entre 142 y 146. El número de neutrones afecta a la estabilidad de los núcleos de uranio, es decir, le confiere radiactividad, ya que mientras que algunos son estables, otros descomponen. El isótopo más habitual es el U^{238} (que posee 92 protones y 146 neutrones), mientras que el uranio que es posible emplear en los procesos nucleares de fisión (es decir, el radiactivo) es el U^{235} (con 92 protones y 143 neutrones) y se encuentra en una proporción natural del 0,7%. Por ello, en la naturaleza el uranio es levemente radiactivo. Para poder ser utilizado en las centrales nucleares (o en las bombas nucleares) debe ser enriquecido en U^{235}, el isótopo más radiactivo, es decir, el menos estable. Este procedimiento se puede llevar a cabo de dos maneras: por difusión y mediante centrifugación. Para ser empleado en centrales nucleares debe alcanzarse una concentración de entre el 4 y 5%, mientras que para fines bélicos se busca conseguir que su concentración sea superior al 90%.

Es importante señalar que el uranio, al igual que los combustibles fósiles, se encuentra en la tierra de manera finita. No se trata de una energía renovable, y por tanto podemos acabar consumiéndolo completamente. Este hecho es uno de los riesgos de emplearlo para generar energía, junto con los derivados del almacenamiento de sus residuos (que perduran durante miles de años siendo radiactivos y por tanto tóxicos para humanos y para la vida en general) o de posibles accidentes tanto humanos como naturales (como en las centrales nucleares de Chernóbil o Fukushima).

Pero además del uranio existen otros elementos destacables en este grupo. No solo el plutonio (Pu), que también es empleado gracias a su poder radiactivo pero básicamente con fines bélicos, o el neodimio que, además de en imanes, es utilizado en las gafas de los soldadores ya que posee un importante efecto protector. Otros elementos de este grupo son empleados en diversas aplicaciones tecnológicas punteras como son los láseres, baterías eléctricas más eficientes o nuevos materiales. Debido a su escasez a nivel mundial y al desarrollo de estas nuevas aplicaciones, los elementos de este grupo poseen un carácter estratégico.

22

¿EXISTEN ELEMENTOS QUE NO CONOCEMOS?

Cuando la tabla periódica fue creada se conocían muchos menos elementos que ahora. El ser humano descubrió todos los que han sido creados de forma natural en nuestro planeta y ha sintetizado muchos que no pueden ser encontrados en la naturaleza.

La forma en la que se tratan de sintetizar nuevos elementos es mediante experimentos en aceleradores de partículas como en el LHC del CERN en Suiza, donde se aceleran haces de partículas y se hacen colisionar entre sí. En estas colisiones se producen diferentes fenómenos, siendo uno de ellos la fusión de núcleos pesados y por tanto la formación de nuevos elementos más pesados y desconocidos.

Si uno observa la tabla periódica a día de hoy podrá encontrar hasta el elemento oganesón (Og), con una masa atómica de 118 y colocado en la columna de los gases nobles. Este y muchos de los que le anteceden han sido sintetizados en el laboratorio y apenas poseen una estabilidad de unos instantes, en el caso del oganesón apenas un milisegundo.

Actualmente se está intentando sintetizar un elemento adicional al grupo de los alcalinos, cuyo nombre teórico es ununennio con 119 protones (119-Uue), pero hasta ahora no se ha logrado. El descubrimiento de este elemento supondría añadir una nueva fila a la tabla periódica (ya que el último descubierto, el oganesón, cierra el período 7), y por tanto el ununennio comenzaría el período 8. Ello supondría que su último electrón se colocaría en el orbital 8s. Si se siguiesen descubriendo nuevos elementos teóricamente habría nuevos tipos de orbitales además de los que conocemos, pero es algo que posiblemente tampoco se llegue a demostrar de manera experimental.

La cuestión no es si existen más elementos (que seguramente seguiremos creando) sino si existe alguna forma de estabilizarlos y si tienen algo que enseñarnos dentro de la física de partículas o alguna aplicación práctica.

III

Química Inorgánica

23

¿Pueden los electrones escaparse del átomo?

Hasta ahora hemos hablado principalmente de los átomos y los elementos de manera aislada. Sin embargo, en todo lo que nos rodea existe multitud de sustancias diferentes y eso es gracias a la capacidad de los átomos de combinarse y formar enlaces para obtener compuestos químicos.

Existen diferentes tipos de enlace y en esta cuestión vamos a explicar el funcionamiento de uno de ellos: el llamado enlace iónico.

Como hemos comentado cada átomo tiene un número de electrones determinado, y un incremento o descenso en este número puede suponer una disminución en cuanto a los niveles energéticos, y por tanto un aumento en la estabilidad de esa especie. El enlace iónico es el que mejor explica este fenómeno, ya que los átomos pierden o ganan un electrón que pasa a integrarse en la estructura electrónica del otro átomo. En este caso obtenemos iones (que son átomos con carga eléctrica). En caso de que la carga sea negativa se tratará de un anión y si es positiva será un catión. Al formarse una especie con carga positiva y otra cargada negativamente, ambas se atraerán.

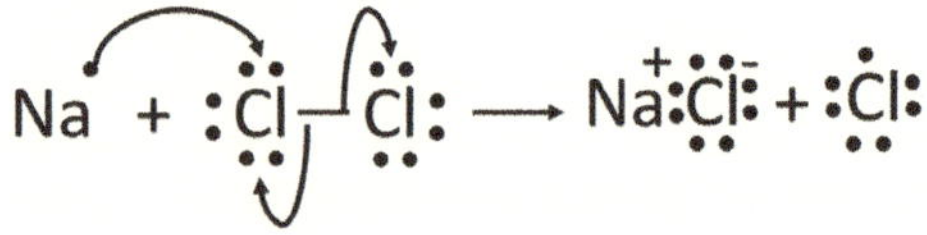

Formación de un enlace iónico. El sodio posee un único electrón libre en su última capa (lo que se simboliza con un punto negro), mientras que el cloro posee siete electrones en su última capa y lo podemos encontrar en la forma Cl_2, en la que los dos átomos están unidos por un enlace simple compartiendo dos electrones. Si ambas sustancias se pusiesen en contacto (algo poco recomendable ya que sería una reacción muy violenta), el electrón libre del sodio sería atraído hacia un átomo de cloro y provocaría que el enlace entre los dos átomos de Cl se rompiera (quedando un electrón en cada átomo) y el resultado final sería que habría un átomo de sodio sin ningún electrón libre (con carga positiva), un átomo de cloro con ocho electrones en su última capa (y por tanto, con carga negativa) y otro átomo de cloro con siete electrones en su última capa, lo que le convertiría en una especie muy reactiva que continuaría reaccionando con otros átomos de sodio con un electrón libre. El Na^+ y el Cl^- forman la sal común. Esta especie no forma enlaces simples compartiendo electrones, sino que los átomos de Na^+ y Cl^- forman una red cuando está en estado sólido o se encuentran completamente separados cuando el compuesto se encuentra en disolución acuosa.

¿Qué propiedades podemos destacar, en general, de los compuestos iónicos?

En su formación participan un metal y un elemento no metálico, la propiedad que marca esta unión es la electronegatividad (que básicamente es la capacidad de un elemento para atraer a los electrones cuando forma un enlace químico en una molécula). Cuando la diferencia es muy alta, es decir, uno lo atrae mucho y el otro lo repele, es cuando el electrón se transfiere de un átomo a otro.

En estado sólido no conducen ni la electricidad ni el calor. Por tanto, se pueden utilizar como aislantes. Sin embargo, cuando se funden y en disolución acuosa sí conducen la corriente eléctrica. Por ejemplo, el agua pura (cuyas moléculas tienen otro tipo de enlace) no conduce la electricidad; la sal común en estado sólido (NaCl) tampoco la conduce, pero cuando se disuelve en agua (y el compuesto se separa en sus iones Na^+ y Cl^-) el agua pasa a ser conductora de la electricidad.

A temperatura ambiente son sólidos. Estos compuestos poseen elevados puntos de fusión, ya que se necesita mucha energía para reducir sus interacciones lo suficiente como para que se conviertan en líquidos.

Finalmente, los compuestos iónicos son solubles en disolventes polares (como el agua). Que un disolvente sea polar quiere decir que tiene una distribución electrónica que provoca que exista una separación de cargas eléctricas. Por ejemplo, en la molécula de agua se observa que los dos enlaces O–H están orientados hacia el mismo lado del plano. Como el oxígeno tira de los electrones, se produce una separación de cargas. Los compuestos iónicos tienen muy baja solubilidad cuando el disolvente es apolar (es decir, cuando las moléculas del disolvente no tienen separación de cargas eléctricas).

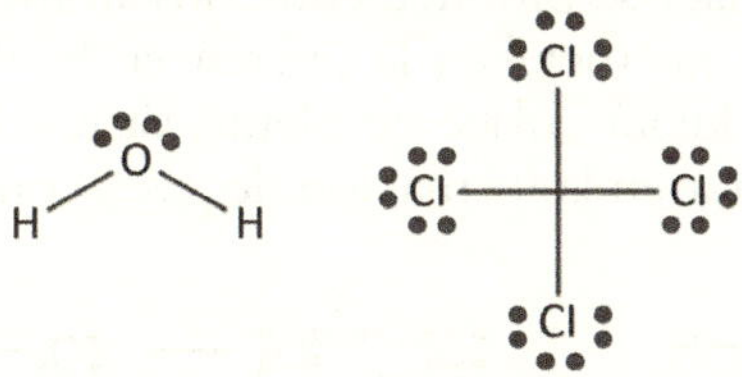

Para entender los esquemas electrónicos de los compuestos se recure a los llamados diagramas de Lewis, donde se representan los átomos y los electrones libres. En este caso se han dibujado los del agua (izquierda) y tetracloruro de carbono (derecha). En estos casos no se suele atender a la disposición espacial real de los sustituyentes y por eso el CCl_4 se dibuja como si todos los átomos estuviesen en el mismo plano que el átomo de C (que es el vértice de donde parten todas las líneas que representan a los enlaces C-Cl. En el caso del agua se observa que los átomos de hidrógeno tienen únicamente dos electrones (el par que cada uno comparte con el átomo de oxígeno) mientras que el oxígeno posee ocho electrones, los cuatro que comparte con los átomos de hidrógeno y los cuatro de los dos pares libres que posee el mismo átomo. Para el CCl_4, tanto el carbono como los átomos de cloro tienen ocho electrones en su última capa. Esto es debido a que el carbono posee cuatro enlaces C-Cl (por tanto, ocho electrones compartidos) y cada átomo de Cl posee un enlace C-Cl y tres pares libres, lo que también hace ocho electrones en su última capa.

24

¿SON LOS ÁTOMOS CAPACES DE COMPARTIR SUS ELECTRONES?

Como ya hemos comentado, el enlace covalente se produce cuando los electrones están compartidos entre dos átomos. Ambos átomos deben ser no metálicos. Estos dos átomos pueden ser el mismo elemento o diferentes, y la formación se produce porque ambos atraen los electrones con similar poder; es decir, tienen un valor de electronegatividad similar. La electronegatividad abarca desde 4,0 (siendo el valor más alto para el flúor) y 0,7 (con el valor más bajo atribuido al cesio). Es decir, el F es el que ejerce mayor atracción sobre los electrones y el Cs el que menos. En general, el enlace covalente se producirá cuando la diferencia entre electronegatividades sea menor de 1,7. Por encima de ese valor se producirán enlaces iónicos.

Cuando el enlace se produce entre dos átomos pertenecientes al mismo elemento no metálico la diferencia de electronegatividades es cero, y se producirá enlace covalente. Varios de los ejemplos los podemos encontrar en la formación de gases como H_2 o como O_2.

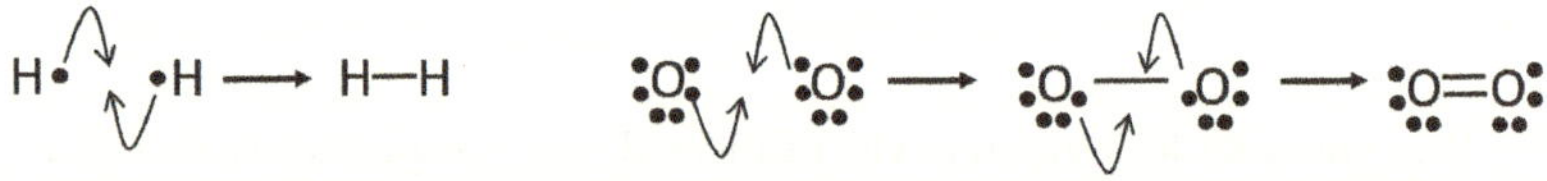

Diagramas de Lewis para la formación de las moléculas H_2 (izquierda) y O_2 (derecha). El hidrógeno posee un único electrón libre y como forma enlace con otro átomo de hidrógeno (con una diferencia de electronegatividades igual a cero) ambos átomos comparten su único electrón. El oxígeno posee seis electrones en su última capa. Si dos átomos de este elemento se encuentran, formarán un enlace doble (y compartirán cuatro electrones entre los dos), lo que unido a sus dos pares libres conllevará que cada átomo tenga ocho electrones en su última capa, lo que se conoce como la regla del octeto, según la cual los elementos cuando forman iones tienden a que el número de electrones de su última capa sea de ocho, ya sea tomando, cediendo o compartiendo electrones, ya que con esta configuración electrónica (también conocida como configuración de gas noble) adquieren una mayor estabilidad. Los diagramas de Lewis y la regla del octeto fueron algunas de las contribuciones científicas del químico-físico estadounidense Gilbert Newton Lewis (1875-1946). Otra de sus aportaciones fue el concepto mismo de «enlace covalente».

Este enlace es el que rige la química orgánica, que es la que se basa en la formación de cadenas de átomos de carbono unidos mediante enlaces covalentes y que se denomina así porque es la química en la que se fundamenta la vida.

De igual manera que hemos podido definir algunas propiedades para los compuestos iónicos, es posible hacerlo para los covalentes.

En primer lugar, son compuestos que no presentan conductividad eléctrica ni como sólidos ni fundidos.

Además, en general, son gases y líquidos a temperatura ambiente. Los que son sólidos tienden a presentar puntos de fusión relativamente bajos. Esto se produce para los compuestos cuya masa molecular sea baja o media, por ejemplo para el butano (C_4H_{10}). Pero mediante enlaces covalentes se forman también moléculas de un elevado peso molecular, como los polímeros o las moléculas orgánicas complejas, que sí son sólidos.

En cuanto a la solubilidad, es mayor en disolventes apolares (como el tolueno, benceno, heptano o CCl_4) y es baja en disolventes polares como el agua.

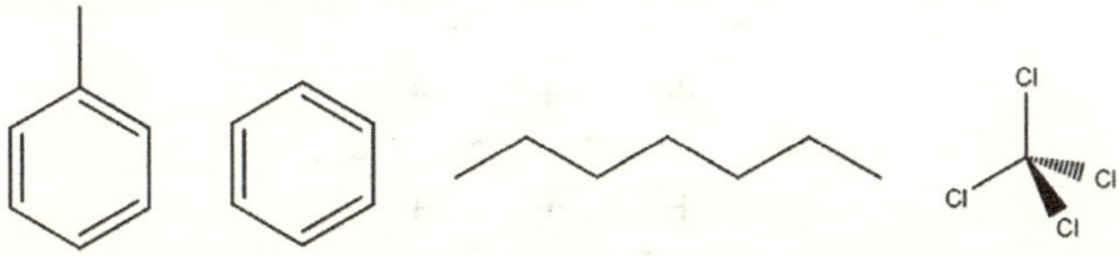

Se presentan de izquierda a derecha las estructuras de los siguientes compuestos: tolueno, benceno, heptano y tetracloruro de carbono. Los vértices de cada estructura representan un átomo de carbono (que tiene cuatro sustituyentes, cuando no se alcanza ese número deben añadirse átomos de hidrógeno que no se presentan en estas representaciones para simplificarlas). Estos disolventes poseen carácter apolar porque no hay separación de cargas en los enlaces para el tolueno, benceno y hexano. Mientras que en el caso del CCl_4, donde los enlaces C-Cl sí están polarizados, lo que sucede es que por la geometría de la molécula esa polarización de cargas se compensa, resultando una molécula apolar.

Sin embargo, existe otro tipo de enlace que se produce entre átomos con una diferencia de electronegatividades menor a 1,7. Se trata del enlace metálico y se llama así en honor al tipo de elementos que lo forman.

25

¿TIENE ALGO QUE VER EL BRILLO DE LOS METALES CON LOS ELECTRONES?

A continuación vamos a describir el enlace metálico, que es el que se produce entre átomos de elementos metálicos, por ejemplo en el oro (Au) o el hierro (Fe). Cuando estos elementos se encuentran en su forma metálica (es decir, sin haber cedido o tomado electrones) los átomos se encuentran unidos formando un bloque dentro del cual circulan electrones libremente como si fuese un mar o una nube de electrones y se encuentran compartidos por la totalidad de los átomos metálicos. Este hecho explica de manera muy gráfica la elevada conductividad eléctrica de estos elementos ya que los electrones poseen total libertad de movimiento, lo que permite el paso de la corriente eléctrica.

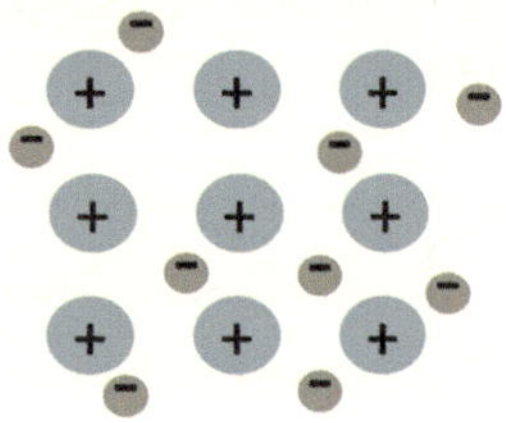

En el enlace metálico se considera que existe una agrupación de los átomos metálicos (simbolizados con la esfera que contiene el símbolo +) donde se comparten los electrones (esfera con el símbolo -) de manera libre. Es decir, hay electrones que no están asignados a ningún átomo ni participan en un enlace entre varios átomos, sino que se mueven libremente entre todos los átomos.

Es posible generalizar otras propiedades para los elementos metálicos. Por ejemplo, a excepción del mercurio (Hg), todos son sólidos a temperatura ambiente y su punto de fusión es alto. Además de buenos conductores de la electricidad son también buenos conductores del calor. Son opacos y brillantes. Tienen, en comparación con los elementos no metálicos, una elevada densidad, si bien esta propiedad varía mucho entre todos los metales, lo que les confiere aplicaciones muy diferentes. Además, tienden a ceder electrones antes que a tomarlos (su electronegatividad es muy baja) y por lo tanto, cuando forman sales, su estado de oxidación es positivo; en el caso del calcio, por ejemplo, como Ca^{2+}.

Es posible describir otras propiedades que los convierten en elementos muy importantes; por ejemplo, son maleables, es decir, se pueden fabricar láminas con ellos, pero además son dúctiles, propiedad gracias a la cual se puede dar forma de alambres o hilos a estos elementos. Gracias a estas dos propiedades se pueden fabricar planchas, escudos o cables, pero además son elementos que poseen una elevada resistencia mecánica (que es la capacidad de resistir grandes esfuerzos sin deformarse) y una elevada tenacidad (que es la resistencia que presentan a romperse). Ambas propiedades son fundamentales para las aplicaciones de estos elementos.

Estos elementos dieron lugar a la metalurgia. Esta ciencia nació hace miles de años y se basa en la extracción de los metales desde los minerales que se encuentran en la naturaleza y en su transformación hasta conseguir los objetos deseados. La fabricación de armas como espadas o hachas y de instrumentos destinados a la agricultura como arados y azadas ha sido fundamental en el desarrollo histórico de los pueblos de la Antigüedad.

En el enlace metálico, los átomos se agrupan en el espacio formando diversas estructuras; es decir, no se encuentran distribuidos de manera aleatoria o amorfa (como sí sucede con otras estructuras). Dado que consideramos a los átomos como esferas, esta agrupación tridimensional se conoce como empaquetamiento de esferas. Existen diversas posibilidades que pueden ser adoptadas, incluso cada elemento puede dar lugar a varias de ellas, lo que se conoce como alotropía (o poliformismo) y lo que conlleva que un mismo elemento pueda poseer propiedades muy diferentes.

Por ejemplo, una de las estructuras es la cúbica simple (en la que cada átomo se coloca en los vértices de un cubo). Esta estructura es muy poco habitual, ya que deja huecos muy grandes y están más favorecidas otras estructuras que conllevan menos espacio libre entre sus átomos, como la estructura cúbica centrada en el cuerpo (con un átomo en el centro del cubo también) o cúbica centrada en las caras, donde aparece un átomo en el centro de cada cara del cubo e incluso estructuras más diversas como la hexagonal compacta. Como hemos citado, que un elemento posea uno u otro empaquetamiento cambia sus propiedades.

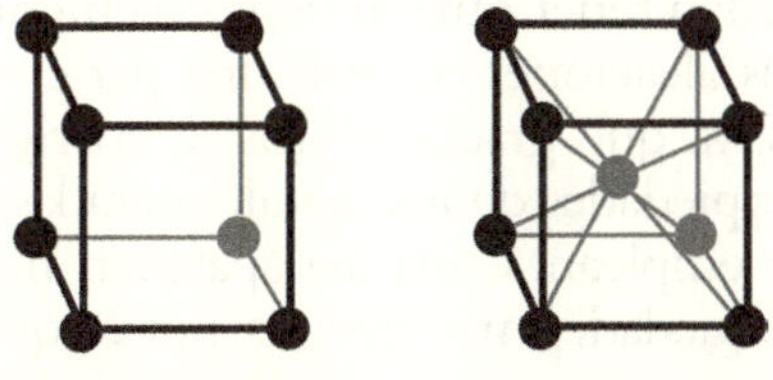

A la izquierda se presenta la estructura cúbica simple. Los átomos en color negro son los que se observan y en color gris los que forman parte de la celdilla, pero que por cuestiones de perspectiva no son visibles. En esta estructura aparecen ocho átomos que se colocan formando un cubo, representando cada átomo uno de sus vértices. A la derecha se observa la estructura cúbica centrada en el cuerpo, donde además de esos ocho átomos formando el cubo se incluye otro átomo colocado en el centro del cubo.

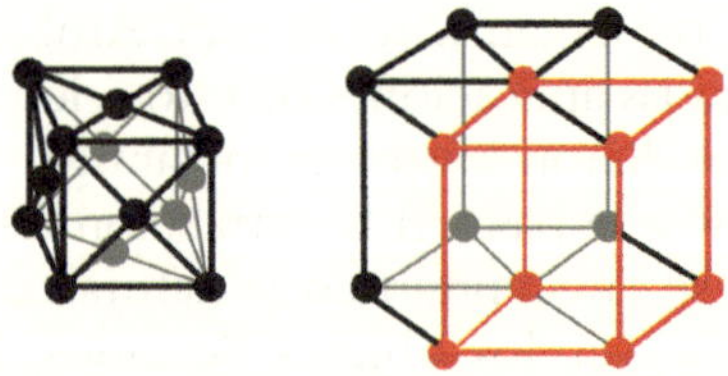

Se muestran las estructuras cúbica centrada en las caras (izquierda) y hexagonal compacta (a la derecha, siendo la celdilla mínima la formada por los átomos en color rojo). La primera se trata de una estructura cúbica en la que se adiciona un átomo extra en el centro de cada una de las seis caras del cubo. La estructura hexagonal compacta se conoce así porque dos celdillas de este tipo forman dos hexágonos superpuestos.

Asimismo, estos ordenamientos de los átomos no solo suceden cuando nos encontramos ante un elemento metálico. Por ejemplo, los compuestos iónicos en estado sólido también adoptan los empaquetamientos que hemos comentado previamente. Por ejemplo, el cloruro de sodio adopta una estructura cúbica centrada en las caras.

Cabe señalar que este tipo de enlace se mantiene también en las aleaciones metálicas (que son mezclas de varios metales) como el bronce o el acero. Mientras que el acero está formado de manera mayoritaria por hierro y de manera secundaria por carbono (aunque no sea metálico, pero se añade en muy pequeña cantidad y no altera esta propiedad) y otros metales, el bronce posee como componente principal el cobre y en una cantidad minoritaria el estaño. Entre las aleaciones más conocidas encontramos el latón (cobre con zinc), el oro blanco (oro con paladio o níquel) o la plata de ley (plata y cobre). Aunque hemos citado sus componentes principales, las aleaciones pueden tener otros muchos elementos y sus usos son muy variados. Las aleaciones ocupan una parte vital en la ciencia de los materiales, ya que gracias a ellas se corrigen los defectos y se mejoran las propiedades de los metales para las diferentes aplicaciones en que se emplean. Cada día aparecen nuevas aplicaciones que requieren propiedades más diversas, por lo que el desarrollo de nuevas aleaciones supone un reto para la investigación en ciencia de los materiales.

Por tanto, los electrones son los responsables del tipo de unión que observamos en los metales y gracias a esas uniones se desarrollan todas las características que definen a un metal, incluido su brillo metálico, por lo que se puede concluir que los electrones son los responsables también del brillo metálico.

26

¿Existen enlaces químicos intermoleculares?

Aunque hemos descrito los principales tipos de enlaces químicos, el mundo de la química es tan diverso que con esos tres ejemplos no es suficiente para describir todas las interacciones posibles y se requiere exponer otro tipo de interacciones entre átomos. Los enlaces descritos hasta ahora son intramoleculares (es decir, tienen lugar entre átomos de la misma molécula). Mientras que los ejemplos que nos disponemos a explicar a continuación son intermoleculares y, por lo tanto, suceden entre átomos de diferentes moléculas.

La primera de estas interacciones, y seguramente la más conocida, son los llamados enlaces de hidrógeno que se producen en moléculas que contienen enlaces entre un átomo de hidrógeno y otro elemento muy electronegativo y de pequeño radio (como N, O o F). Este enlace está muy polarizado, es decir, la carga eléctrica se encuentra desplazada hacia el átomo electronegativo, lo que conlleva que el hidrógeno posea una importante densidad electrónica positiva, entonces por atracción electrostática se puede producir una interacción con el átomo electronegativo de otra molécula. Esta interacción en sí misma no es un enlace pero su influencia es apreciable. La energía asociada a estas interacciones es muy inferior a la de cualquier enlace iónico, covalente o metálico, pero cambia las propiedades de las moléculas que participan en su formación. La molécula más conocida que posee enlaces de hidrógeno es el agua y entre las propiedades que se ven más afectadas por esta influencia tenemos el punto de ebullición. Si lo comparamos con el punto de ebullición de los compuestos formados con los elementos de su mismo grupo, tendremos que para el H_2Te el punto de ebullición es de −1,8 °C y para el H_2Se y el H_2S es de −42,0 °C y −59,6 °C respectivamente, mientras que para el H_2O es de 100,0 °C, rompiendo completamente la tendencia. Ello se debe a que los otros compuestos no forman enlaces de hidrógeno y el agua sí, y para romper esas interacciones que mantienen el agua como líquido se requiere un aporte extra de energía.

Estos enlaces se producen en otras moléculas como en el amoníaco (NH_3), alcoholes, aminoácidos, proteínas o en las cadenas de doble hélice del ADN.

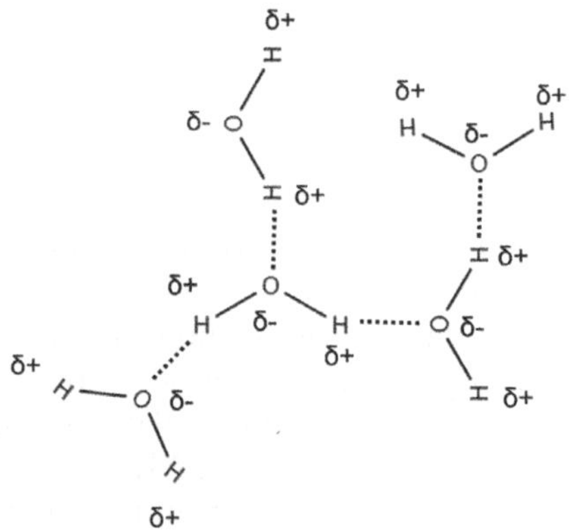

Los enlaces de hidrógeno en el agua se forman entre un átomo de hidrógeno de una molécula y uno de oxígeno de otra. Ello es posible gracias a que existe una densidad de carga en cada molécula debida a las diferencias de electronegatividades y por ello el oxígeno posee densidad de carga negativa (δ-) y el hidrógeno densidad de carga positiva (δ+). En el esquema es posible observar que se forma una red gracias a estos enlaces, lo que aumenta la estabilidad del agua (y por ello las temperaturas de fusión y de ebullición del agua son superiores a las de compuestos análogos que no forman enlaces de hidrógeno).

Asimismo, los enlaces de hidrógeno afectan en el caso del agua a su densidad. Si llenamos una botella de agua líquida hasta su máxima capacidad y la metemos en el congelador, la botella posiblemente reventará, ya que el hielo tiene una densidad menor que el agua líquida, es decir, una misma cantidad en masa ocupa un volumen mayor. Esto se debe a que en el hielo se producen más enlaces de hidrógeno entre moléculas de agua y estos enlaces alejan ligeramente a las moléculas de agua.

Otro de los ejemplos más destacables de otros tipos de enlaces lo encontramos en las llamadas fuerzas de Van der Waals, llamadas así en honor del científico Johannes van der Waals, nacido en los Países Bajos (1837-1923), que ganó el Nobel de Física en 1910. Este término engloba diversas interacciones que se deben a las interacciones electrónicas entre diferentes moléculas y su influencia es mucho menor que la de los enlaces químicos o que la de los enlaces de hidrógeno.

Al tratarse de efectos electrónicos, estas fuerzas pueden tener carácter atractivo o de repulsión. Es decir, no solo pueden aumentar la estabilidad de las moléculas, sino que también la pueden disminuir.

La principal interacción de estas fuerzas se debe a la presencia de dipolos y estos pueden ser permanentes o inducidos. Que una molécula posea un dipolo quiere decir que tiene dos partes claramente diferenciadas: una con una densidad de carga negativa, es decir, que los electrones estén más inclinados hacia esa región, y otra con densidad de carga positiva (en la que los electrones estén menos presentes). Las zonas con distinta carga de diferentes moléculas se atraen y se producen entre ellas las interacciones de van der Waals.

Las fuerzas de van der Waals se basan en que exista una distribución desigual de electrones en las moléculas. Es decir, que aparezcan densidades de carga positiva (δ+) y negativa (δ-). Cuando eso sucede se producen interacciones leves entre las diferentes moléculas.

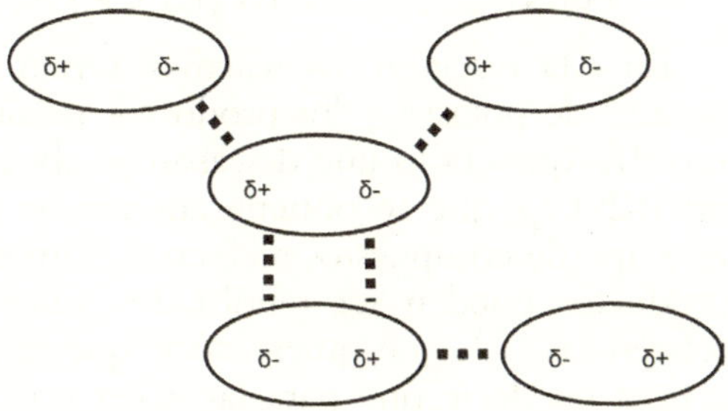

27

¿Es posible transformar la materia de manera controlada?

En química es posible tener dos líquidos transparentes, mezclarlos y que comience a salir un preocupante denso humo blanco. En ese caso, habremos provocado una reacción química (y deberemos tomar las precauciones de seguridad necesarias). En las reacciones químicas lo que sucede es una transformación de la materia. Es decir, las sustancias interaccionan entre ellas y se forman otros compuestos químicos.

Existen muchos tipos de reacciones químicas. Pero para entenderlas tenemos que recurrir a dos términos: reactivos y productos.

Básicamente, los reactivos son lo que había antes de que la reacción tuviese lugar, y los productos lo que se obtiene tras ella. Generalmente, cuando se va a producir una reacción química es porque tenemos los reactivos pero queremos obtener los productos. Por ejemplo, imaginemos que deseamos obtener yoduro de plomo (II) (PbI_2), que posee un color amarillo brillante y se usa como colorante para crear el color oro. En primer lugar, tendríamos que revisar de qué disponemos en el almacén de nuestro laboratorio y deducir si hay alguna sustancia que por combinación con otra pudiese dar como resultado el yoduro de plomo (II). Tras revisar las estanterías del almacén comprobamos que tenemos nitrato de plomo (II) ($Pb(NO_3)_2$) y yoduro de potasio (KI), ambos en estado sólido, y que por tanto se podría producir la siguiente reacción:

$$Pb(NO_3)_2\ (ac) + 2\ KI\ (ac) \leftrightarrow PbI_2\ (s) + 2\ KNO_3\ (ac)$$

En esta reacción los reactivos serían nitrato de plomo (II) y yoduro de potasio, y los productos resultantes el yoduro de plomo (II) (que era lo que deseábamos obtener) y el nitrato de potasio (KNO_3), que se obtiene aunque no era el objetivo; por ello este tipo de compuestos reciben el nombre de subproductos, estos productos pueden ser reutilizados. Entre paréntesis aparecen las referencias (ac), que quiere decir que se encuentra en disolución acuosa (es decir, que para favorecer que la reacción se produzca hemos disuelto las sustancias sólidas en agua) y (s) que señala que se trata de una sustancia sólida. Al obtenerse un producto en estado sólido, nos encontramos ante una reacción de precipitación ya que el PbI_2 dejaría de estar en disolución y se depositaría en el fondo del matraz donde tiene lugar la reacción. Este hecho facilita el trabajo químico ya que la separación y la purificación son mucho más sencillas que si se hubiese mantenido en disolución acuosa. En este caso, tan solo habría que separar el sólido del líquido (por ejemplo, filtrando la disolución) y habría que secarlo bien en una estufa.

Es importante conocer un término fundamental en las reacciones químicas que es denominado «equilibrio». Lo que marca el equilibrio es una constante que existe para cada reacción química y que establece las relaciones entre las diferentes especies que participan en la reacción. Es decir, si nosotros ponemos una cantidad determinada de la sustancia A y otra de B, cuando reaccionen se mantendrá una relación que viene regida por las leyes de la química y la física que determinan lo que se conoce como constante de equilibrio (K).

La deducción de este valor es complicada, pero para entendernos, cuando se produce una reacción en medio acuoso entre A y B para obtener C y D (sicndo z, y, x y w los coeficientes estequiométricos de la reacción), se calcularía como sigue:

$$z\,A + y\,B \rightarrow x\,C + w\,D$$

$$K = [C]^x \star [D]^w / [A]^z \star [B]^y$$

Siendo [C] la concentración molar (moles por litro de disolución acuosa) de la sustancia C y así para el resto de reactivos y productos.

Es importante señalar que, si en la reacción interviene o se genera agua, esta no aparece en la ecuación de la constante de equilibrio (ya que en una disolución acuosa, compuesta de manera mayoritaria por agua, el valor de la concentración de esta es prácticamente constante).

No se debe confundir la constante de equilibrio con la velocidad de la reacción. La constante de equilibrio describe lo que sucede cuando la reacción se encuentra ya estabilizada, mientras que la velocidad de la reacción, la llamada cinética, describe qué pasa hasta que se alcanza esa situación de equilibrio. Por otro lado, algunas reacciones pueden estar muy favorecidas hacia la formación de los productos pero tener una cinética tan lenta que la reacción no se produzca.

Ahora bien, hay algunos factores que afectan a esta constante de equilibrio. Por ejemplo, la presión. En algunos casos un aumento de la presión puede suponer que la reacción su produzca en un mayor grado. Otro caso lo encontramos en la temperatura. Por tanto, alterando estas variables podemos afectar a las reacciones químicas. Observando este hecho, el químico francés Le Châtelier (1850-1936) formuló el siguiente principio: «Si se presenta una perturbación externa sobre un sistema en equilibrio, el sistema se ajustará de tal manera que se cancele parcialmente dicha perturbación en la medida en que el sistema alcanza una nueva posición de equilibrio».

Es decir que, si se aumenta, por ejemplo, la temperatura, la reacción química previamente en equilibrio alterará su composición hasta volver a encontrarse en equilibrio. Este principio se conoce con el nombre de principio de Le Châtelier, en honor del químico que lo formuló.

Existe otro término que es relevante cuando se lleva a cabo una reacción química, que se llama rendimiento (R) de una reacción. Lo que establece este parámetro es la relación entre la cantidad obtenida de un producto y la cantidad esperada teóricamente (ya que en muchas ocasiones lo obtenido en la práctica es menor que lo esperado en la teoría). El rendimiento siempre se presenta en forma de porcentaje. Es decir, si esperábamos obtener 56 gramos, pero tan solo hemos conseguido 30 gramos de un producto, tendremos un rendimiento R = (30 / 56)*100 = 53,57%.

Cabe señalar que en un sistema pueden coexistir diversas reacciones de manera simultánea. Cuando una de ellas es la que nos interesa será la reacción principal y el resto se conocerán como reacciones laterales. Estas reacciones pueden conllevar una disminución en la obtención del producto principal, y por lo tanto una reducción en el rendimiento de la reacción. A través de una variación de las condiciones de la reacción y gracias al principio de Le Châtelier, se puede minimizar el efecto de estas reacciones laterales.

Existen diversos tipos de reacciones químicas. Las moléculas similares tienden a sufrir el mismo tipo de reacciones ya que su comportamiento químico está regido por las mismas leyes.

Conocer los diferentes tipos de reacciones químicas así como mejorar el rendimiento de las reacciones químicas son algunos de los principales retos a los que se enfrentan las personas que trabajan en el campo de la química.

28

¿Se puede atajar en una reacción química?

Como ya hemos comentado, al mezclar dos compuestos químicos se puede producir una reacción entre ellos, pero en muchas ocasiones incluso aunque la formación de los productos esté favorecida no sucede nada. Esto se puede deber a que es necesario aportar mucha energía y por tanto calentando la mezcla es posible que sí se produzca la reacción que buscamos. En esto se basa, por ejemplo, la cocina.

Pero existe otra manera de lograr que se produzca una reacción y es el empleo de lo que en química se conoce como catalizadores. Estas sustancias se agregan a la mezcla pero no forman parte de la reacción química ni como reactivos ni como productos. Es decir, en el balance final no sufren transformación alguna. Como los catalizadores no se consumen durante la reacción química y se regeneran estando disponibles para seguir favoreciendo la reacción, en general se añaden en cantidades muy bajas e inferiores a las que se tengan de los reactivos.

Sin embargo, durante la reacción participan de la misma facilitando que esta tenga lugar, y por tanto consiguen o bien que se produzca la reacción o bien que sea mucho más rápida. Teóricamente, como no participan en la ecuación de la reacción, al final de la misma se regeneran completamente y es posible volver a utilizarlos. En la práctica no es siempre así o al menos se produce una pequeña pérdida y los catalizadores, si no son regenerados, tienen una vida útil limitada.

Lo que los catalizadores favorecen es la llamada cinética de la reacción, es decir, la velocidad a la que tienen lugar. Son sustancias fundamentales en la química ya que sin ellas no se producirían un gran número de reacciones a nivel industrial, de investigación o incluso a nivel bioquímico, ya que las enzimas son un tipo de estos compuestos. A continuación podemos ver un esquema muy básico del funcionamiento de un catalizador:

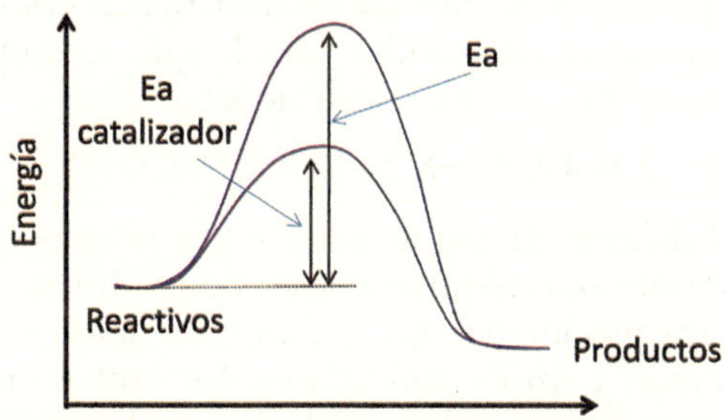

Para entender el funcionamiento de los catalizadores se recurre a un esquema de este tipo. Se trata de comprender que la energía de activación (Ea) es notablemente reducida cuando se adiciona un catalizador. Gracias a ello se consigue que la reacción suceda más rápidamente o que tenga lugar a menor temperatura.

En general, lo que sucede cuando se añade el catalizador es que a través de pasos intermedios se requiere una energía de activación menor y por ello es más fácil llevar a cabo la reacción.

Existen dos modos de funcionamiento para los catalizadores:

1. Homogéneos: cuando tanto los catalizadores como los reactivos se encuentran en la misma fase (por ejemplo, ambos disueltos en un medio líquido) y actúan alterando el

mecanismo de la reacción. Es decir, intervienen alterando la reacción química y creando pasos intermedios más estables que dan lugar a la formación de los productos, mientras el catalizador es regenerado.
2. Heterogéneos: en este caso el catalizador está en una fase distinta a los reactivos. Por ejemplo, los reactivos están disueltos en una fase líquida y los catalizadores son partículas sólidas que se añaden a esa disolución sin disolverse. En este caso, las moléculas de alguno de los reactivos se colocan sobre la superficie de los catalizadores y debido a diversos efectos reaccionan con otras moléculas formando los productos, momento en que abandonan la superficie del catalizador, que queda libre para recibir una nueva molécula del reactivo y comenzar de nuevo el proceso. El ejemplo más conocido de este tipo de catalizadores lo encontramos en la adición de partículas de metales que pueden catalizar diversas reacciones químicas.

Un ejemplo de reacción catalizada lo tenemos en la descomposición del peróxido de hidrógeno (H_2O_2, más conocido popularmente como agua oxigenada) para la que se emplea dióxido de manganeso (MnO_2) como catalizador:

$$2\ H_2O_2\ (l) \rightarrow 2\ H_2O\ (l) + O_2\ (g)$$

Sin que el dióxido de manganeso se vea afectado.

Hay reacciones que requieren bien de medio ácido o de medio básico para producirse. En ese caso, el ácido o la base que se añaden actúan como catalizadores. En ambas situaciones, la cantidad de protones en el caso de los ácidos, o de hidroxilos en las bases ya que no intervienen en el proceso a nivel global, permanecería igual tras la reacción.

Por otro lado, ya hemos comentado que las enzimas son catalizadores muy importantes ya que facilitan que se produzca infinidad de reacciones bioquímicas dentro de nuestro cuerpo. Existen diversos tipos de enzimas, algunos de ellos serían las liasas que descomponen una molécula en dos, las hidrolasas que llevan a cabo la hidrólisis de un compuesto, o las transferasas que transfieren un grupo químico de un compuesto a otro.

Finalmente, se puede añadir que existen catalizadores negativos que ralentizan determinadas reacciones químicas. También se les conoce como inhibidores y se añaden para, por ejemplo, evitar la degradación de ciertos materiales como en el caso de los compuestos retardantes de llama, que añadidos en una pequeña cantidad retrasan de manera destacable la combustión de un material aumentando la temperatura necesaria para que arda.

29

¿CUÁNTA QUÍMICA HAY EN UNA PISCINA?

Aunque cuantificar la cantidad de química de una piscina es casi imposible (dado que en el agua hay muchas sustancias disueltas, crecen microorganismos y se producen procesos como la evaporación que afectan al conjunto), en este capítulo queremos centrarnos en hablar de una de sus principales variables: el pH.

Todas las personas que se dedican al mantenimiento de piscinas conocen este parámetro y saben que es vital para que el agua esté transparente y lista para ser utilizada en cualquier momento.

El pH es la medida de la concentración de protones que existe en una disolución acuosa. Concretamente, $pH = -\log [H^+]$, siendo log el logaritmo en base diez y $[H^+]$ la concentración molar, es decir, moles de protones por litro de disolución. Para hacernos una idea, una concentración $[H^+]$ de 10^{-8} tiene un pH de 8 y una concentración de $[H^+]$ de 10^{-5} un pH de 5. Es importante señalar que el pH, al ser una escala logarítmica, por cada unidad que aumenta añade un orden de magnitud a la concentración de protones (siendo los valores más bajos equivalentes a concentraciones más elevadas). Es decir, pH 2 tiene una concentración de protones diez veces mayor que pH 3 y cien veces mayor que pH 4.

Como hemos dicho, en una reacción química hay un equilibrio que en el caso del agua es el siguiente:

$$H_2O \leftrightarrow H^+ + OH^-$$

$$K_w = [H^+] \star [OH^-] = 10^{-14}$$

Como en el cálculo de la constante de equilibrio se considera que el valor del agua es constante, será la relación H^+ / OH^- la que determine el valor del K_w. Esta constante es igual a 10^{-14}, o lo que es lo mismo, el producto de $[H^+] \star [OH^-]$ tiene que ser igual a 10^{-14}. Por ejemplo, en un agua que no contuviese sustancias que pudieran interferir, la relación entre H^+ y OH^- sería la misma, es decir, ambas especies tendrían una concentración molar de 10^{-7}. Lo que se conoce como un pH neutro (pH 7). Si añadimos un ácido, que son sustancias que en disolución líquida aportan H^+, la concentración de estos aumentaría (y por tanto la de OH^- disminuiría). Un pH por debajo de 7 se considera un pH ácido, mientras que si se añade una base, que son sustancias que aumentan la concentración de OH^-, disminuye la cantidad de H^+ y se obtendría un pH básico (por encima de 7).

¿Cómo medimos el pH en la piscina? Aunque existen diversos métodos para ello, lo habitual consiste en tomar una pequeña porción de agua que se pone en contacto con una sustancia que cambia de color en función del pH. Las sustancias que poseen esta propiedad son conocidas como indicadores. Este color se compara con una escala de colores y se obtiene el valor del pH de la piscina.

Ahora bien, ¿qué efecto tiene el pH en una piscina? Se ha establecido que el pH de una piscina debe encontrarse entre 7,2 y 7,6 (es decir, ligeramente básico).

Si este valor disminuye por debajo de 7,2 (es decir, hacia valores ácidos) es posible provocar problemas tanto para los bañistas con irritación en la piel, mucosas u ojos e incluso provocar daños en los materiales de la propia piscina (como en partes de la depuradora o en las escaleras metálicas).

Por el contrario, si aumentamos el pH de la piscina hacia valores más básicos, también podemos provocar problemas similares en quienes se bañen, pero además el agua puede tornarse más turbia. Un efecto secundario es que reduce el efecto del cloro (que se suele emplear como hipoclorito de sodio para desinfectar las piscinas) y entonces aumenta el crecimiento de algas generando un color verdoso en el agua de la piscina y en especial en sus paredes.

El pH, además de en piscinas, es empleado para valorar infinidad de otros campos como la piel, el champú, la calidad del suelo en agricultura, las cremas o los alimentos. Y sobre todo se utiliza en química ya que rige gran cantidad de procesos y reacciones químicas.

30

¿SE PUEDEN CLASIFICAR LOS PRINCIPALES TIPOS DE REACCIONES QUÍMICAS?

Existen diversos tipos de reacciones químicas. Previamente ya hemos hablado de las reacciones nucleares, que son aquellas en las que se producen cambios en los núcleos de los átomos. En general, el término reacciones químicas se emplea para aquellas transformaciones de la materia en las que los núcleos atómicos no se ven afectados. En este capítulo vamos a conocer un poco más sobre cuatro de estas opciones: reacciones de ácido/base, precipitación, redox y combustión.

La palabra ácido está absolutamente implantada en nuestro día a día. No solo el sabor puede ser ácido, sino que hasta el humor puede serlo. Sin embargo, no usamos el término base (al menos en un sentido relacionado con el término químico) de la misma manera. Pero la química de los ácidos no se puede entender sin las bases, sus opuestos tradicionales. Juntos forman los sistemas ácido/base y vamos a intentar comprenderlos un poco mejor.

Existen diversas definiciones para señalar lo que es un ácido o una base. Pero para simplificar, vamos a ir a lo más básico. Para empezar cuando se habla de un ácido o una base, estamos hablando de un compuesto químico en disolución acuosa. Es decir, se trata de una sustancia disuelta en agua que tiene determinadas propiedades. Concretamente, un ácido provoca un aumento en la concentración de protones (H^+), mientras que lo que una base aumenta es la concentración de iones hidroxilo (OH^-).

Dicho así cuesta entender la importancia de estos sistemas, pero si recurrimos al equilibrio de autoionización del agua tendremos:

$$H_2O\ (l) \leftrightarrow H^+\ (ac) + OH^-\ (ac)$$

Cuya constante de equilibrio (K_w) es: $[H^+] \star [OH^-] = 10^{-14}$.

Es decir, si no hay interferencia alguna, ambas concentraciones son iguales y serían 10^{-7} moles/litro. Pero en un sistema que contenga agua, si los hidroxilos o los protones aumentan, la otra especie necesariamente disminuye. Por tanto, si un ácido provoca que la concentración de $[H^+]$ sea igual a 10^{-2}, debemos tomar ese valor y sustituirlo en la ecuación y por tanto, $[OH^-] = K_w / [H^+]$ o lo que es lo mismo, $10^{-14} / 10^{-2} = 10^{-12}$, lo que se traduce en una concentración mucho menor de la que habría en el agua sin la interacción de otros compuestos.

Es importante saber que si hay una especie ácida en agua deben cumplirse de manera simultánea tanto el equilibrio de la desprotonación del ácido como el de autoionización del agua. No se puede tomar el valor de la concentración del ácido directamente y sustituir en el equilibrio del agua, a menos que como sucedía en el ejemplo anterior, la concentración del ácido sea mucho más elevada y se pueda despreciar la contribución que se realiza por parte de la autoionización del agua. Si las concentraciones son similares hay que tener en cuenta todas las especies (lo que complica de manera significativa los cálculos).

Un ácido provocará la liberación de protones. Ahora bien, existen dos tipos de ácidos: fuertes y débiles. En el caso de los ácidos fuertes la disociación de las moléculas es completa. Por ejemplo, en el caso del cloruro de hidrógeno (HCl), cuando se ponga en contacto con agua todos los átomos estarán en sus respectivas formas iónicas, ya sea como H^+ o como Cl^-. Existen otros ejemplos de ácidos fuertes como son: bromuro de hidrógeno (HBr), yoduro de hidrógeno (HI) o ácido nítrico (HNO_3).

En los ácidos débiles, lo que sucede es que una parte de las moléculas estarán en su forma original y otra parte estarán disociadas en sus iones. Por ejemplo, en el caso del cianuro de hidrógeno (HCN):

$$HCN \leftrightarrow H^+ + CN^-$$

$$K = 4{,}9 \cdot 10^{-10} = [H^+] \star [CN^-] / [HCN]$$

Por tanto para calcular la concentración de cualquiera de las especies involucradas en el sistema tendremos que emplear la constante K y despejar con los datos que sean conocidos, teniendo en cuenta la influencia del equilibrio de autoionización del agua.

Un caso particular lo tenemos en el ácido sulfúrico (H_2SO_4). Este compuesto que posee dos hidrógenos es fuerte en la liberación de su primer protón y débil en el segundo.

$H_2SO_4 \rightarrow H^+ + HSO_4^-$ sucede completamente.

$HSO_4^- \rightarrow H^+ + SO_4^{2-}$ no es completa y se ajusta a la siguiente constante:

$$K=10^{-1{,}99} = [H^+] \star [SO_4^{2-}] / [HSO_4^-]$$

Por tanto el sulfúrico es un ácido fuerte en su primera disociación y débil en la segunda.

De igual modo sucede con las bases. Existen las bases fuertes que se disocian completamente, y las bases débiles que se rigen por la ecuación de la reacción y constante correspondientes.

Entre las bases fuertes podemos destacar los hidróxidos de los elementos alcalinos como hidróxido de litio (LiOH) o de sodio (NaOH). Entre las bases débiles podemos destacar el amoníaco (que aumenta la concentración de OH^- gracias a la siguiente reacción):

$$NH_3 \text{ (ac)} + H_2O \text{ (l)} \leftrightarrow (NH_4)^+ \text{ (ac)} + OH^- \text{ (ac)}$$

Que posee una constante $K = [OH^-] \star [(NH_4)^+] / [NH_3]$

Los sistemas ácido base son aquellos en los que reaccionan un ácido y una base. Es importante saber que al producirse en agua, estas reacciones siguen teniendo que cumplir con el equilibrio de autoionización del agua.

La variable principal que se emplea para describir estos sistemas es el pH, que es una medida de la concentración de protones en el agua. La fórmula exacta para calcularlo es:

$$pH = -\log [H^+]$$

Siendo «log» el logaritmo en base 10 y $[H^+]$ la concentración molar (moles de H^+ por litro de disolución) de protones. Por tanto, cuando hablamos de un pH igual a cuatro hacemos referencia a una concentración de protones igual a 10^{-4} moles/litro. Por debajo de siete tendremos pH ácido, por encima pH básico y en 7 neutro.

El siguiente tipo de reacción lo encontramos en las reacciones de precipitación. Y aunque a menudo podemos escuchar de manera coloquial que precipitarse es un error, en el mundo de la química la precipitación tiene otro significado. Se conoce como el proceso que se produce tras poner en contacto dos disoluciones acuosas que forman un sólido no soluble. Es decir, se ponen en contacto dos líquidos y se forma una sustancia sólida. Esta sustancia se puede observar como partículas directamente o como la formación de turbidez y la presencia de partículas en suspensión.

El esquema básico de estas reacciones es:

$$A^+ \text{ (ac)} + B^- \text{ (ac)} \leftrightarrow AB \text{ (s)}$$

Donde (ac) hace referencia a que la sustancia se encuentra disuelta en agua y (s) a que es un sólido. A veces AB (s) también se escribe como AB ↓.

Estas reacciones están regidas por una constante de equilibrio que se conoce como constante del producto de solubilidad y su valor se calcula como sigue:

$$K_{ps} = [A^+] \star [B^-]$$

Siendo $[A^+]$ la concentración molar (moles por litro) del catión A en la disolución en equilibrio y $[B^-]$ la concentración molar del anión B.

Esta constante proviene de escribir al revés la reacción de precipitación, es decir, si pusiésemos el compuesto sólido en agua y se disolviese. Al tratarse de una reacción en equilibrio ambos procesos suceden de manera simultánea. K_{ps} es exactamente la constante de equilibrio, ya que cuando se calcula esta constante los sólidos no aparecen en ella.

$$AB\ (s) \leftrightarrow A^+\ (ac) + B^-\ (ac)$$
$$K_{ps} = [A^+] \star [B^-]$$

Es importante señalar que las concentraciones molares hacen referencia a la concentración que se alcanza cuando se ponen en contacto las dos disoluciones (no a las concentraciones que hubiese inicialmente en las mismas). Es decir, si tenemos un litro de una disolución 0,5 M de A^+ y otro litro de 0,6 M de B^- (significando M moles/litro), cuando juntemos ambas disoluciones tendremos 0,25 M de A^+ y 0,3 M de B^-. Y serán estas concentraciones las que habrá que usar en la ecuación de la constante de solubilidad.

La precipitación se producirá cuando inicialmente el producto $[A^+] \star [B^-]$ sea superior a K_{ps} y entonces con la formación de AB (s) disminuirán las concentraciones de A^+ y de B^- hasta que el producto $[A^+] \star [B^-]$ sea igual a K_{ps}, en ese momento se alcanzará el equilibrio químico.

En caso de que la reacción tuviese una estequiometría diferente, esta se vería reflejada tanto en la reacción como en la ecuación de la constante del producto de solubilidad:

$$2\ C^{3+}\ (ac) + 3\ D^{2-}\ (ac) \leftrightarrow C_2D_3\ (s)$$
$$K_{ps} = [C^{3+}]^2 \star [D^{2-}]^3$$

Existen muchos ejemplos de reacciones de precipitación que presentan interés.

Por ejemplo, si se mezclan nitrato de plata ($AgNO_3$) y cromato de potasio (K_2CrO_4), precipitaría de cromato de plata (Ag_2CrO_4) que posee un color anaranjado y quedaría en disolución el nitrato de potasio. Es decir, como K^+ y $(NO_3)^-$.

$$2\,AgNO_3\ (ac) + K_2CrO_4\ (ac) \leftrightarrow Ag_2CrO_4\ (s) + 2\,KNO_3\ (ac)$$

En esta reacción el producto de solubilidad K_{ps} sería igual a $[Ag^+]^2 \star [CrO_4^{2-}]$.

En caso de que se pusieran en contacto dos disoluciones de cloruro de calcio ($CaCl_2$) y carbonato de sodio ($Na_2\,CO_3$), se podría formar carbonato de calcio ($CaCO_3$) que precipitaría, y cloruro de sodio (sal común, NaCl) que continuaría disuelto en sus respectivos iones.

$$CaCl_2\ (ac) + Na_2\,CO_3\ (ac) \leftrightarrow CaCO_3\ (s) + 2\ NaCl\ (ac)$$

Y en este caso el producto de solubilidad sería:

$$K_{ps} = [Ca^{2+}] \star [CO_3^{2-}]$$

Por lo que mientras el producto $[Ca^{2+}] \star [CO_3^{2-}]$ sea superior a K_{ps} se produce la precipitación y formación del $CaCO_3$ sólido, mientras que si hay precipitado formado y el producto $[Ca^{2+}] \star [CO_3^{2-}]$ es inferior a K_{ps} se produciría la disolución del sólido. De esta reacción se deduce el término solubilidad, que es la concentración máxima que puede alcanzar una sustancia en un disolvente. La disolución que contiene la cantidad máxima de una sustancia se dice que está saturada, es decir, que si aumenta un poco más se produce la precipitación.

Por tanto, ¿es precipitarse algo negativo? En química es un proceso que posee múltiples aplicaciones, ya que una vez que la sustancia se precipita es posible separarla fácilmente. Por ejemplo a través de un simple filtrado o centrifugando la disolución madre y volcando el líquido transparente que queda en la parte superior de un tubo tras centrifugarlo (lo que se conoce como el sobrenadante). De este modo podemos recuperar un catión que nos interesa (como podría ser recuperar Au^+ de una disolución) o eliminarlo de una muestra que está contaminando (por ejemplo, Pb^{2+} en agua potable). Hay que tener en cuenta que determinadas sustancias interfieren en los análisis químicos y por lo tanto es necesario retirarlas de la muestra. A través de la precipitación es una de las formas de hacerlo. Por tanto, es importante conocer cómo funcionan estas reacciones para poder utilizarlas en procesos químicos.

En cuanto al siguiente sistema de reacciones que hemos de conocer encontramos los llamados sistemas redox. Este término hace referencia a las palabras oxidación y reducción. Como hemos comentado previamente, los elementos pueden tener diferentes estados de oxidación, lo que se dirime en función del número de electrones que ganan o pierden respecto de su configuración electrónica fundamental (es decir, cuando su número de electrones coincide con el de protones).

En los sistemas redox se produce un intercambio de electrones. Por tanto, si un elemento gana un electrón se reducirá y si lo pierde se oxidará. Es necesario que haya un elemento que se oxide y otro que se reduzca para que el número total de electrones permanezca constante.

Por otro lado, aunque se ha descrito el sistema empleando únicamente la posibilidad de emplear elementos, también se pueden producir oxidaciones y reducciones de compuestos químicos, incluso dentro del cuerpo humano se producen reacciones redox cuya importancia es vital para la vida.

Intentando simplificar conceptos, los sistemas redox se presentan en función de las semirreacciones que se producen en ellos. Es decir, se coloca un elemento y se escribe la reacción con el número de electrones que gana o pierde. Escribiendo la reacción complementaria y combinando ambas reacciones, debemos obtener la reacción global (en la que no aparecerán los electrones).

Por ejemplo, si tenemos hierro en su estado de oxidación +3 (es decir, Fe^{3+}) y lo ponemos en contacto con hidrógeno, las reacciones redox que se producirían entre ambos elementos serían:

$$Fe^{3+} + 1\ e^{-} \leftrightarrow Fe^{2+}$$

$$H_2 \leftrightarrow 2\ H^{+} + 2\ e^{-}$$

Combinando ambas reacciones y ajustando (para que haya el mismo número de átomos de ambos elementos a cada lado de la reacción), obtendríamos la reacción global:

$$2\ Fe^{3+} + H_2 \leftrightarrow 2\ Fe^{2+} + 2\ H^{+}$$

En este caso, el catión Fe^{3+} se reduce (porque pasa a Fe^{2+}) y el hidrógeno se oxida (porque pasa de estado de oxidación 0 a +1). El elemento que se reduce se conoce como oxidante y el que se oxida como reductor. El reductor da electrones y el oxidante los coge.

Ahora bien, ¿qué tiene que suceder para que una reacción redox se produzca? Cada semirreacción tiene asociado un potencial eléctrico que se mide en voltios (V) y para que la reacción se lleve a cabo la suma de ambos potenciales debe ser superior a 0. Por convenio, los sistemas redox se han caracterizado en base a la semirreacción de reducción (es decir, a la reacción donde el elemento toma un electrón) y se han establecido las llamadas tablas de potenciales de reducción. En el caso de que la reacción que se produzca sea la de oxidación, el valor del potencial será el mismo pero con el signo cambiado.

Mientras que en el caso del siguiente sistema:

$$Cl_2 + 2\,Ag \leftrightarrow 2\,Cl^- + 2\,Ag^+ \quad E = 2{,}158\,V$$

El potencial (E) es superior a cero y por lo tanto la reacción sí se lleva a cabo. Para la reacción:

$$Zn^{2+} + Cu \leftrightarrow Zn + Cu^{2+} \quad E = -0{,}423\,V$$

El potencial es inferior a cero y la reacción redox no se produce.

Sin embargo ¿existe alguna manera de lograr que una reacción con un potencial negativo se produzca? Sí. Y es uno de los procesos químicos más estudiados a nivel industrial. Se trata de aportar corriente eléctrica de manera que se supere el potencial del sistema. Mediante ese aporte extra lograríamos revertir el procedimiento normal y llevar a cabo la reacción deseada. Por ejemplo, si queremos obtener el gas hidrógeno (H_2) podemos hacerlo desde el agua (para que la reacción se produzca debemos establecer un pH ácido o básico para que exista una buena conductividad eléctrica), cuyas semirreacciones redox en medio ácido (ya ajustadas) son:

$$4\,H^+ + 4\,e^- \leftrightarrow 2\,H_2 \quad E = 0{,}00\,V$$

$$2\,H_2O \leftrightarrow O_2 + 4\,H^+ + 4\,e^- \quad E = -1{,}23\,V$$

La reacción global será:

$$2\,H_2O \leftrightarrow 2\,H_2 + O_2$$

Pero el potencial total de la reacción global (−1,23V) es menor que cero y por lo tanto, la reacción no se producirá. Pero si realizamos un aporte extra de corriente eléctrica (superior a 1,23V) la reacción tendrá lugar, llevando a cabo lo que se conoce como electrólisis del agua y podremos obtener tanto hidrógeno como oxígeno. A nivel práctico existe un concepto llamado sobrepotencial que señala que es necesario realizar aportes superiores de 0,6 V para que una reacción se produzca de manera apreciable. Por tanto, en el caso de la electrólisis del agua, el potencial a aportar sería de unos 1,83V.

Finalmente debemos tener en cuenta que las concentraciones de los compuestos que participan en la reacción química tienen influencia sobre la propia reacción química y que en cálculos avanzados, para saber [...] o no, deben deben ser tenidas en cuenta a través de la llamada ecuación de Nernst. Mediante esta ecuación se obtiene el potencial corregido de la reacción, a través de la fórmula:

$$E = E^0 - (RT / nF) \, Ln \, Q$$

En la que E^0 = potencial redox normal característico de la reacción (es decir, el que se obtiene con los valores de las tablas de potenciales de reducción), R es una constante (cuyo valor es 8,31 J / K*mol), T es la temperatura (en grados absolutos o kelvin), F es la constante de faraday (96 500 c/Eq), n el número de electrones transferidos y Q el coeficiente entre las concentraciones de los productos de la reacción y los reactivos de la misma. El potencial corregido puede provocar que una reacción basada únicamente en los potenciales obtenidos de las tablas que debería producirse no se produzca o viceversa.

Asimismo, como las concentraciones de las especies reactivas afectan y el pH es la medida de la concentración de protones en agua, muchas reacciones estarán afectadas por el valor del pH y cambiando este valor podemos lograr que la reacción se produzca o no. Este hecho puede servir para prevenir la oxidación de elementos en contacto con agua, ya que la oxidación es un proceso que en muchos casos provoca la degradación de los materiales.

Las reacciones redox son además la base de la química de las baterías y pilas eléctricas y gracias a ellas el desarrollo tecnológico de nuestra sociedad ha llegado hasta donde está. Además su estudio está consiguiendo desarrollar nuevos materiales más eficientes que permitan almacenar la energía (por ejemplo, la generada mediante las energías renovables) para poder emplearla cuando se necesite. También el desarrollo del coche eléctrico está cada vez más conseguido gracias a las posibilidades de estos sistemas. Hoy las reacciones redox son una de las principales aliadas en la lucha contra la contaminación y el cambio climático.

Finalmente, el último tipo de reacción química que es fundamental conocer lo encontramos en las reacciones de combustión. Estas son las que se producen cuando, por ejemplo, se queman hidrocarburos. Y su fórmula general es:

$$C_xH_y + O_2 \leftrightarrow x\,CO_2 + y/2\ H_2O$$

Siendo C_xH_y un hidrocarburo como los que forman la gasolina o el diésel. Esta es la reacción esencial que aparece siempre que se provoca un incendio o se quema cualquier producto orgánico. Pero además hay que tener en cuenta que, en caso de que haya compuestos que contengan nitrógeno, se producirán óxidos de nitrógeno (NOx) que son tóxicos y contaminantes. Asimismo, si se produce una combustión ineficiente (que no es completa) en lugar de CO_2 se puede obtener monóxido de carbono (CO) que es un compuesto tóxico y que puede llegar a envenenar a quienes lo respiran. Por tanto, siempre hay que tener cuidado cuando se enciende una chimenea, por ejemplo.

Observando la reacción química mediante la cual se producen las reacciones de combustión, podemos entender cómo funcionan los principales sistemas empleados para apagar incendios. El principal método empleado consiste en verter agua sobre el fuego y, dado que el H_2O aparece como subproducto de la reacción, se podría pensar que podría tener alguna influencia mediante el principio de Le Châtelier y que desplazase la reacción hacia los reactivos. Sin embargo, la constante de equilibrio para las reacciones de combustión es tan elevada cuando existe un fuego (es decir, está muy desplazada hacia la formación de los productos) que esa influencia es despreciable. El agua se añade porque puede aislar el oxígeno y porque el fuego gasta mucha energía en convertir el agua de líquido a vapor y gracias a eso desciende su temperatura, de manera que puede llegar a detenerse la reacción. Otra opción consiste en un extintor de CO_2, cuyo objetivo también es aislar la fuente de fuego del oxígeno, de manera que el fuego, al no tener uno de los reactivos, no puede seguir adelante. Mientras que para apagar una vela se puede recurrir a cubrirla de manera que el propio fuego consuma todo el oxígeno y la reacción no pueda continuar.

31

¿EXISTE ALGÚN TIPO DE LLUVIA QUE SEA CORROSIVA?

La lluvia consiste en la condensación atmosférica del vapor de agua (agua en forma de gas) para pasar a estado líquido y caer hacia el suelo gracias a la fuerza de la gravedad. Este fenómeno es tanto el responsable de que la mayor parte de las zonas habitables de nuestro planeta lo sean, como de hacer retornar muchos contaminantes que se encuentran en la atmósfera a la tierra. Durante su caída, la lluvia entra en contacto con las diferentes sustancias que se encuentran en la atmósfera en forma gaseosa y puede arrastrar algunas de estas especies. Por ejemplo, puede interaccionar con el CO_2 y disolverlo formando H_2CO_3 (o ácido carbónico) que confiere un carácter ligeramente ácido a la lluvia (con valores de pH sobre 5,5).

Sin embargo, todos hemos oído hablar de la lluvia ácida y al escuchar esta expresión podemos imaginar una lluvia que cuando cae sobre una sustancia la degrada de manera rápida y violenta. Pero ¿qué es exactamente la lluvia ácida?

Se trata de un fenómeno que se observó por primera vez hace casi doscientos años en zonas industrializadas y que consiste en que el pH del agua de lluvia es bastante más bajo de lo esperado (descendiendo hasta el intervalo entre 3 y 5). Este hecho se produce gracias a que en la atmósfera hay una serie de compuestos que interaccionan con el agua de la lluvia para formar ácidos. En las zonas industrializadas se produce una mayor emisión de gases como el SO_2 o los óxidos de nitrógeno (que poseen diversas fórmulas pero que se suelen representar como NO_x). Estos gases además pueden reaccionar con el oxígeno atmosférico y oxidarse para obtener otros compuestos con un mayor estado de oxidación. Finalmente, al reaccionar con el agua se forman los oxoácidos correspondientes. El proceso más conocido es la formación de ácido sulfúrico (H_2SO_4) desde SO_2, que sigue el siguiente esquema:

$$SO_2 + \frac{1}{2}\, O_2 \leftrightarrow SO_3$$

$$SO_3 + H_2O \leftrightarrow H_2SO_4$$

Igualmente, la formación del ácido nítrico (HNO_3) es otra de las causantes de esta forma de contaminación:

$$NOx + O_2 + H_2O \leftrightarrow HNO_3$$

La lluvia ácida posee diversos efectos perjudiciales, en primer lugar para el medio ambiente. Un pH tan bajo posee efectos en ríos, lagos, bosques o cultivos y provoca que la vida en general sea más difícil tanto para plantas como animales. En el caso de los cultivos el efecto es menor, ya que se emplean fertilizantes que poseen pH básico y que contrarrestan los efectos de la lluvia ácida, aunque conlleva la pérdida de gran parte de estos fertilizantes, y por tanto provoca una disminución en la producción agrícola. Pero para los ríos posee un efecto que puede llegar a ser devastador y causar la pérdida de muchas especies. En segundo lugar, posee efectos perjudiciales para construcciones humanas (como puentes y edificios), pero también para monumentos y de manera especial puede degradar materiales metálicos. Finalmente, posee efectos dañinos para los seres humanos. Aunque un ser humano no va a sufrir los mismos efectos que si lo rociasen con ácido sulfúrico (porque contiene tan solo una pequeña porción de este), la exposición a este tipo de lluvia no es en absoluto beneficiosa. El principal efecto sobre los seres humanos que se ha observado es un aumento en los problemas respiratorios como asma o bronquitis, e incluso se ha intentado relacionar este fenómeno con un aumento de los casos de algunos tipos de cáncer.

Por tanto es un riesgo importante para la salud y la calidad de vida así como para el medio ambiente, y por ello los seres humanos deberíamos tomar medidas destinadas a reducir sus efectos. Entre otras con la reducción de las emisiones de óxidos de nitrógeno, gran parte de las cuales se deben al uso de vehículos diésel que de media provocan una emisión mayor de sustancias responsables de la lluvia ácida que los motores de gasolina. Ahora bien, la sustitución de los coches diésel por motores de gasolina tampoco es la solución, ya que la emisión de CO_2 también posee importantes efectos contaminantes. La solución no puede pasar por este tipo de vehículos sino por apostar por coches híbridos, eléctricos o por el transporte público.

32

¿Puede un compuesto sólido desaparecer?

En primer lugar debemos señalar que la materia ni se crea ni se destruye, por lo tanto desaparecer como tal no puede ninguna sustancia. Pero sí es posible que dejemos de verla.

La explicación de este proceso requiere conocer el estado de agregación de la materia, es decir, si tenemos sustancias sólidas, líquidas o gaseosas. Una misma sustancia puede estar en esos tres estados en función de las condiciones que le afectan, principalmente la temperatura, aunque también la presión a la que estén sometidas las sustancias posee sus efectos sobre el estado de agregación.

Los cambios entre los diferentes estados de agregación poseen un nombre y la mayoría resultan de lo más naturales para nosotros. Basándonos en el agua, sabemos que si su temperatura es inferior a 0 °C la tendremos en estado sólido, y que si supera esa barrera tendremos agua líquida. El paso de una sustancia de sólido a líquido se conoce como fusión. Mientras que por encima de 100 °C obtendremos vapor de agua, es decir, en estado gaseoso, gracias a la vaporización, por tanto sabemos que aumentando la temperatura podemos pasar de sólido a líquido y de ahí a gas. Sin embargo, existe un proceso que puede no resultar tan evidente, ¿se puede pasar de sólido a gas directamente o viceversa?

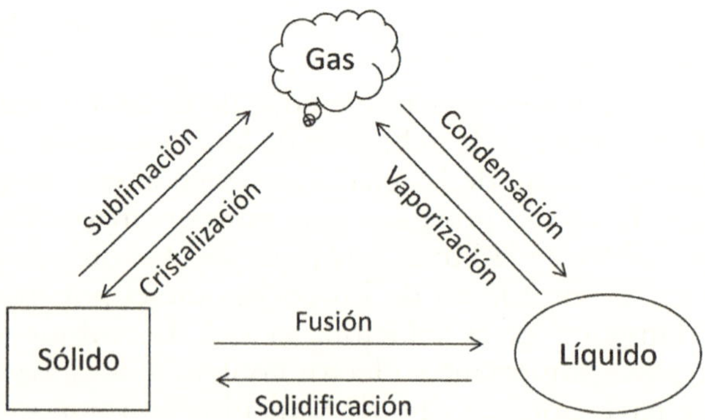

La materia puede cambiar entre los diferentes estados de agregación en función de las condiciones del medio que se le aplican. Igualmente se pueden manipular las condiciones de un sistema o una reacción química para que se produzcan estos cambios.

Es importante señalar que en los procesos de cambio de estado, mientras estos se están produciendo, la temperatura no puede sobrepasar la temperatura a la que tiene lugar el cambio. Por ejemplo si estamos hirviendo agua, la que queda líquida nunca superará los 100 °C; de igual modo, si la estamos fundiendo, los cubitos de hielo no podrán superar los 0 °C y viceversa cuando estamos llevando a cabo los procesos contrarios.

Si partimos de los cambios que afectan a sustancias sólidas y líquidas podemos observar el proceso de la fusión, que es cuando se aumenta la temperatura y la sustancia en estado sólido pasa a estado líquido. A presión atmosférica (es decir, la que encontramos a una altura de cero metros sobre el nivel del mar) la temperatura a la que se produce este proceso se conoce como punto de fusión. Este proceso requiere energía para producirse, lo que se conoce como un proceso endotérmico (frente a los exotérmicos que son los que liberan energía).

El proceso contrario, si se va reduciendo la temperatura hasta descender por debajo del punto de fusión, se conoce como solidificación y como se trata del proceso contrario a la fusión y esta es endotérmica, la solidificación será exotérmica y liberará energía. La temperatura en la que un líquido pasa a estado sólido se conoce como temperatura de solidificación o punto de congelación.

Si aumentamos la temperatura nos encontraremos en los procesos que involucran el paso de líquido a gas o viceversa. El primero se conoce como vaporización y el segundo como condensación.

La vaporización se produce cuando un líquido alcanza su temperatura de ebullición y comienzan a formarse burbujas gaseosas que salen a la superficie y se elevan en la atmósfera. Se trata de un proceso endotérmico. Aunque la vaporización sea un cambio de estado líquido a gas, no debe confundirse con la evaporación (este segundo proceso también conlleva el paso de líquido a gas, pero sucede a cualquier temperatura de manera mucho más lenta y está basado en el equilibrio que sucede para disolver moléculas de agua en el aire). En el caso de un disolvente empleado en química orgánica, el éter etílico, su punto de ebullición es de 34,5 °C. En algunos laboratorios y fábricas sin aire acondicionado se llega a alcanzar esta temperatura y esto supone que al abrir una botella de este disolvente comenzará a hervir. El éter, entre otras características, es muy inflamable, por tanto se debe evitar que se acumule en un ambiente donde se pueden estar usando mecheros para la realización de experimentos; por ello los laboratorios científicos deben estar bien ventilados.

La condensación, como hemos citado, es el paso de gas a líquido. De nuevo, al tratarse de un proceso opuesto a otro, mientras que la vaporización es endotérmica la condensación es exotérmica. El fenómeno de condensación más conocido y más importante para la vida lo encontramos en la lluvia, donde el agua en forma de vapor condensa para formar gotas que caen hacia la superficie atraídas por la fuerza de la gravedad.

Finalmente, únicamente nos quedan por describir los cambios de estado que involucran al estado sólido y al gaseoso, y por lo tanto saber si puede un sólido desaparecer. Este paso existe y se conoce como sublimación cuando se produce de sólido a gas sin pasar por estado líquido, y sublimación inversa (o deposición) cuando la sustancia pasa de ser un gas a ser un sólido sin haber sido en ningún momento un líquido. Al igual que sucede en los otros cambios de estado, la sublimación es un proceso endotérmico y la sublimación inversa es exotérmica.

Existen múltiples ejemplos de un sólido que pase directamente a un gas (y por lo tanto provoque un proceso de sublimación). Uno de los ejemplos más conocidos es el paso a vapor del llamado hielo seco (que es CO_2 a baja temperatura), que desprende una neblina (que es CO_2 gaseoso) sin que se forme líquido alguno.

El ejemplo más visual de una sublimación inversa es posible observarlo en las mañanas más frías del invierno, ya que durante las noches el agua que existe en la atmósfera en forma de vapor al entrar en contacto con algún material que se encuentra muy frío (por debajo de 0 °C) pasa directamente de vapor a sólido (en forma de cristales microscópicos de hielo), formando lo que se conoce como escarcha. Otro de los ejemplos es la obtención de huellas dactilares, para lo que se emplea el vapor de una familia de compuestos químicos conocidos como cianoacrilatos que se rocía sobre las posibles huellas y mediante deposición se obtiene el dibujo de la huella dactilar.

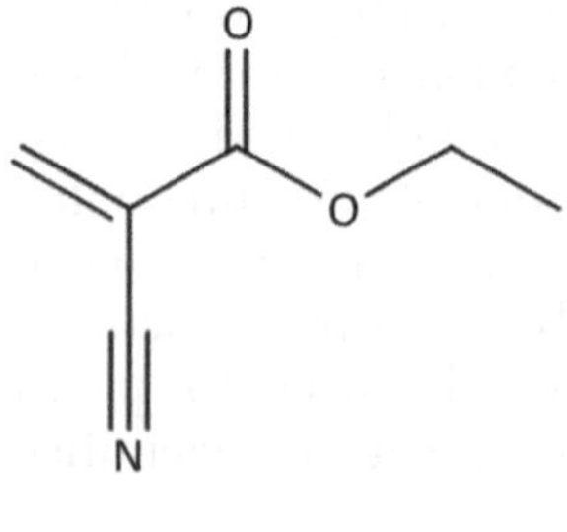

Estructura del cianoacrilato de etilo. Uno de los compuestos empleados para la determinación de las huellas dactilares. Es importante recordar que los vértices representan átomos de carbono que poseen cuatro sustituyentes y que si la representación no alcanza ese número hay que adicionar hidrógenos.

33

¿Hay alguna manera sistemática de describir los compuestos inorgánicos?

La química posee un lenguaje propio. Es lo que se conoce como formulación y nomenclatura de los compuestos químicos y se emplea para escribir las fórmulas y citar los nombres de las sustancias químicas de manera correcta. Existe una entidad, la Unión Internacional de Química Pura y Aplicada cuyas siglas son IUPAC (del inglés *International Union of Pure and Applied Chemistry*), que está formada por científicos y científicas a nivel internacional y que es la responsable de dictar las normas sobre cómo denominar las sustancias químicas tanto inorgánicas como orgánicas. En el área de la química inorgánica no son nombres demasiado complejos ya que apenas se forma una minoría de compuestos inorgánicos dentro de los más de cien millones de sustancias que se han descrito, y conocer sus principios no es complicado. Se basa en el conocimiento de los llamados estados de oxidación (es decir, cuántos electrones puede compartir, ceder o tomar un átomo) y de qué tipo de comportamiento tienen los diferentes átomos.

Existen varias maneras de nombrar a los compuestos pero vamos a describir un método bastante simple y generalizado.

En primer lugar, las fórmulas se escriben en función a un acuerdo internacional que señala que el catión se escribe primero y que a continuación se escribe el anión. Por ejemplo, si tenemos el catión Ca^{2+} (calcio [II]) y el anión procedente del oxígeno (O^{2-}) se escribirá como CaO, cuyo nombre es óxido de calcio.

La formulación parte de los aniones. Es decir, el nombre comienza con el término asociado al anión. Por ejemplo, en la sal común (NaCl, en la que el sodio tiene carga +1 y el cloro carga −1) el nombre será cloruro de sodio.

Además debemos conocer el comportamiento de los elementos. Así, por ejemplo, es necesario saber que el hidrógeno puede tanto ceder o compartir un electrón (carga +1) como coger un electrón (carga −1). Los primeros completarán el nombre del compuesto y los segundos reciben el nombre de hidruros. Por ejemplo, el KH es el hidruro de potasio y el HBr es el bromuro de hidrógeno.

Otros comportamientos aniónicos que es importante conocer serían que el oxígeno forma los óxidos (O^{2-}), como el óxido de berilio (BeO) o el óxido de plata (I) (Ag_2O), o que los halógenos cuando poseen carga negativa es siempre −1 y forman los haluros (floruro, cloruro, yoduro o bromuro). Además, el oxígeno puede encontrarse enlazado a un átomo de hidrógeno y ambos actúan juntos como un grupo producto de la desprotonación del agua, llamado hidroxilo, con carga −1 (OH^-) y forman compuestos como el hidróxido de magnesio cuya fórmula es $Mg(OH)_2$.

Las complicaciones de este sistema surgen debido a que existen cationes que pueden actuar con varios estados de oxidación. Por ejemplo, el manganeso (Mn) puede compartir 2, 3, 4, 6 o 7 electrones. Por tanto puede formar múltiples compuestos con iones como el cloro o el oxígeno. Así, por ejemplo, el compuesto $MnCl_6$ se nombraría como cloruro de manganeso (VI) o hexacloruro de manganeso, mientras que MnO o MnO_2 se nombrarían respectivamente como óxido de manganeso (II) y óxido de manganeso (IV). También podrían nombrarse como monóxido de manganeso o dióxido de manganeso.

Además, un compuesto químico puede estar formado por más de dos elementos y estos pueden tener varios estados de oxidación. Por ejemplo, el cloro cuando comparte sus electrones puede poseer como estados de oxidación: +1, +3, +5 y +7. Este el caso de los llamados oxoácidos, que forman junto al oxígeno y al hidrógeno: HClO, $HClO_2$, $HClO_3$ y $HClO_4$. Entonces se aplica un sistema de prefijos y sufijos y se obtienen el ácido hipocloroso, el ácido cloroso, el ácido clórico y el ácido perclórico, respectivamente.

De igual modo, algunas de esas sustancias pueden formar aniones al perder el protón de su forma ácida y entonces se emplea un nuevo sistema de prefijos y sufijos. Los compuestos HClO, $HClO_2$, $HClO_3$ y $HClO_4$ pasan a ser ClO^-, $(ClO_2)^-$, $(ClO_3)^-$ y $(ClO_4)^-$ y sus nombres pasan de ser el ácido hipocloroso, el ácido cloroso, el ácido clórico y el ácido perclórico a ser el hipoclorito, el clorito, el clorato y el perclorato que acompañarían a algún catión, y entonces podríamos tener, por ejemplo, el LiClO o hipoclorito de litio.

Finalmente, existen muchos compuestos que habitualmente son nombrados por lo que se llama su nombre común, por ejemplo el H_2O nunca se cita como óxido de hidrógeno sino como agua, o el hidróxido de sodio (NaOH) que habitualmente se nombra como sosa.

IV

Química Orgánica

34

¿Podemos mezclar aceite y agua?

Un hecho conocido por la mayoría de las personas es que el agua y el aceite no se mezclan. De hecho, si colocamos un litro de agua y tratamos de mezclarlo con un litro de aceite comprobaremos que el agua (incolora) se coloca en el fondo y que sobre ella se puede observar el aceite, que lo normal es que tenga color (la palabra aceite se usa para describir un grupo de moléculas, siendo una de las más conocidas el ácido oleico que es el componente principal del aceite de oliva). Aquellos líquidos que no se pueden mezclar se conocen como inmiscibles. En este tipo de mezclas se ha definido como fase orgánica la que contiene al aceite y como fase acuosa la que ocupa el agua. Si hay mucha más agua que aceite se observarán esferas de aceite en la superficie del agua, mientras que si la sustancia que predomina es el aceite se observarán esferas de agua en el fondo.

El hecho de que ambas sustancias no se mezclen tiene una explicación científica bien conocida: se debe a la polaridad de ambos líquidos. La polaridad es una medida de separación de las cargas eléctricas en una molécula (lo que se conoce como densidad de

Si intentamos mezclar agua con aceite nos encontraremos con que no lo hacen. Lo que sucede es que uno de ellos se quedará ocupando la parte superior y el otro la inferior. Por ello, son líquidos inmiscibles. Qué líquido ocupará cada posición vendrá marcado por sus densidades. En el caso del agua y del aceite este último se situará en la parte superior y el agua en la inferior. *Two phases (water and oil) in the same state of aggregation (liquid)*, de Victor Blacus. El archivo se encuentra bajo licencias Creative Commons Attribution-Share Alike 4.0 International, 3.0 Unported, 2.5 Generic, 2.0 Generic y 1.0 Generic.

carga positiva o negativa en la molécula). La propiedad que señala si existe o no un desplazamiento de los electrones en una molécula se conoce como momento dipolar. Si el momento dipolar es cero, la molécula será apolar, mientras que cuanto mayor sea el momento dipolar más polar será una molécula.

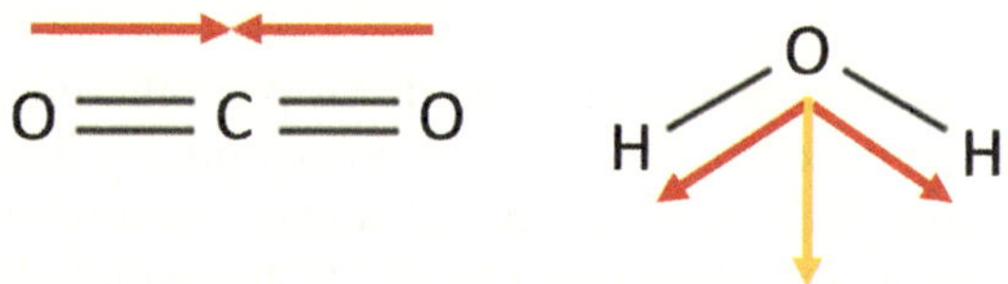

Se presentan las estructuras del dióxido de carbono (izquierda) y del agua (derecha). Las flechas rojas representan hacia dónde se encuentran desplazadas las cargas positivas en los enlaces. En el CO_2 ambas cargas se compensan por la geometría y por ello el momento dipolar es cero, mientras que en el H_2O las dos cargas se encuentran hacia el mismo lado, lo que provoca que se sumen sus efectos y de ahí surge la línea naranja que es la suma de las dos flechas, y para el agua el valor del momento dipolar es de 1,83 D. La unidad que se emplea para medir el momento dipolar es el debye (D).

Por ejemplo, las moléculas iónicas tendrán una elevada polaridad ya que en estos enlaces los electrones están claramente desplazados hacia uno de los átomos. Las moléculas orgánicas (en las que los enlaces son mayormente covalentes) pueden ser tanto polares como apolares, pero si nos centramos en los hidrocarburos (sustancias compuestas principalmente por carbono e hidrógeno) el carácter predominante será el apolar. Las moléculas serán más polares cuanto mayor sea la diferencia en electronegatividades de los átomos que las componen. Ahora bien, existen moléculas orgánicas que en función de su geometría pueden o no tener carácter polar. Por ejemplo, el CCl_4 será completamente apolar ya que su forma simétrica hace que la separación de cargas se compense, mientras que el $CHCl_3$ sí tendrá una cierta polaridad (ya que los átomos de cloro atraen los electrones con más intensidad que el de hidrógeno).

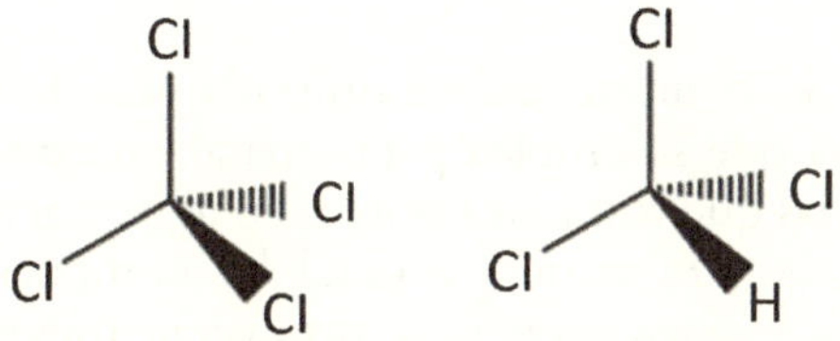

Estructuras CCl_4 (izquierda) y $CHCl_3$ (derecha). Aunque el átomo de hidrógeno esté situado en esa posición las moléculas giran continuamente. Como hemos comentado, al no ser una molécula simétrica y dado que las diferencias entre las electronegatividades del carbono y el cloro son elevadas, los electrones de esos tres enlaces estarán desplazados hacia el cloro y por eso el $CHCl_3$ tiene una cierta polaridad.

En el caso del agua (H_2O) nos encontramos ante un disolvente polar, ya que los electrones se encuentran desplazados hacia el átomo de oxígeno, que es un átomo muy electronegativo, y por la geometría de este compuesto se obtiene marcado momento dipolar mientras que el aceite tiene carácter apolar. Eso se debe a que está compuesto principalmente por átomos de carbono e hidrógeno cuyas electronegatividades son muy similares, por lo que los electrones están compartidos. Por tanto, ambos no se pueden mezclar y el resto de disolventes actuarán frente a ellos de manera consecuente. Es decir, si se trata de un disolvente polar (como el etanol) se mezclará con el agua y no con el aceite, y si se trata de un disolvente apolar (como el tetrabromuro de carbono) actuará de manera inversa, mezclándose con el aceite y quedando separado del agua.

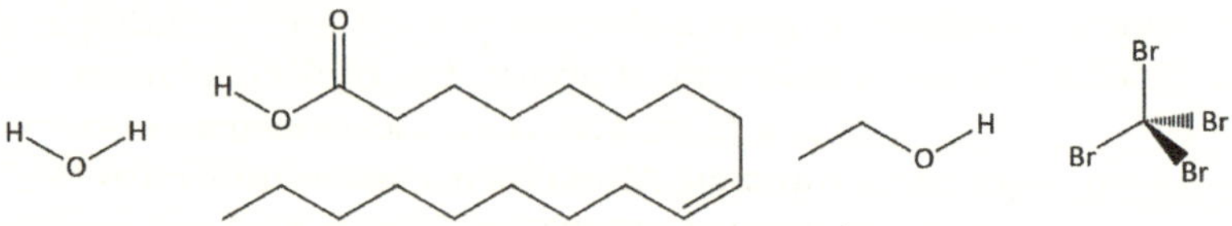

Se presentan de izquierda a derecha las estructuras del agua (H_2O), ácido oleico, etanol y tetrabromuro de carbono (CBr_4). Aunque la estructura del ácido oleico se haya presentado de esa manera, es importante saber que los enlaces simples C-C tienen capacidad de rotar, y por tanto a excepción del doble enlace (C=C), el resto de enlaces de la cadena de carbono pueden moverse y adquirir otras formas.

Esta propiedad es ampliamente utilizada cuando se realiza síntesis orgánica, ya que se emplea para separar compuestos gracias a que hay sustancias que son más solubles en agua mientras que otras lo son en el aceite. De manera general, los compuestos orgánicos (como las grasas y otros aceites) se disolverán mejor en el aceite, y los compuestos que pueden formar iones (como las sales o los ácidos inorgánicos) serán más solubles en el agua. El proceso que se realiza para separar compuestos empleando esta propiedad se conoce como extracción y se utiliza también, por ejemplo, para extraer determinadas sustancias en extractos de plantas.

Para poder separar, por ejemplo, los compuestos que se encuentran en una disolución orgánica (ya que buscamos eliminar contaminantes, subproductos, etc.) se emplea un embudo de decantación en el que se vierte la disolución y una porción equivalente de agua. Es importante no llenar demasiado el embudo ya que se debe colocar el tapón y agitar de manera vigorosa para que las moléculas entren en contacto con ambas fases, de manera que puedan acabar en aquella en la que está más favorecida su disolución. Es necesario abrir la válvula cada cierto tiempo mientras se está agitando para evitar una acumulación extra de presión debido a los gases que se generan durante la agitación. Cuando la mezcla ya ha sido suficientemente agitada, se coloca en un soporte y se retira el tapón de la parte superior. De manera que la gravedad procederá a separar ambas fases. La fase que queda en la parte inferior será la que tenga mayor densidad. El agua posee mayor densidad que la mayoría de disolventes orgánicos. Por tanto, lo habitual es que la parte inferior sea ocupada por la fase acuosa. Entonces es posible abrir la válvula inferior y dejar escapar el agua, cerrando la válvula antes de que salga la fase orgánica. Este proceso es habitual repetirlo tres veces para asegurar que la mayoría de compuestos solubles en la fase acuosa han sido eliminados. Hay ocasiones en las que la fase de nuestro interés será la fase acuosa, ya que los compuestos que buscamos purificar son solubles en ella. En ese caso debemos preservar la fase acuosa y desechar la orgánica.

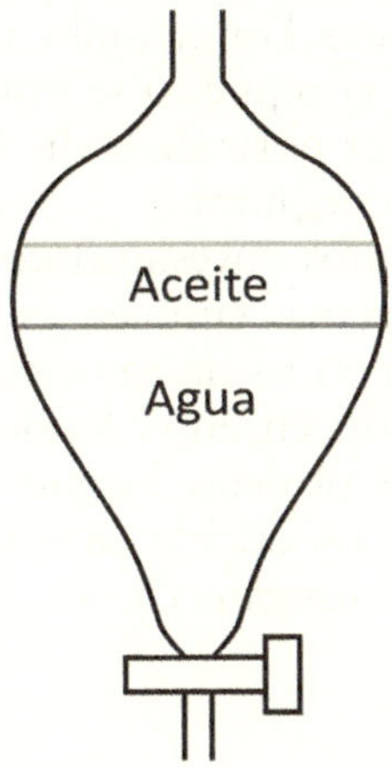

El embudo de decantación es un instrumento fabricado en vidrio transparente muy utilizado en síntesis química. Se coloca sobre un soporte (generalmente un aro que le permite permanecer en posición vertical). Este instrumento es muy importante ya que permite separar fases y, gracias a ello, compuestos que son solubles en un disolvente orgánico apolar (como el aceite) de otros que lo son en un disolvente polar (como el agua). En primer lugar, se tiene que agitar de manera vigorosa. Para ello hay que colocarle el tapón, que quedaría en la parte superior de la imagen cerrando el orificio superior, y cerrar la válvula que se observa en la parte inferior de la imagen. Tras haber agitado durante un intervalo de tiempo, se colocaría de nuevo en la posición inicial, se retiraría el tapón superior y se dejaría que por gravedad ambos disolventes se separasen. Al abrir la válvula inferior el agua caería sobre otro recipiente y podríamos separar ambos disolventes. La operación se repetiría varias veces para garantizar un importante grado de separación.

Sin embargo, en algunas ocasiones, los llamados líquidos inmiscibles pueden bajo determinadas condiciones llegar a mezclarse, formando lo que se conoce como emulsiones. En este tipo de mezclas se producen interacciones que provocan que exista algún tipo de intermedio entre la fase polar y la apolar. Por ejemplo, que haya alguna molécula que posea una parte polar y una parte apolar, y que interaccione por su parte polar con el agua y por la apolar con el aceite (que es lo que se conoce como un tensioactivo y es el funcionamiento básico de los jabones).

Si se produce una emulsión cuando se está realizando un proceso de extracción nos encontraremos ante un grave problema, ya que no podremos separar los compuestos. Existen algunas técnicas para romper las emulsiones. Por ejemplo, añadiendo sal común a la emulsión, dado que ese compuesto se disuelve en agua formando iones, aumenta el carácter polar de la disolución y es más fácil separar la fase acuosa de la orgánica.

Recientemente algunos investigadores han descubierto que aplicando presiones extremas también es posible llegar a mezclar las moléculas de aceite con las de agua, siendo estas presiones más altas que las que se producen en el fondo del océano o similar a las condiciones en otros planetas, lo que abre la puerta a que en otros planetas se hayan producido interacciones diferentes entre compuestos orgánicos e inorgánicos.

35

¿ES EL TETRAEDRO LA FIGURA GEOMÉTRICA MÁS IMPORTANTE QUÍMICAMENTE HABLANDO?

Si hay una figura geométrica clave en el mundo de la química es sin lugar a dudas el tetraedro. Aunque ya hemos visto una representación, es necesario volver a dibujarla:

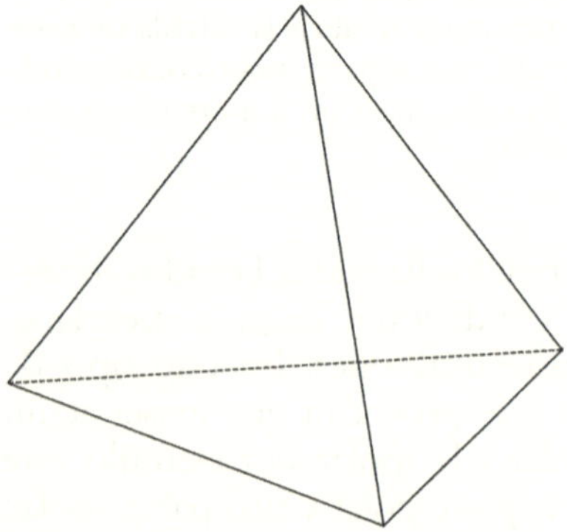

Figura geométrica conocida como tetraedro que está compuesta por cuatro triángulos

Posee forma de pirámide con una base triangular. Una definición con mayor exactitud señalaría que se trata de un poliedro de cuatro caras formadas por triángulos. En el caso de que los triángulos sean equiláteros (es decir, con sus tres lados iguales) se trata de un tetraedro regular, y si son otros tipos de triángulos obtendremos un tetraedro irregular.

Esta figura es básica en el mundo de la química orgánica ya que es la que adoptan un átomo de carbono (con hibridación sp^3) y sus cuatro sustituyentes. Es decir, si situamos el átomo de C en el centro de la figura y si los cuatro sustituyentes son iguales, todos ellos se encontrarían a la misma distancia ocupando los vértices de la figura. El caso más simple lo encontramos en el gas metano (CH_4) con un átomo de carbono en el centro de la figura y cuatro átomos de hidrógeno en sus vértices y formando un tetraedro regular.

Cuando tenemos un átomo de carbono con sustituyentes diferentes, es decir, en la mayoría de los casos, y dado que las uniones entre diferentes átomos no miden lo mismo, tendremos un tetraedro irregular. Por ejemplo, en la molécula de cloroformo ($CHCl_3$) tendríamos el átomo de carbono en el centro y los cuatro sustituyentes en los extremos, pero dado que la distancia de los enlaces C–Cl es de 176 picómetros (pm, 10^{-12} m) y la de C–H es de 110 pm tendríamos un tetraedro irregular. Asimismo, el hecho de que los sustituyentes sean diferentes puede provocar una ligera distorsión en la forma del tetraedro. En el caso del tetraedro perfecto del gas metano, los ángulos que se forman entre los átomos de hidrógeno y el carbono central serán todos de 109,5° , mientras que en el cloroformo el ángulo entre dos átomos de Cl y el C será de 111°.

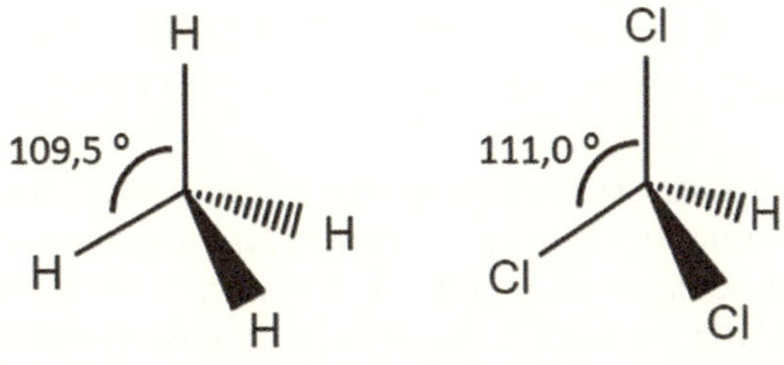

Estructuras del metano (izquierda) y del cloroformo (derecha). El ángulo que forman los átomos de H y el de C en el metano es en todos los casos igual. Mientras que en el cloroformo se produce una ligera distorsión. Además, la distancia de enlace C-H es menor que la distancia C-Cl.

Finalmente, hay otros compuestos que pueden tener estructura tetraédrica pese a tener menos de cuatro sustituyentes, como son los formados con enlaces covalentes de átomos de oxígeno y nitrógeno, ya que los pares libres de electrones de estos compuestos (es decir, los electrones que no va a compartir) ocuparían la posición de los sustituyentes que faltarían para completar la estructura tetraédrica.

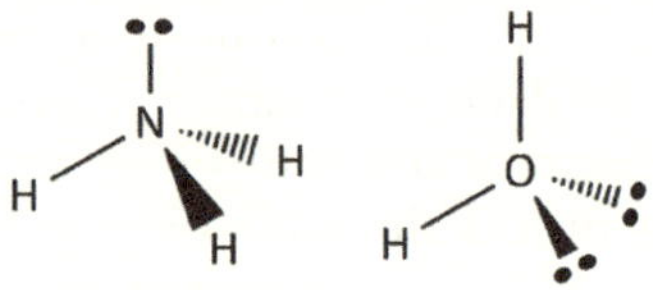

Se presentan las estructuras del amoniaco (izquierda) y del agua (derecha). En ambas, los dos puntos representan un par libre de electrones (procedente del N y del O y que no se enlaza). Contando con la disposición de los pares libres se puede observar que estas moléculas mantienen la disposición espacial tetraédrica.

Es importante saber que los vértices del tetraedro formado por el carbono y sus sustituyentes pueden estar ocupados por otros átomos de carbono (ya que este elemento puede formar uniones C–C). De modo que aparecerían nuevos tetraedros gracias a esos átomos de carbono. Pero este hecho es el que da pie a la siguiente pregunta.

36

¿POR QUÉ HAY MUCHOS MÁS COMPUESTOS DE QUÍMICA ORGÁNICA QUE DE INORGÁNICA?

La diferencia entre la llamada química inorgánica y la orgánica se basa en que, mientras que en la primera las estructuras son más sencillas porque se basan en las interacciones entre unos pocos átomos, en la segunda la formación de cadenas de enlaces entre átomos de carbono (C) y la posibilidad de combinarlas con otros elementos como nitrógeno, oxigeno o los halógenos, genera millones de posibles combinaciones. Pero para poder entender cómo se representan estas estructuras, en primer lugar hemos de hacer una consideración. Como hemos citado previamente, para simplificar la representación de las estructuras químicas orgánicas es habitual no representar los hidrógenos. Por tanto, a continuación podemos observar dos maneras de representar el compuesto químico pentano:

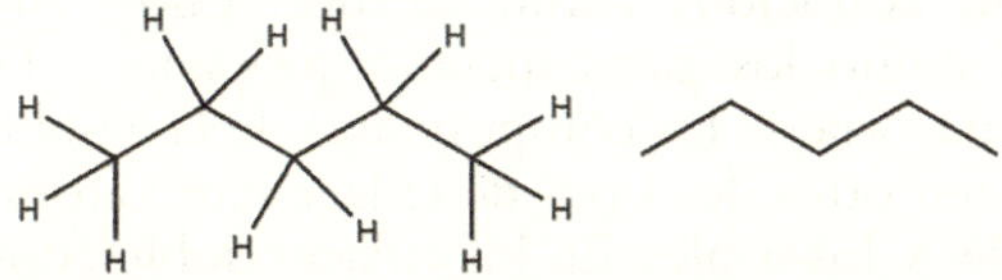

Estructura del pentano. A la izquierda se presentan todos los átomos de hidrógeno y a la derecha se han obviado para simplificar la representación. Como se puede observar, aunque se trata de una estructura muy simple, eliminar los hidrógenos resulta mucho más visual y facilita dibujar la estructura. Asimismo, cuanto más compleja sea la molécula, más importante será suprimir los hidrógenos para poder entender la estructura.

Volviendo a la estructura de los compuestos orgánicos, hemos de saber que los átomos de C se unen mediante enlaces entre sí (que en caso de que sean enlaces simples mantendrán la hibridación de los orbitales sp^3, y por tanto la estructura tetraédrica) y además tienen la posibilidad de unirse a otros átomos como hidrógeno, oxígeno, nitrógeno o compuestos del grupo de los halógenos.

Además estas cadenas pueden tener diferentes estructuras tridimensionales, lo que aumenta el número de compuestos. A los compuestos que tienen la misma fórmula molecular pero estructura diferente se les conoce como isómeros estructurales. Por ejemplo, la fórmula C_5H_{12} responde tanto al compuesto pentano como al 2-metilbutano.

Estructuras del pentano (izquierda) y del 2-metilbutano (derecha). Cabe recordar que los vértices representan átomos de carbono y que hasta los cuatro enlaces que posee cada carbono con hibridación sp^3 se requiere añadir enlaces C-H (que no se dibujan para simplificar la estructura a nivel visual).

A la parte de la química que estudia la influencia de la disposición geométrica de los átomos se le conoce como estereoquímica y es fundamental en la química orgánica, pero también aparece en la química inorgánica, la bioquímica o en la química de materiales, especialmente en los polímeros.

Por otro lado, hemos dicho que las cadenas se encuentran unidas mediante enlaces simples entre carbonos. Estos compuestos que forman las estructuras más sencillas de la química orgánica son conocidos como alcanos. Entre ellos tenemos compuestos como los gases metano, propano o butano, pero también la mayoría de los componentes de la gasolina.

Pero existen otros dos tipos de enlace entre átomos de C: los enlaces dobles y los triples. En los enlaces dobles, dos átomos de carbono comparten dos electrones cada uno. Los compuestos que poseen este tipo de enlaces se nombran como alquenos. En este caso se produce una hibridación de los llamados orbitales atómicos (que en lugar de ser sp^3, con tres orbitales p y uno s, tienen una hibridación sp^2, ya que solo participan dos orbitales p y un orbital s). Además, se reducen el número de sustituyentes del carbono de cuatro a tres y dejan de tener la estructura tridimensional tetraédrica para conformar una estructura conocida como trigonal plana, que posee todos los átomos en el mismo plano formando una «Y» (con los tres sustituyentes separados por ángulos de 120°). De nuevo, este tipo de enlaces da pie a que se formen isómeros, ya que si situamos el doble enlace en el centro de la representación gráfica de la molécula los sustituyentes se pueden orientar de manera diferente en el espacio. Es lo que se conoce como isómeros geométricos. El caso más sencillo es el del compuesto 2-buteno, que puede formar una estructura conocida como *cis*, es decir, con los dos sustituyentes metilo ($-CH_3$) hacia el mismo lado, o *trans* con los sustituyentes uno hacia cada lado. Ahora bien, actualmente esta nomenclatura *cis* y *trans* se emplea cuando los dos sustituyentes son el mismo grupo (como dos grupos metilo o dos átomos de cloro, por ejemplo) y cuando se habla de grasas *cis* y *trans*. Para los dobles enlaces en general se recurre a otro tipo de nomenclatura conocida como *Z*/*E*, para la cual los compuestos *cis* se corresponderían con la *Z* y los *trans* con la *E*.

Se presentan las dos estructuras correspondientes al 2-buteno. A la izquierda el *trans*-2-buteno, o (*E*)-2-buteno (con un grupo metilo hacia cada lado del doble enlace), y a la derecha el *cis*-2-buteno o (*Z*)-2-buteno (en el que los dos sustituyentes se encuentran hacia el mismo lado).

Esta isomería es la que debemos conocer cuando se habla de las grasas *cis/trans*. Aunque en primer lugar es necesario describir lo que significan los términos grasas saturadas e insaturadas. Las primeras son aquellas en las que únicamente hay enlaces C–C sencillos, mientras que en las segundas aparecen también enlaces C=C. Las grasas insaturadas naturales poseen una distribución mayoritariamente *cis*, y suelen ser líquidos a temperatura ambiente (son lo que se conoce como aceites). Sin embargo, la industria alimentaria emplea un procedimiento artificial que modifica las insaturaciones y genera grasas *trans* (solo un 5% de las grasas *trans* poseen origen natural), que a temperatura ambiente son sólidas. Estos cambios afectan a las propiedades organolépticas como textura y sabor. Las propiedades organolépticas hacen referencia a todas aquellas que se pueden percibir a través de los sentidos. Este término se emplea de manera habitual en alimentación y se citan como ejemplos el sabor, el color, el olor o la textura. El consumo elevado de grasas *trans* se ha relacionado con un aumento en las probabilidades de sufrir una enfermedad cardiovascular y de sufrir diabetes.

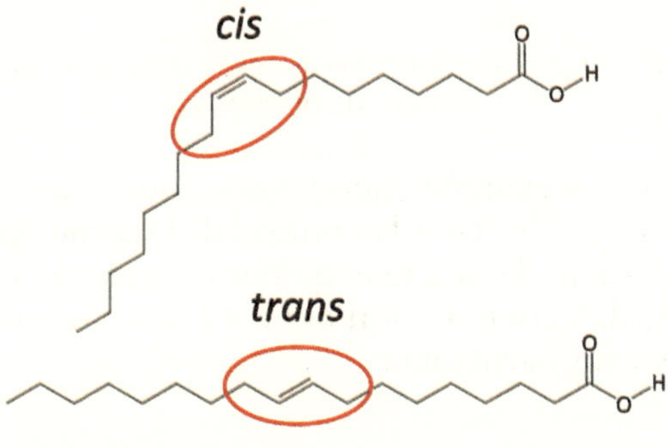

Estructuras *cis* y *trans* del ácido oleico ($C_{18}H_{34}O_2$). Las grasas *cis* son las que tienen prevalencia en la naturaleza y las *trans* se deben principalmente a procesos industriales realizados por el ser humano con el fin de modificar las propiedades de este tipo de compuestos.

Los triples enlaces son más sencillos ya que forman una unión lineal. Es decir, los dos átomos de C comparten tres electrones cada uno y tan solo les queda otro electrón disponible para formar otro enlace covalente que se coloca geométricamente al otro lado del triple enlace. Los compuestos que poseen triples enlaces se conocen como alquinos.

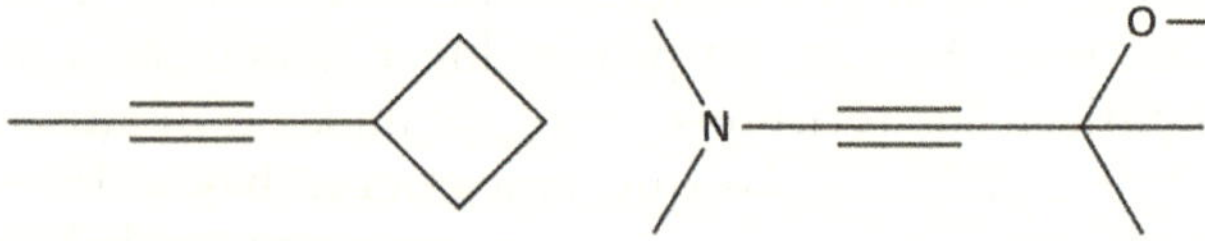

Los alquinos son los compuestos orgánicos que poseen algún triple enlace en su estructura, pero ello no significa que no posean otros tipos de enlaces

Hemos comentado que hay otros átomos que pueden enlazarse a las cadenas de carbono como son el oxígeno, el nitrógeno o el azufre. Los elementos que pueden formar parte de cadenas orgánicas que no son carbono e hidrógeno se conocen como heteroátomos. Estos átomos también pueden formar dobles enlaces e incluso, como en el caso del nitrógeno, triple enlace C≡N. Algunos compuestos con estos tipos de enlace serían:

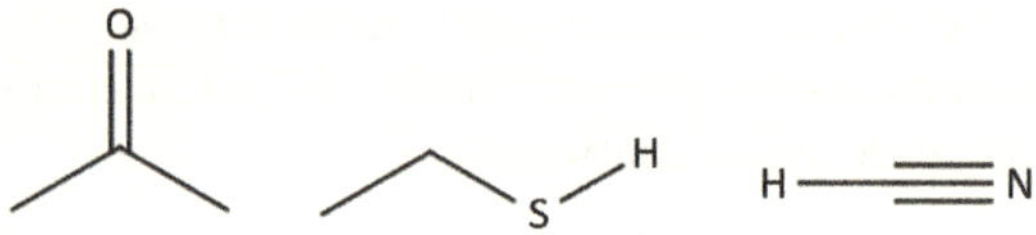

De izquierda a derecha: estructuras químicas de la acetona, etanotiol y cianuro de hidrógeno

Además de los ejemplos que hemos comentado existen otros tipos de isomería. Gracias a la complejidad de muchas estructuras químicas, el estudio de su estereoquímica adopta importantes niveles de dificultad. A continuación os presentamos algunos compuestos químicos y sus estructuras:

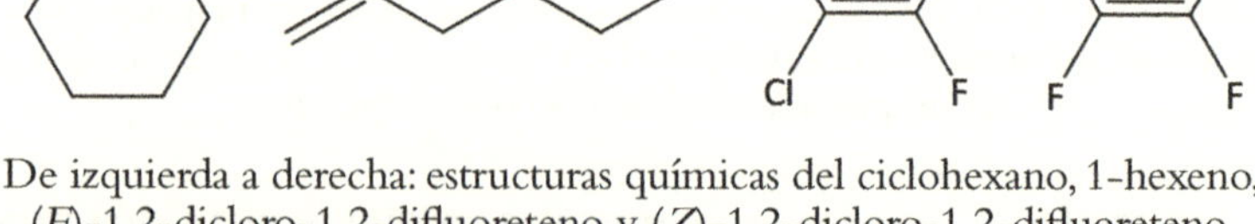

De izquierda a derecha: estructuras químicas del ciclohexano, 1-hexeno, (*E*)-1,2-dicloro-1,2-difluoreteno y (*Z*)-1,2-dicloro-1,2-difluoreteno. En el caso del ciclohexano y el 1,4-hexeno, la isomería aparece porque ambos poseen la misma fórmula química: C_6H_{12}. Pueden coexistir muchos compuestos con la misma fórmula, pero cuyas estructuras sean diferentes. Igualmente, para los otros dos compuestos la fórmula es la misma: $C_2Cl_2F_2$. En este caso la isomería proviene de la disposición espacial de los sustituyentes.

Pero como hemos dicho, el número de posibles estructuras es infinito y su complejidad puede ser inmensa. Podemos por ejemplo recuperar la clorofila a, que ya vimos previamente:

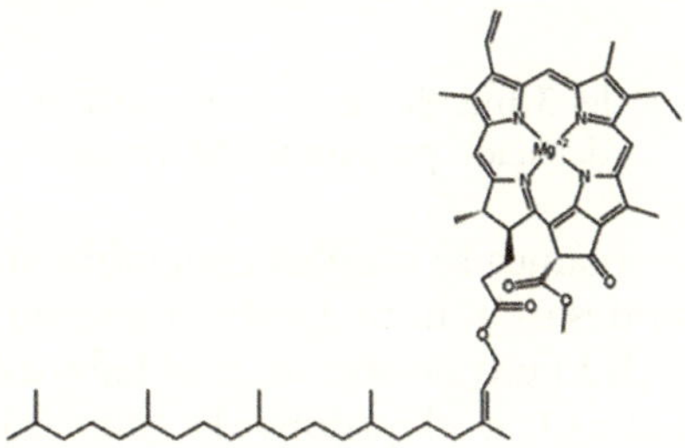

Estructura de la clorofila a. Existen compuestos orgánicos que presentan una gran complejidad. Además, en casos como este es necesario observar la estereoquímica, ya que la clorofila dispone de diversos carbonos quirales y la disposición espacial de los sustituyentes debe ser tenida en cuenta, ya que no será lo mismo si un grupo, por ejemplo un grupo metilo, se encuentra hacia fuera o hacia dentro del plano o hacia donde se colocan los sustituyentes en los dobles enlaces.

Existe una base de datos donde se registran los compuestos orgánicos que se sintetizan. Es el Registro CAS de la Asociación Americana de Química (ACS por sus siglas en inglés). Actualmente se han descrito en ella más de 149 millones de compuestos químicos, de los cuales la gran mayoría se corresponde con compuestos orgánicos y diariamente se describen miles de nuevos compuestos.

37

¿Existe algún método para organizar los millones de compuestos en química orgánica?

El hecho de que en la química orgánica haya tantas estructuras posibles con millones de posibilidades obliga a desarrollar una serie de estrategias para diferenciar a unos compuestos de otros.

La primera ya la conocemos. En general, cuando se trabaja con la química orgánica, tal y como hemos visto previamente, no se escriben las fórmulas, sino que se dibuja la estructura geométrica de los compuestos.

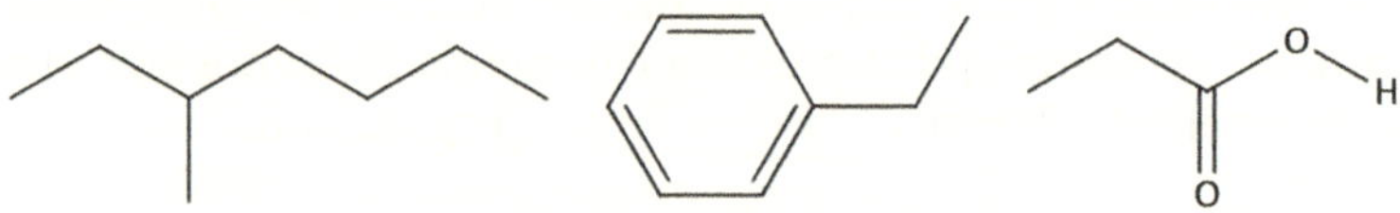

Estructuras químicas del 3-metilheptano (izquierda), etilbenceno (centro) y del ácido propanoico (derecha)

En química inorgánica se emplea generalmente la fórmula para describir un compuesto (aunque también existen compuestos que poseen estructura 3D, pero no son los más habituales). Por ejemplo, el óxido de litio (Li_2O) o el yoduro de galio (GaI_3) solo pueden tener una estructura. Dado que algunos elementos como el azufre o los halógenos pueden tener varios estados de oxidación (es decir, pueden perder o ganar un número de electrones diferente), se emplean afijos de manera sistemática para describir con cuál de esos estados de oxidación actúa. Así por ejemplo, tenemos los ácidos sulfúrico (H_2SO_4) o sulfuroso (H_2SO_3) o las sales clorito (ClO_2^-) e hipoclorito (ClO^-). En el sulfúrico el azufre posee valencia +6, mientras que en sulfuroso posee +4. Para el hipoclorito, el Cl posee un estado de oxidación de +1, diferente al del clorito que es +3.

Empleando esto como base, podemos tratar de nombrar las moléculas orgánicas. En primer lugar, las cadenas de átomos de carbono se numeran. Es decir, cuando tenemos ocho átomos de carbono unidos por enlaces simples se asigna un número a cada uno de ellos.

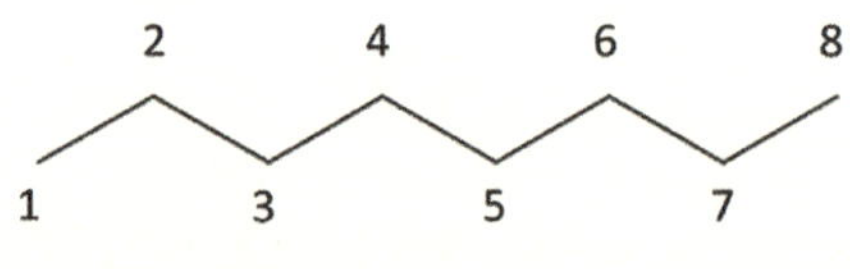

Estructura del *n*-octano. La *n* hace referencia a que se trata de un compuesto lineal. Los átomos de carbono (cada uno de los vértices) se presentan numerados. Para ello se comienza siempre por un extremo de la cadena y se asignan los números de manera consecutiva.

A las cadenas principales se les asigna un prefijo en función del número de átomos que tienen. Así, cuando solo hay un átomo de carbono se emplea el prefijo met-, mientras que cuando son dos es et- y la serie sigue con los prefijos prop- (3), but- (4), pent- (5), hex- (6), etcétera.

Además, las cadenas se citan empleando un sufijo que describe el tipo de compuesto que son. Cuando se trata de alcanos, -ano; cuando poseen algún enlace doble (alquenos), -eno; y si poseen triples enlaces C≡C (alquinos), -ino. Así por ejemplo, tenemos el butano, el propeno o el etino.

De izquierda a derecha: butano, propeno y etino. En estas tres moléculas se presentan los tipos de enlace que puede haber entre átomos de carbono: enlaces simples (C–C), enlaces dobles (C=C) y enlaces triples (C≡C). Una curiosidad relevante respecto al butano la encontramos en su olor, ya que no posee ninguno. Sin embargo, todos hemos escuchado lo del olor a gas cuando hay una fuga. Este olor es debido a un aditivo (generalmente una pequeña cantidad de un compuesto orgánico con azufre que posee un potente olor) que se le añade para que sea posible detectar las fugas y de ese modo evitar accidentes.

Otra cosa a tener en cuenta es si la cadena principal posee varios dobles o triples enlaces, ya que se inserta un interfijo en el nombre delante de la terminación debida al tipo de enlace. Por ejemplo, en la molécula 1,3-butadieno se ha introducido el -di en referencia a los dos dobles enlaces, o en el 1,3,5-octatriino que tiene tres triples enlaces y el interfijo -tri- entre el número de átomos de la molécula (octa-) y el sufijo del triple enlace (-ino).

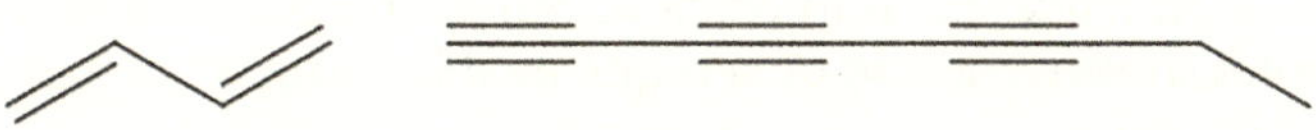

Se presentan las estructuras 1,3-butadieno (izquierda) y el 1,3,5-octatriino (derecha)

En cuanto a los sustituyentes, de igual modo que sucede con las cadenas principales, poseen un prefijo en función del número de átomos de carbono que contienen. Es el mismo que en las cadenas principales pero añadiendo al final un -ilo. Por ejemplo, cuando la cadena principal posee un único átomo de carbono su prefijo será met-, y cuando el sustituyente tenga un átomo de carbono se nombrará como metilo. Cuando se nombra como sustituyente en una molécula se citará como metil-. La nomenclatura sigue la serie y emplea los prefijos: etil- (dos), propil- (tres), butil- (cuatro), pentil- (cinco), etc. Por tanto, aplicando los prefijos de los sustituyentes de la cadena principal y su numeración para un compuesto, formando ocho átomos de carbono unidos mediante enlaces simples y con un sustituyente metilo en la posición 3, el nombre correcto sería 3-metiloctano.

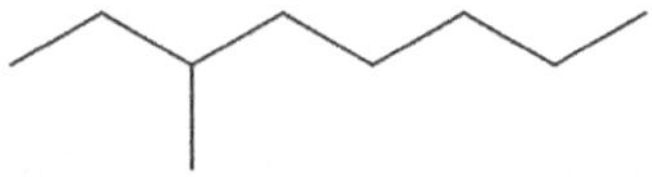

Estructura del 3-metiloctano. Como se puede comprobar si se comienza a numerar la cadena por su extremo izquierdo, en el tercer carbono aparece un sustituyente metilo ($-CH_3$).

De igual modo, existen sufijos y prefijos cuando lo que aparecen son otros átomos como oxígeno, cloro o azufre, así como para el tipo de enlace que forman estos compuestos, ya que como veremos más adelante estos átomos pueden formar diferentes estructuras (que se conocen como grupos funcionales) y por lo tanto diferentes compuestos que deben ser claramente diferenciados. Se empleará el sufijo cuando se trate del grupo principal de la molécula y el sufijo cuando no sea el sustituyente más relevante de la molécula. Para esta asignación existe un orden de prioridad de grupos funcionales aceptado por la IUPAC.

Además, inicialmente hemos citado que las cadenas de átomos se numeran y hemos dado por hecho que se comienza por uno de sus extremos. Cuando el compuesto es simétrico da igual por qué lado se comience esa numeración. Sin embargo, cuando existen diferentes sustituyentes se tienen que establecer unas normas:

1. La cadena principal es la más larga.
2. Se comienza a numerar por el extremo que asigne a los sustituyentes la numeración más baja.
3. Los sustituyentes se nombran mediante el indicador de su posición y el prefijo adecuado delante del nombre de la cadena principal.

Así, por ejemplo, el siguiente compuesto:

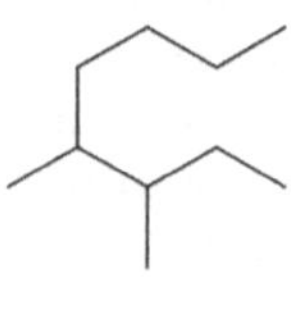

Estructura química del 3,4-dimetiloctano

Podría nombrarse con diversos nombres como son 2-butil-3-metilpentano o 5,6-dimetiloctano. Pero el nombre correcto es 3,4-dimetiloctano, ya que cumple las normas de nomenclatura descritas previamente porque se elige la cadena carbonada más larga posible y porque esta se numera de manera que los sustituyentes adoptan las posiciones más bajas dentro de la cadena.

Finalmente, los sustituyentes con heteroátomos pueden añadir una terminación (por ejemplo en los casos del etanol y el pentanal), describirse solo con el prefijo como el 2-clorobuteno o en el caso de los ácidos ser llamados como ácido propanoico. Dado que existen millones de compuestos químicos, la nomenclatura (es decir, cómo nombrar los compuestos orgánicos) adquiere una gran relevancia para describir correctamente la molécula y evitar equivocaciones, por ejemplo a la hora de identificar un reactivo que ha de ser utilizado en la síntesis industrial de un fármaco.

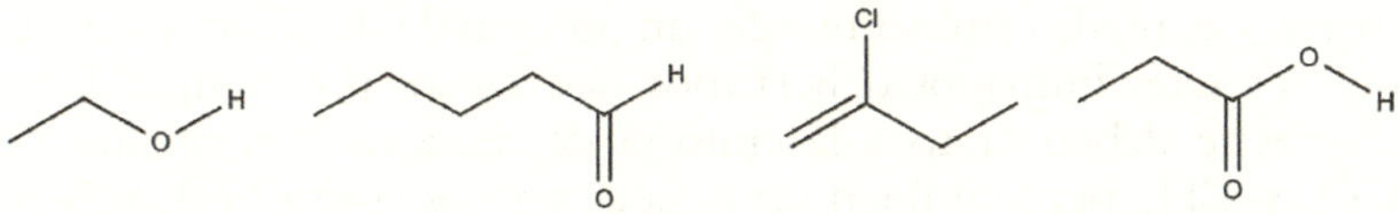

De izquierda a derecha: etanol, pentanal, 2-clorobuteno y ácido propanoico

Finalmente, hay que tener en cuenta que la estereoquímica asigna descriptores a la molécula (como *Z*/*E*, aunque hay más) que deben ser consignados de manera adecuada y que se colocan, generalmente, delante del prefijo del sustituyente al que hacen referencia o al principio del nombre.

38

¿SON LOS HIDROCARBUROS LOS PEORES AMIGOS DEL HOMBRE?

Los hidrocarburos han sido de gran importancia para el ser humano desde tiempos difíciles de recordar. Pero especialmente desde que se extendió su uso como combustible a largo y ancho de todo el planeta. Cuando los hidrocarburos se emplean para generar energía producen como resultado de su combustión

CO_2 y H_2O (agua). El aumento de los niveles atmosféricos del primero es el principal responsable del llamado efecto invernadero y supone uno de los principales quebraderos de cabeza para las personas que defienden la protección del medio ambiente. Se ha observado un aumento de la temperatura del planeta (lo que se conoce como cambio climático) cuyos efectos pueden ser devastadores para la biodiversidad, tanto para la flora como para la fauna, y para la vida humana. El principal agente al que se responsabiliza de este aumento de la temperatura hoy día es el CO_2, pero no se puede obviar la influencia de un hidrocarburo como es el gas metano (CH_4), que se produce principalmente por actividades humanas como la ganadería o la gestión de los residuos. La concentración de CO_2 es mucho mayor que la de CH_4, pero diversos estudios señalan que el segundo posee un efecto proporcionalmente más perjudicial.

Actualmente nuestro planeta se resiente de las actividades humanas y el medio ambiente sufre un proceso de deterioro evidente que los seres humanos deberíamos esforzarnos por mitigar. Estos efectos se deben tanto a la emisión de residuos (principalmente CO_2 y CH_4, pero también otros gases tóxicos como NO_2 y NO) como por vertidos y accidentes (petrolero Prestige en la costa gallega en 2002 o accidente del Golfo de México en 2010 en el que además fallecieron once trabajadores). Cuantificar los efectos medioambientales de estas catástrofes es casi imposible.

Pero además la contaminación posee otro efecto de gran importancia para nosotros: resulta un gran peligro para los seres humanos y ya cuesta millones de vidas, principalmente por los peligros de respirar aire contaminado o por no poder acceder a agua potable. Asimismo, existen infinidad de estudios que señalan que ambos riesgos van a aumentar durante las próximas décadas hasta alcanzar la cota de posibles pandemias derivadas de la situación medioambiental.

Por tanto, los seres humanos debemos ser conscientes de los riesgos que entraña el uso de estas sustancias, tanto como combustible para transporte como para sistemas de calefacción. Asimismo, otro hecho que no tenemos en cuenta es que en la degradación de los plásticos también se emite esta sustancia. Por tanto, cuando se queman o conforme se vayan degradando, el nivel de CO_2 continuará aumentando.

Los niveles de CO_2 en la atmósfera aumentan cada año que pasa y eso supone un mayor número de riesgos y desequilibrios, que conllevan mayores períodos de sequía, escasez de agua potable o aumento de las temperaturas y desaparición de glaciares y hielo en los polos. Pero paradójicamente, también supone un aumento del riesgo de catástrofes naturales como lluvias torrenciales. Todos estos hechos se traducen en una pérdida de la biodiversidad, pero también de vidas humanas. La posibilidad de remediar este peligroso horizonte es cada vez más limitada. Además, el principal agente de control de los niveles de CO_2 lo tenemos en la fotosíntesis que realizan las plantas, lamentablemente nuestro planeta continúa en una dinámica de deforestación que conlleva que no seamos capaces de contrarrestar el aumento de los niveles de dióxido de carbono.

Sin embargo, actualmente se están tomando algunas medidas. Por ejemplo, en la reducción de la dependencia económica del carbono (referido a los hidrocarburos) y en la apuesta por energías limpias y renovables. Pero lamentablemente los compromisos medioambientales que cada cierto tiempo adquieren los Gobiernos son insuficientes e incluso, en un gran número de ocasiones, incumplidos.

Por otro lado, queda la labor que cada persona pueda hacer para mitigar los efectos de la contaminación por el consumo de hidrocarburos, disminuyendo el uso del transporte privado, apostando por comprar vehículos eléctricos o híbridos o mejorando la eficiencia energética de sus casas (lo que reduce el consumo energético en cuanto a calefacción y aire acondicionado). En cuanto a los residuos generados por los plásticos (que también generan CO_2), los seres humanos debemos tratar de reducir el consumo, reutilizar aquello que podamos volver a emplear y, por último, reciclar todo lo que no se pueda reutilizar.

Los riesgos de la contaminación los sufrimos todos los seres humanos y el planeta al completo y deberíamos esforzarnos por proteger nuestro hogar con todas aquellas herramientas que estén a nuestro alcance. Según el grupo de expertos de la ONU contra el cambio climático, denominado Panel Intergubernamental sobre el Cambio Climático (IPCC), tan solo disponemos hasta el año 2030 para frenar los efectos negativos sobre el clima debidos a la actividad humana. De no hacerlo, los efectos para el planeta serán irreversibles.

39

¿Funcionan los coches gracias a los fósiles?

Ya hemos descrito lo que son los hidrocarburos, así como parte de su importancia para los seres humanos y algunos de sus riesgos. Sin embargo, muchas veces hemos podido escuchar que se trata de combustibles fósiles y es posible que esta frase pueda suponer varias incógnitas, ya que la primera imagen que se nos viene a la mente al hablar de fósiles es la de los huesos de dinosaurios que se han convertido en piedras tras millones de años. Y aunque para los hidrocarburos no sea exactamente lo mismo sí que tienen algunos puntos en común.

Los llamados combustibles fósiles reciben ese nombre porque proceden de la descomposición de restos orgánicos procedentes de seres vivos de hace cientos de millones de años. En concreto se produce por un proceso de descomposición de la materia orgánica (procedente de seres vivos) que quedó sepultada por capas de sedimentos y que ha sufrido ese proceso de descomposición en ausencia de oxígeno (ya que este elemento hubiese provocado un tipo diferente de degradación hasta obtener principalmente CO_2 y agua) y bajo condiciones de presión y temperatura elevadas. Este proceso ha provocado que se obtengan sustancias conocidas como combustibles fósiles tanto en estado gaseoso (gas natural) como líquido (petróleo), y en estado sólido (carbón). Estos combustibles se conocen como no renovables ya que necesitan millones de años para ser generados.

La corteza terrestre genera movimientos que alteran sus capas, y por ello estos combustibles se encuentran a diferentes profundidades, que es uno de los parámetros más relevantes a la hora de tratar de llevar a cabo su extracción. Ya que cuanto más profundo se encuentren estas sustancias, más cara es su extracción, y por tanto menos rentable económicamente.

Además, como ya hemos comentado previamente, en la naturaleza las sustancias se encuentran mezcladas y en este caso (y de manera especial para el petróleo) se trata de mezclas que contienen muchos compuestos diversos. El gas natural está compuesto de manera principal por metano (CH_4) y el carbón principalmente por carbono (el contenido del carbono es el que determina su calidad). Pero el petróleo está formado por un elevado número

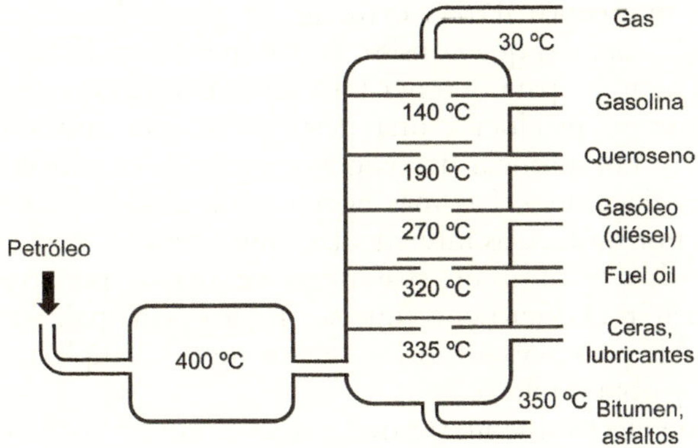

La destilación de las diferentes fracciones del petróleo se realiza mediante temperatura. Es vital señalar que durante todo el proceso mientras las fracciones se encuentran a elevada temperatura no se las puede poner en contacto con oxígeno o aire, ya que se produciría una potente deflagración. El proceso se basa en introducir el petróleo en un horno que lo calienta hasta 400 grados centígrados y después se introduce en una columna de destilación que tiene diversas zonas a diferente temperatura. Las sustancias más volátiles avanzan dentro de la columna, mientras que las menos volátiles quedan atrapadas y recogidas a la temperatura deseada. Las fracciones se separan en función del uso que se les vaya a dar. Así, las más pesadas se emplean como asfaltos, y otras como el *fuel oil* como combustible para algunos vehículos pesados. Mientras que las menos pesadas se emplean como gases como el butano o el propano.

de hidrocarburos que abarcan desde compuestos de bajo peso molecular hasta sustancias con pesos moleculares bastante elevados. Además, todas estas sustancias pueden tener contaminantes (con moléculas que contienen nitrógeno, azufre o metales).

Por tanto, estas sustancias deben ser tratadas si se requiere de ellas un uso eficiente. En el caso del petróleo debe llevarse a cabo un proceso de refinado (que contiene los procesos químicos para descomponer algunas moléculas de este combustible y el fraccionamiento que se realiza para obtener los productos comerciales que provienen del petróleo). Debemos ser conscientes de que el petróleo posee muy diferentes composiciones (y contaminantes) en función de su procedencia y ello provocará que haya diferencias en el proceso de refinado en función de la procedencia del crudo. El primer paso será siempre separar los contaminantes procedentes de otro tipo de compuestos (como los que contienen azufre o nitrógeno). Posteriormente se puede llevar a cabo un proceso de craqueo que consiste en romper las moléculas más pesadas del petróleo para obtener fracciones más ligeras y más útiles. Finalmente se producirá una destilación, que aplicando temperatura (y en ausencia de oxígeno) separará el petróleo en sus diferentes fracciones. Las más ligeras serán gases, la gasolina está formada por moléculas intermedias (que a temperatura ambiente son líquidos) y también sustancias de mayor peso molecular que formarán el queroseno (que se emplea principalmente como combustible para aviones) o los asfaltos (que se emplean en construcción y obra pública).

Así que efectivamente si puedes desplazarte en coche es gracias a seres vivos que vivieron hace millones de años, cuyos organismos han sido degradados hasta convertirse en petróleo, gas natural o carbón.

40

¿QUIERE QUE LE PONGA GASOLINA DE 95 O DE 98?

Cuando un conductor de un coche con motor de gasolina rellena el tanque de combustible se encuentra con dos números: 95 y 98. Se trata de dos tipos de gasolina diferentes y tienen también precios diferentes. ¿A qué hacen referencia estos valores?

Algunas personas creen que se trata de algún tipo de porcentaje y que el valor máximo que puede alcanzar es 100%. Sin embargo, esta idea es errónea. Se trata de la medida del octanaje del combustible. La gasolina no responde a una única fórmula química sino que se trata de una mezcla de diversos compuestos orgánicos de la familia de los hidrocarburos. Estos compuestos, siendo entre ellos similares, poseen algunas diferencias que afectan a sus propiedades. En el caso de la gasolina se clasifica su calidad en función de este concepto conocido como octanaje. Este término coloca la gasolina dentro de una escala que mide la capacidad antidetonante del combustible. A mayor octanaje, más aguanta la gasolina sin explotar de forma espontánea, y por tanto lo hace en el momento apropiado dentro del motor del coche. Se trata de una escala que fue creada a partir de la asignación del valor 0 para un hidrocarburo conocido como el n-heptano (que se trata de una cadena de siete átomos de carbono distribuidos linealmente y dieciséis átomos de hidrógeno) y el valor 100 para el isoctano (también conocido como 2,2,4-trimetilpentano). Este último tiene una elevada resistencia a la detonación, pero como hemos comentado, si existen compuestos químicos que superen su resistencia a la detonación podría haber combustibles con un octanaje superior al 100.

A la izquierda se observa la estructura química del n-heptano mientras que a la derecha se presenta la del isoctano. Estos dos compuestos químicos fueron los seleccionados para establecer la escala del octanaje.

Es decir, una gasolina de 95 octanos tendría una relación teórica de 95 partes de isoctano y 5 partes de n-heptano. La gasolina de 98 tendría un 98% de isoctano y tan solo el 2% de n-heptano. Pero como hemos señalado se trata de relaciones teóricas, ya que la gasolina contiene muchos otros hidrocarburos. Para variar el octanaje de una gasolina la fórmula más utilizada es añadir compuestos que poseen poder antidetonante y que consiguen que la gasolina sea de más calidad.

¿Qué diferencia supone un mayor grado de octanaje? Un octanaje mayor disminuye el volumen de explosión de la gasolina y ello protege las bielas, los pistones y el cigüeñal del motor de los coches. ¿Qué gasolina es mejor para mi coche? La gasolina de un mayor octanaje se emplea en coches con motores más potentes para evitar que la explosión del combustible pueda deteriorar diferentes partes del motor. Lo más inteligente es comprobar qué gasolina es la recomendada por el fabricante del vehículo. Asimismo, una conducción sin acelerones y frenazos y sin alcanzar los límites del coche supone un mayor grado de protección para el bienestar del vehículo.

Actualmente existen combustibles con octanajes superiores a 100, pues tienen una mayor resistencia a la autodetonación que el isoctano. Su empleo no era, hasta hace poco, habitual. Por ejemplo, el combustible de los coches que funcionan con gas posee un octanaje mayor a 100. Obviamente el gas no puede ser empleado como combustible en vehículos que funcionan con combustible diésel o gasolina.

Por otro lado, para el combustible diésel no se emplea el octanaje sino que se recurre al índice de cetano, que establece una relación entre el momento de la inyección y cuando comienza la combustión del combustible. En los motores diésel se busca que el combustible lo queme lo antes posible, por tanto cuanto mayor sea el índice de cetano mejor será el combustible. Sin embargo, no estamos acostumbrados a este término y rara vez se nos informa de la calidad de este combustible, principalmente porque los riesgos para el motor son menores que en el caso de la gasolina.

41

¿Cuáles son los principales compuestos oxigenados en la química orgánica?

Como ya se ha comentado previamente, el oxígeno es uno de los elementos más reactivos y gracias a ello también se integra dentro de la química orgánica formando un elevado número de compuestos gracias a su versatilidad, ya que es capaz de formar enlaces con el carbono, tanto simples (C–O) como dobles (C=O).

A continuación vamos a describir las principales estructuras orgánicas que puede formar el oxígeno.

Por ejemplo, una de las más sencillas la tenemos en los alcoholes. En estas moléculas el oxígeno se encuentra como sustituyente formando parte de un grupo –OH. Este grupo en química orgánica se conoce como hidroxilo, mientras que en química inorgánica es conocido como hidróxido (la diferencia estriba en que en orgánica comparten un electrón y por tanto forma enlaces covalentes, mientras que en inorgánica posee carga negativa y forma enlaces iónicos). En este caso el oxígeno posee un enlace simple que lo une a un carbono del esqueleto del compuesto orgánico y otro enlace simple que le une a un átomo de hidrógeno.

Existen muchos ejemplos de estos compuestos, siendo el más famoso el etanol, cuya fórmula química es CH_3CH_2OH, y que es el alcohol que se encuentra presente en las bebidas alcohólicas y el que se utilizaba como antiséptico (su uso es cada vez menor ante alternativas más eficaces y con menos molestias para los pacientes). Otros ejemplos de alcoholes muy utilizados los tenemos en el isopropanol, que se emplea habitualmente como disolvente, y en el glicerol, que es muy utilizado en la industria farmacéutica y cosmética.

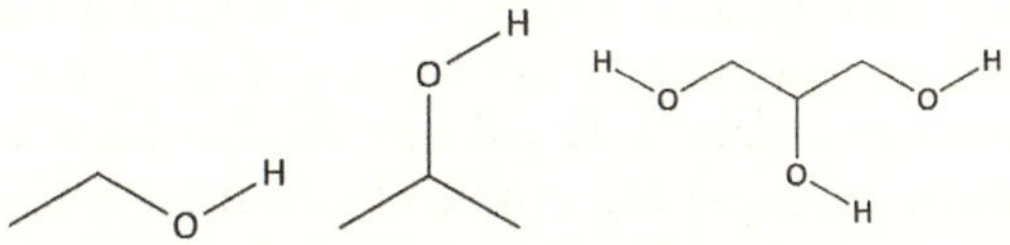

Se presentan de izquierda a derecha las estructuras del etanol, el isopropanol y el glicerol respectivamente. Como hemos comentado todos estos compuestos se encuadran dentro del grupo de los alcoholes.

Cuando el oxígeno forma un doble enlace con un átomo de carbono podemos estar ante una cetona o ante un aldehído. La diferencia estructural entre ambos compuestos es que, en el caso del aldehído, el carbono al que se une el oxígeno se encuentra en uno de los extremos de la cadena carbonada, mientras que en las cetonas puede estar en cualquier posición excepto en uno de los extremos.

Entre las cetonas, la más famosa sin duda es la acetona (nombre propio de la propanona) cuya fórmula química es $CH_3(CO)CH_3$. Este compuesto es utilizado en la industria, especialmente como disolvente o para retirar el pintauñas. Otras cetonas son utilizadas con el mismo fin como por ejemplo la butanona (también conocida como metil etil cetona o MEK).

El aldehído más conocido es el formaldehído (CH_2O), también conocido como formol. Este compuesto es un gas muy soluble en agua y posee diversas aplicaciones. La más conocida es el uso de una disolución acuosa de este elemento para la conservación de cadáveres y muestras biológicas. Otro ejemplo de este tipo de compuestos lo tenemos en el benzaldehído, que posee un olor agradable y que es utilizado en perfumería y para hacer colorantes.

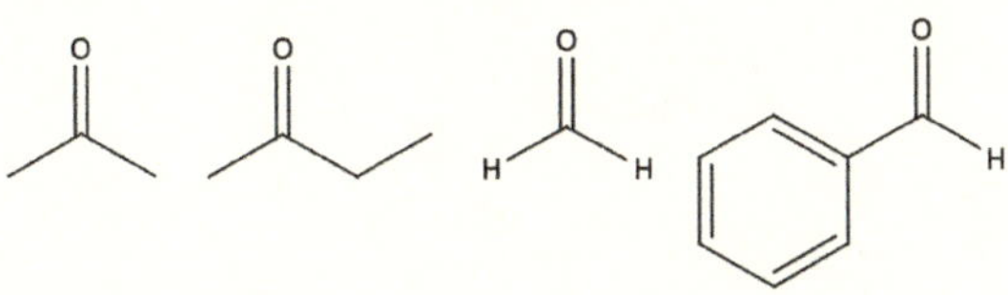

De izquierda a derecha: acetona, metiletilcetona, formaldehído y benzaldehído. Los dos primeros compuestos forman parte del grupo de las cetonas y los dos últimos de los aldehídos.

Otro tipo de interacción que podemos observar entre el oxígeno y el carbono lo tenemos cuando se intercalan en una cadena entre dos átomos de carbono de una molécula orgánica. En ese caso, posee dos enlaces simples C–O, formando la estructura C–O–C. Estos compuestos se conocen como éteres. Cuando se emplea de manera informa la palabra éter se hace referencia al compuesto dietil éter, que fue empleado como anestésico y como droga inhalada pero que hoy se emplea de manera mayoritaria como disolvente. Uno de sus principales riesgos es que, como la mayoría de sustancias en química orgánica, es muy inflamable. Otra de las aplicaciones de este grupo la encontramos en los llamados éteres corona, que son estructuras cíclicas de tamaño variable que forman una corona donde se pueden capturar cationes de diferente tamaño en función del tamaño del éter corona.

Finalmente, vamos a describir uno de los grupos más importantes que pueden ser formados gracias a los enlaces carbono-oxígeno. Se trata de los ácidos carboxílicos. En estos compuestos, en un mismo carbono y siempre en el extremo de cadena, se tiene un doble enlace C=O y un enlace simple C–OH. El carácter ácido lo obtienen ya que es posible que el grupo hidroxilo ceda el protón (H^+) que posee y se obtenga una carga negativa sobre el átomo de oxígeno. Este hecho es posible gracias a la resonancia del doble enlace que se encuentra en el mismo carbono que el grupo –OH. El doble enlace C=O puede deslocalizar la carga negativa que se genera sobre el átomo de oxígeno del grupo –OH. Existen innumerables ejemplos de estos compuestos, siendo dos de los más conocidos el ácido fórmico (HCOOH) y el cítrico. Mientras que el primero es producido por algunos insectos para defenderse (fórmico procede de hormiga), el segundo es el que está presente en mayor cantidad en frutas como los limones y las naranjas. Pero también forma parte como intermedio de reacciones bioquímicas de gran importancia para la mayoría de los seres vivos.

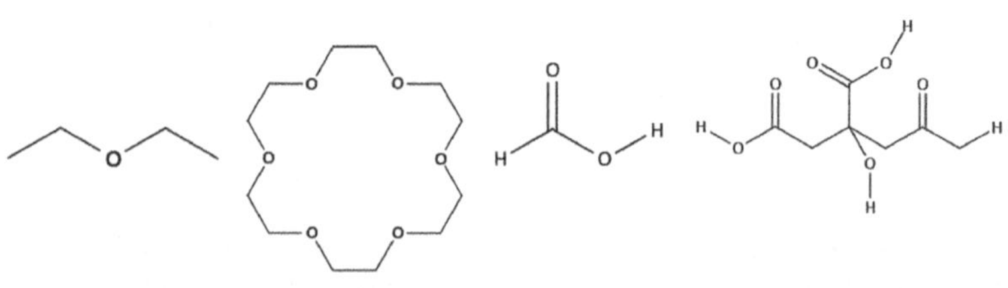

De izquierda a derecha: dietiléter, éter 18-corona-6, ácido fórmico y ácido cítrico

42

¿PUEDE EL NITRÓGENO FORMAR COMPUESTOS ORGÁNICOS?

El nitrógeno es otro de los elementos más activos en química orgánica, ya que también puede formar enlaces covalentes con el carbono y con el hidrógeno. Para entender el funcionamiento de este elemento debemos partir del conocimiento de la molécula de amoniaco (NH_3), que posee tres enlaces covalentes N–H y un par libre de electrones. Este compuesto actúa como una base. Cuando uno de los enlaces N–H es sustituido por un enlace N–C, tendremos una amina que son el tipo de compuestos orgánicos con nitrógeno más conocido dentro de la química orgánica. Las propiedades básicas del amoniaco se mantendrán en las aminas.

Existen varios tipos de aminas: básicamente en función del número de enlaces N–C que posean. Así pues, tendremos una amina primaria cuando tan solo exista uno, como por ejemplo en la etilamina ($CH_3CH_2NH_2$); una amina secundaria cuando posea dos enlaces N–C, como la dietilamina cuya fórmula química sería $(CH_3CH_2)_2NH$; y una amina terciaria como la trietilamina $(CH_3CH_2)_3N$.

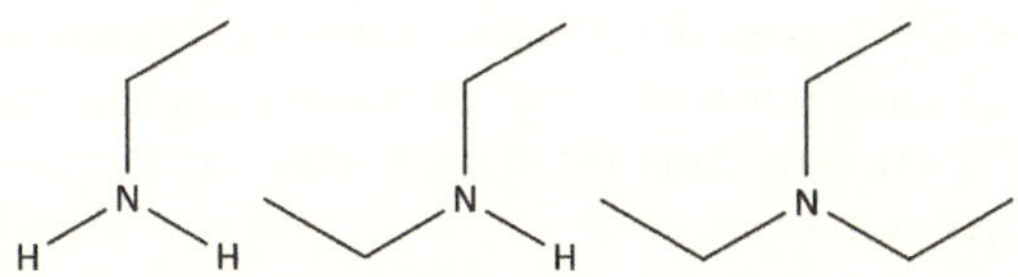

De izquierda a derecha se presentan las estructuras de las aminas procedentes del amoníaco: etilamina, dietilamina y trietilamina

Es importante no confundir una amina segundaria (dietilamina) con un compuesto orgánico con dos aminas como la butano-1,4-diamina. El segundo ejemplo se trata de una molécula que posee dos grupos de $-NH_2$ (es decir, dos aminas primarias). De igual modo, sucedería con las aminas terciarias y un compuesto con tres grupos amino.

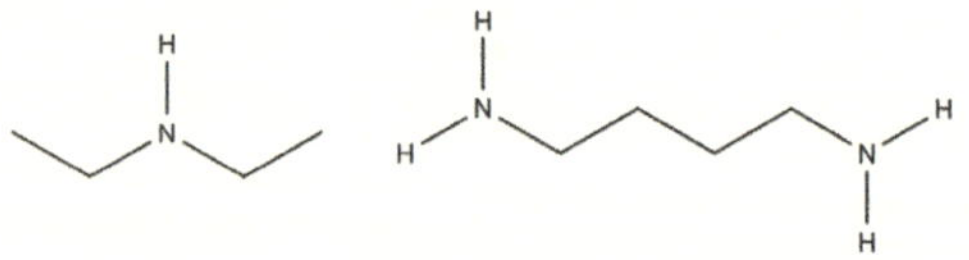

Estructuras de la dietilamina (izquierda) y de la butano-1,4-diamina (derecha). La etildiamina es una amina secundaria, mientras que la butano-1,4-diamina es un alcano que posee dos grupos amina. Este compuesto responde también al nombre propio de putrescina y es uno de los responsables del olor a putrefacción que presentan los cadáveres de los seres vivos.

Estos compuestos se emplean como bases y como reactivos en química orgánica, pero además son muy relevantes unas estructuras de las que forman parte: los llamados aminoácidos. Estos compuestos, básicos para la vida, están formados por moléculas orgánicas que poseen sobre el carbono de uno de sus extremos un grupo amino y un ácido carboxílico. Existe un total de 20 de origen natural que son de gran importancia porque se pueden unir (el grupo amino de un aminoácido con el grupo ácido de otro) y así formar largas cadenas que son las proteínas.

Tal y como sucede con el oxígeno, existen otros compuestos que se pueden formar entre el nitrógeno y el carbono. Por ejemplo, si el carbono está unido mediante doble enlace al nitrógeno (C=N) forman las llamadas iminas. Como sucede con los dobles enlaces C=C, en las iminas existe la isomería y no es lo mismo un compuesto *cis* que *trans*, si bien como ya se explicó previamente esta nomenclatura está desaconsejada y actualmente se recurriría a los prefijos *Z* y *E* para describir la isomería de estos compuestos.

Pero en el caso del nitrógeno es posible incluso formar triples enlaces C≡N; en este caso estaremos ante un nitrilo. Este grupo funcional también se conoce como cianuro, y el más simple de todos es el cianuro de hidrógeno (HCN) cuya toxicidad para el ser humano es de sobra conocida. Otro de los compuestos más conocidos de este grupo es el acetonitrilo (H_3CCN) que se emplea habitualmente como disolvente en la química orgánica.

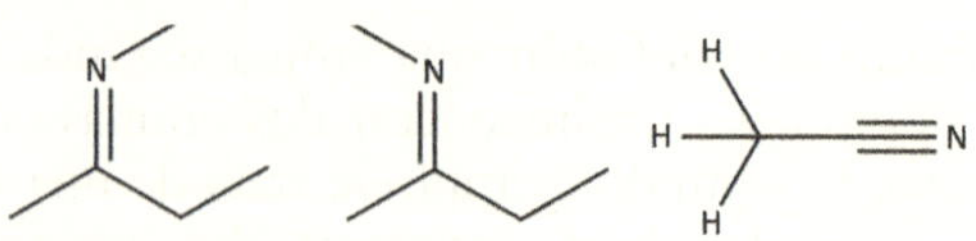

Estructuras químicas de una (*Z*)-imina (izquierda), una (*E*)-imina (centro) y del acetonitrilo (derecha). El hecho de que un compuesto sea *Z* o *E* se basa en si los sustituyentes principales se encuentran hacia el mismo lado del doble enlace (*Z*) o hacia lados diferentes (*E*).

Y si establecemos una analogía con los compuestos formados por el oxígeno y tomamos los llamados ácidos carboxílicos, si sustituimos el grupo –OH por un grupo $-NH_2$ estaremos ante una amida. Tal y como sucede con las aminas, en el caso de las amidas también podemos tener diferentes tipos:

1. Amida primaria: cuando el nitrógeno posee un único enlace C–N.
2. Amida secundaria (o sustituida): cuando el nitrógeno posee dos enlaces C–N (uno con el carbono que posee el doble enlace C=O y otro con cualquier sustituyente) y el tercer enlace N–H.
3. Amida terciaria (o disustituida): en este caso el nitrógeno posee tres enlaces C–N. El primero hacia el carbono con el doble enlace C=O y los otros dos con cualquier sustituyente.

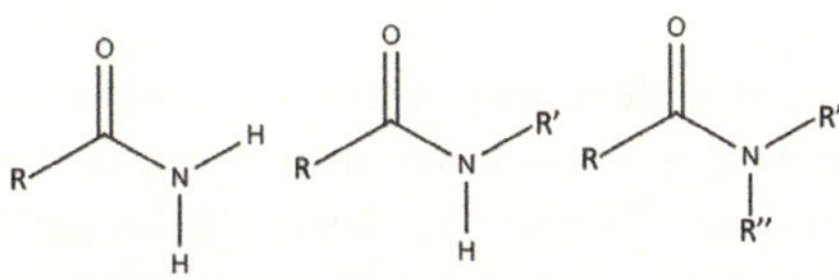

De izquierda a derecha: estructuras químicas de una amida primaria, una amida secundaria y una amida terciaria. La letra R hace referencia a una cadena alquílica (es decir, formada por átomos de carbono y con los sustituyentes habituales). R' y R" son también cadenas alquílicas que pueden ser iguales o diferentes a R para representar que los sustituyentes de las amidas pueden ser diferentes.

Las amidas poseen diversas aplicaciones. La molécula más conocida de este grupo es la urea, cuya fórmula química es $CO(NH_2)_2$. Este compuesto se produce en el metabolismo animal cuando se degradan los aminoácidos y las proteínas y se excreta principalmente en la orina. Pero además posee aplicaciones a nivel industrial y se emplea, por ejemplo, como fertilizante. Otro ejemplo muy conocido dentro de las ureas lo encontramos en los péptidos, que son la unión de varios aminoácidos que se realiza a través del enlace peptídico en el que se forma una amida.

Asimismo, el material conocido como nailon posee como origen una amida a la que se somete a un proceso de polimerización (formación de largas cadenas) mediante el cual se consiguen las propiedades de este material para su uso en tejidos y para la fabricación de diversos elementos industriales como sedales, cuerdas de guitarra o piezas de máquinas.

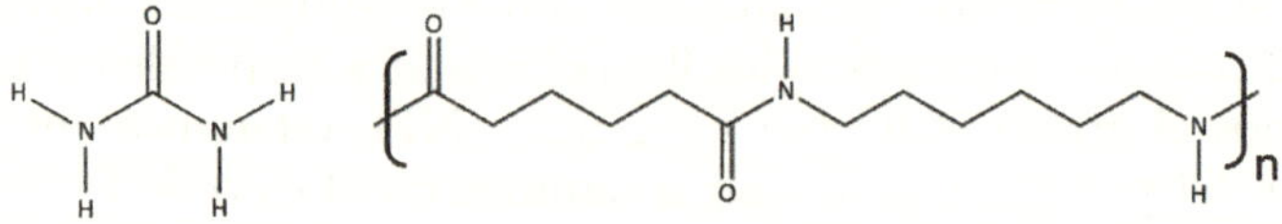

Estructuras químicas de la urea (izquierda) y del monómero que forma el nailon 66 (derecha). El monómero es la parte que se repite miles de veces en un polímero. El subíndice n hace referencia a que se repite muchas veces. Existen diversos monómeros similares al del nailon 66 (en los que, por ejemplo, cambia el número de átomos de las cadenas del monómero) que se emplean para hacer fibras, etcétera.

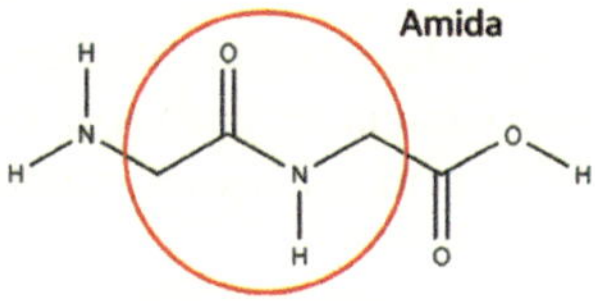

En los péptidos se forma el enlace a través del grupo carboxilo de un aminoácido y el amino del otro y se forma una amida secundaria.

Existen otros tipos de compuestos orgánicos en los que interviene el nitrógeno como son los nitrocompuestos ($-NO_2$) y las azidas, que poseen un grupo N_3. Una de las aplicaciones de los nitrocompuestos ya se ha comentado previamente, como es su uso como sustancia explosiva; mientras que las azidas, que también se emplean como explosivos, poseen otras aplicaciones como conservantes e inhibidores, o en los airbags de los coches donde son las responsables del rápido inflado de este sistema de protección para conductor y pasajeros mediante la generación de gas nitrógeno (N_2). La química orgánica, como hemos comentado, es una disciplina en la que existen millones de compuestos y las posibilidades son tan variadas que se requiere un elevado grado de profundización para poder comprender todos los grupos funcionales que en ella intervienen.

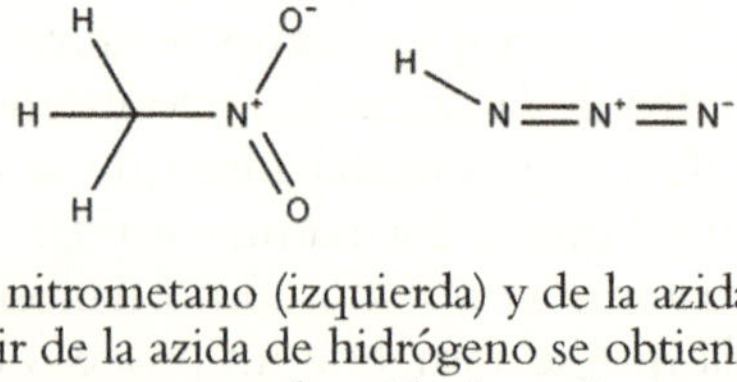

Estructuras del nitrometano (izquierda) y de la azida de hidrógeno (derecha). A partir de la azida de hidrógeno se obtienen la mayoría de compuestos de este grupo, como la azida de sodio, que es la más empleada en airbags y otras aplicaciones de estos compuestos. Ambos compuestos poseen un hecho en común y es que se trata de formas zwitteriónicas, ya que poseen de manera simultánea una carga positiva y otra negativa en su estructura.

43

¿Cuántos elementos pueden formar enlaces con el carbono en química orgánica?

Los principales elementos que pueden formar enlaces en química orgánica con el carbono son el hidrógeno, el oxígeno y el nitrógeno. Pero existen otros elementos capaces también de integrarse en moléculas orgánicas, por ejemplo el azufre (S). Este elemento posee un comportamiento similar al oxígeno y puede formar diversas estructuras orgánicas como los tioles, los sulfuros o las sulfonas, además de algunos ácidos como los sulfínicos o los sulfónicos. Una de las características más señaladas de la mayoría de los compuestos que contienen azufre es que poseen un fuerte y desagradable olor.

En el caso de los sulfuros, también conocidos como tioéteres, poseen un átomo de azufre que se intercala en la cadena, es decir, poseen la estructura C–S–C. El aminoácido metionina es un ejemplo de este tipo de compuestos. Si en lugar de esta estructura se posee el grupo C–S–H, estaremos ante un tiol (la estructura es equivalente a la de los alcoholes pero cambiando el oxígeno por un átomo de azufre). Estos compuestos tradicionalmente también han sido denominados mercaptanos.

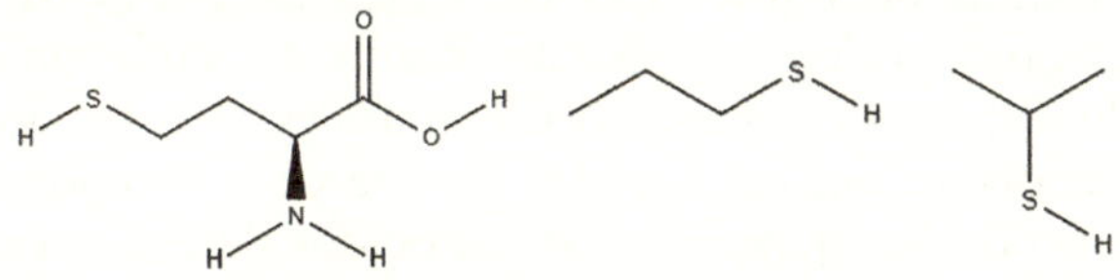

De izquierda a derecha: estructuras químicas de la metionina, 1-propanotiol y del 2-propanotiol

En el caso de los ácidos hay dos ejemplos principales: los sulfínicos y los sulfónicos. La diferencia entre ambos estriba en el número de oxígenos que acompañan al átomo de azufre. En el caso de los ácidos sulfínicos tendremos una estructura en la que se presenta un doble enlace S=O y un enlace sencillo S–OH. Si recurrimos a una propiedad que posee el azufre, que es capaz de compartir más de ocho electrones en su última capa, puede aparecer un segundo átomo de oxígeno unido mediante doble enlace al átomo de azufre. En ese caso obtendremos un ácido sulfónico.

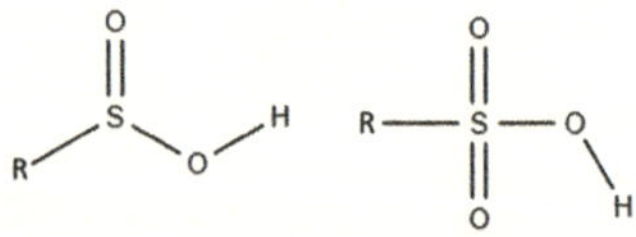

Estructuras tipo de los ácidos sulfínico (izquierda) y sulfónico (derecha). En el caso del ácido sulfónico el número total de electrones que comparte el azufre es de doce (con lo que excede la regla del octeto que dice que los elementos tienden a tener ocho electrones en su última capa). Existen algunos elementos (como el azufre, el fósforo o el selenio) que pueden albergar un mayor número de electrones. Este hecho se denomina hipervalencia.

Uno de los ejemplos más conocidos de ácido sulfónico se encuentra en la sustancia llamada taurina. Su nombre hace referencia a que fue aislado por primera vez en la bilis de un toro. Sin embargo, es un compuesto con funciones metabólicas en un gran número de seres vivos. Su principal papel es el de precursor de la bilis.

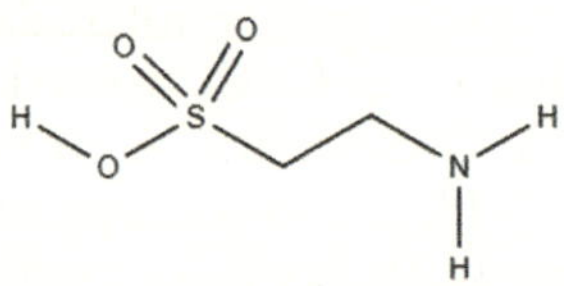

Estructura de la taurina. Este compuesto se halla presente en la mayoría de refrescos conocidos como bebidas energéticas.

Recurriendo de nuevo a la capacidad de compartir más de ocho electrones, podemos tener un átomo de azufre unido a dos átomos de oxígeno mediante dobles enlaces y a dos átomos de carbono mediante enlaces simples. En ese caso obtendremos una sulfona. Uno de los ejemplos más conocidos de estos compuestos lo encontramos en la dapsona, que se utiliza como fármaco contra la lepra o la malaria, por ejemplo. En cambio, el átomo de azufre puede estar unido a dos átomos de carbono mediante enlaces simples y a un átomo de oxígeno mediante doble enlace, en cuyo caso estaremos ante un sulfóxido. El más conocido es el dimetilsulfóxido (también conocido como DMSO) que se emplea como disolvente de manera habitual.

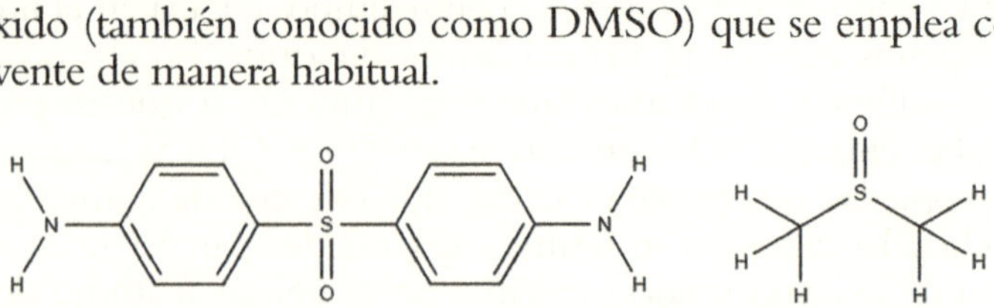

Estructuras de la dapsona (izquierda) y del DMSO (derecha)

Otros de los elementos que pueden integrarse en la química orgánica son los procedentes del Grupo 17, es decir, los halógenos (F, Cl, Br, I y At). Ya hemos comentado previamente la existencia de compuestos como el cloroformo ($CHCl_3$). La cantidad de compuestos en los que intervienen estos elementos es muy elevada. Sin embargo, lo hacen a través de un único tipo de enlace, un enlace simple entre el halógeno y el carbono. Es decir, se obtiene únicamente un sustituyente –F, –Cl o –I, por ejemplo. Cuando reaccionan con un ácido carboxílico se obtiene un haluro de ácido, siendo este el papel más diferenciado que se puede señalar para los compuestos orgánicos en los que intervienen los haluros.

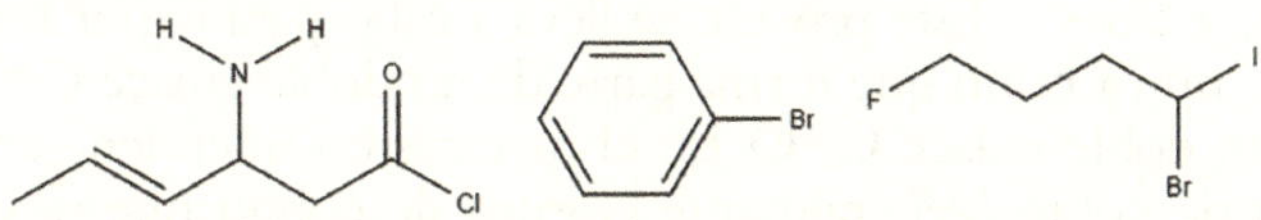

De izquierda a derecha: estructuras químicas de los compuestos cloruro de 3-amino-4-hexenoilo, bromobenceno y 1-bromo-4-fluoro-1-yodobutano

Aunque existen otros elementos que pueden formar enlaces dentro de la química orgánica como el fósforo, finalmente vamos a describir un grupo denominado compuestos organometálicos. Estos compuestos están formados por un elemento metálico enlazado a una o varias cadenas de carbono. Uno de los más conocidos lo encontramos en la hemoglobina, que contiene un catión Fe^{2+}.

Existen muchos metales (y semimetales) que pueden llegar a formar compuestos organometálicos, como por ejemplo el litio, sodio, magnesio, zinc, mercurio, aluminio, estaño o plomo y muchos metales de transición como el platino, el rutenio o el rodio. Entre los semimetales, uno de los compuestos más conocidos lo encontramos en la unión entre las cadenas alquílicas y el boro dando lugar al trietilborano.

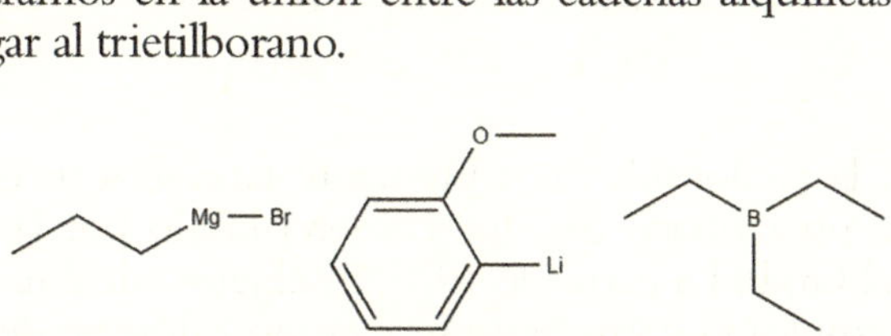

Se presentan las estructuras de un reactivo de Grignard (izquierda), un compuesto organolitiado (centro) y el trietilborano (derecha). Los reactivos de Grignard y los organolíticos se emplean como reactivos en síntesis orgánica. Los boranos tienen la particularidad de que no cumplen con la regla del octeto, ya que el boro en su última capa posee únicamente tres electrones y al compartirlos alcanza un total de seis electrones.

Uno de los hechos más relevantes que debe señalarse respecto a estos compuestos es que no son estables en presencia de aire o agua y que debe trabajarse con ellos siempre en ausencia de ambos. Algunos de estos compuestos se inflaman cuando entran en contacto con el agua y para apagar estos fuegos debe usarse otro tipo de material como dióxido de carbono.

Entre las aplicaciones de estos compuestos podemos citar su uso como catalizadores en diversas reacciones químicas industriales como el proceso Wacker, en el que interviene como catalizador una sal de paladio (que en el mecanismo de la reacción forma un compuesto organometálico, es decir, que en el proceso se forma un enlace Pd–C). Este proceso se lleva a cabo para lograr la oxidación de un carbono que forma parte de un doble enlace C=, y obtener un doble enlace C=O. En el mecanismo interviene también una sal de cobre (generalmente cloruro de cobre) que se emplea para regenerar la especie activa del catalizador de paladio.

La versatilidad que ha alcanzado la química orgánica con más de 149 millones de compuestos descritos, así como el cada día mayor número de catalizadores y la posibilidad de usar infinidad de condiciones diversas (temperatura, presión, atmósfera inerte…), ha logrado que elementos que hace unos años resultase inconcebible que pudiesen formar parte de una molécula orgánica hoy se encuentren descritos.

44

¿Puede una letra cambiarte la vida? El caso de la talidomida

El caso de la talidomida fue tristemente famoso a nivel mundial. Se trata de un fármaco que fue comercializado por la compañía Grünenthal GmbH a partir de 1957. El objetivo de este compuesto era ser empleado como sedante y como calmante de mareos y náuseas.

Sin embargo, tras años empleándose, se describió su efecto teratogénico (que significa que puede causar un problema como malformaciones o la muerte de un feto durante la gestación). Entonces se retiró del mercado, aunque algunos países tardaron años en hacerlo, lo que provocó un aumento en el número de casos. En España se comercializó sin conocerse sus riesgos entre 1957 y 1963.

El efecto teratogénico podía producirse de dos maneras. O bien que la madre tomase el medicamento al inicio de la gestación o bien que el padre lo estuviese tomando, ya que cuando este fármaco se está consumiendo también se encuentra presente en el semen. En ambos casos se podían producir las graves malformaciones que fueron la causa de su retirada. Las malformaciones afectaban principalmente a las extremidades y en muchos casos provocaba que quienes estaban afectados tuviesen las extremidades inutilizadas o que directamente les faltase la mayor parte de las mismas.

Es difícil saber con certeza cuál ha sido el número total de personas afectadas a nivel mundial, pero se han realizado estimaciones que hablan de hasta diez mil afectados por malformaciones graves. Otros datos señalan que solo en España hubo más de tres mil personas que nacieron con graves malformaciones debido al consumo de este medicamento.

Se trata, como se puede observar, de un caso dramático. Pero ¿por qué la talidomida causa malformaciones?

Para ello debemos recurrir a la llamada estereoquímica y concretamente a las llamadas formas enantioméricas. Para hacernos una idea, se trata de compuestos que poseen la misma fórmula química pero que cambia la distribución espacial de algunos de sus átomos. En el caso de los enantiómeros, se trata de compuestos que son la imagen especular uno del otro. Es decir, como el reflejo en el espejo, o como si juntamos nuestra mano izquierda con la derecha: son muy parecidas, pero cambia la orientación de los sustituyentes.

Para entender por qué una forma u otra de la talidomida causan efectos tan diferentes debemos hacer un ejercicio de imaginación y visualizar ambas moléculas como formadas por ladrillos, por ejemplo, como los del famoso videojuego Tetris. La interacción de estas moléculas con las enzimas o proteínas (de mucho mayor tamaño) será básicamente en función de que estos ladrillos se acoplen con alguno de los huecos que existan en las estructuras moleculares de estos compuestos. Mientras que una de las formas enantioméricas puede entrar en ciertas proteínas y tener un efecto positivo, la otra puede encajar en otros huecos e interaccionar con otras moléculas y provocar efectos muy diferentes a los esperados, como sucede en el caso de la talidomida.

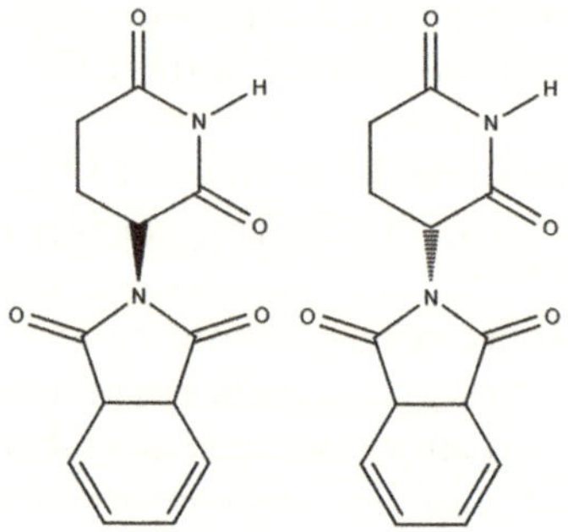

Estructuras químicas de la (*S*)-talidomida (izquierda) y la (*R*)-talidomida (derecha)

En el caso que nos incumbe, la (*R*)-talidomida es la forma que posee efectos sedantes mientras que la (*S*)-talidomida es la que posee efectos teratogénicos, y por tanto la causante de las malformaciones en los fetos. La diferencia entre ambas estructuras estriba en las letras *S* y *R*, que sirven para señalar tan solo en la posición relativa de sus sustituyentes. De ahí que una simple letra en un fármaco pueda cambiar la vida no solo de quien toma el fármaco sino incluso de sus hijos.

Existen otros muchos tipos de moléculas que se diferencian en la posición de sus sustituyentes y el grado de complejidad puede ser mucho mayor. La ciencia que estudia estas diferencias y cómo nombrar correctamente a las moléculas se conoce como estereoquímica.

Cuando se trabaja sintetizando moléculas orgánicas es muy importante saber si hay formas enantioméricas (o cualquier otra forma de estereoquímica) en un compuesto y los efectos diferenciados de cada uno de ellos. Para lograr la síntesis de un fármaco es importante obtener por separado los diferentes enantiómeros y estudiar si poseen efectos diferentes sobre el ser humano, sobre los tumores que se esté investigando o sobre los microorganismos que se desea eliminar. Este tipo de trabajo se conoce como síntesis asimétrica y es uno de los campos de mayor actividad investigadora dentro del mundo de la química orgánica.

En el caso particular de la talidomida se comercializó la forma racémica (un compuesto racémico es el que posee una mezcla a partes iguales de cada uno de los enantiómeros, es decir, la mezcla al 50% de los dos isómeros), pero aunque se hubiese administrado únicamente el que poseía efectos sedantes, existe otro problema añadido. Como hemos comentado las moléculas en química orgánica tienen un cierto grado de rotación y en algunos casos se produce el intercambio de las posiciones relativas de los sustituyentes. Existe un procedimiento conocido como racemización que conlleva que se puedan romper y formar enlaces y cuyo resultado es que uno de los isómeros puede parcialmente convertirse en el otro. En el caso de la talidomida (es decir, para el fármaco) está demostrado que este proceso se produce. Es decir, que administrada la fórmula enantiomérica que no posee efectos teratogénicos, una parte se convertiría en el compuesto indeseado, provocando malformaciones e incluso la muerte en el feto. Por tanto este compuesto no debería emplearse nunca ni con hombres ni con mujeres en edad fértil, ya que las mujeres podrían tomar el fármaco sin ser conscientes de estar embarazadas, provocando daños irreversibles en el feto, y los hombres provocar los mismos daños a través de su semen.

Hoy en día la talidomida se emplea en algunos casos, ya que ha demostrado efectos positivos contra algunos tipos de cáncer (como el mieloma múltiple) o en el tratamiento de la lepra. En cualquier caso, debe ser administrada bajo prescripción médica y bajo un estricto seguimiento para evitar sus terribles efectos secundarios.

Las personas afectadas por los efectos teratogénicos de la talidomida emprendieron una lucha judicial para ser indemnizados por el laboratorio que comercializó este medicamento y que fue, por lo tanto, el causante de sus malformaciones. En 2015 el Tribunal Supremo de España dictaminó que el daño provocado había prescrito y rechazó indemnizarles.

45

¿ES LA INVESTIGACIÓN DE NUEVOS FÁRMACOS UN PROCESO SISTEMÁTICO O ES PRODUCTO DEL AZAR?

A menudo hemos escuchado que se han realizado descubrimientos científicos de gran relevancia por puro azar. Incluso el descubrimiento de fármacos como la penicilina se ha descrito de este modo. Pero ¿hasta qué punto la investigación se basa en el azar?

Para poder entender cómo se investiga actualmente, vamos a dividir la investigación biomédica en dos etapas: preclínica y clínica. En la fase clínica se prueban los nuevos fármacos o terapias en seres humanos mientras que la investigación preclínica es la que se desarrolla en animales, líneas celulares o microorganismos patógenos.

Por ejemplo, para desarrollar un nuevo fármaco contra un tipo de cáncer, la primera prueba se realiza en una línea celular cancerosa. Una línea celular es una muestra de células correctamente preservadas que se emplean para investigar. Se pone en contacto el fármaco diluido con las células cancerosas en un medio de cultivo (alimento para que las células puedan aumentar su número) y se compara con un blanco (la misma línea celular sin fármaco alguno). Se deja el experimento durante 24 o 48 horas y se compara el crecimiento de las células. Si en el blanco y en la muestra con el fármaco se observa un crecimiento similar, el compuesto no tiene efecto. Sin embargo, si se comprueba que las células son mucho menores en la muestra con el compuesto que en el blanco, entonces podemos hablar de un efecto citotóxico (es decir, que mata células) y por lo tanto de un posible efecto terapéutico contra ese tipo de tumor.

Pero es importante tener en cuenta que si en lugar del fármaco empleásemos ácido sulfúrico o lejía obtendríamos el mismo efecto (esos compuestos matarían todas las células). Por tanto, hemos de comprobar que el posible fármaco no ataca a las células sanas. Entonces se pone en contacto una línea celular sana con el compuesto que estamos estudiando, y de nuevo a las 24 o 48 horas se comparan los resultados de ambas muestras. Si el fármaco ha matado a las células o ha impedido su crecimiento es que también es tóxico para las células sanas y por lo tanto no es un buen candidato para ser desarrollado. Si por el contrario no ha tenido un efecto relevante, entonces no es tóxico para las células sanas y puede continuar siendo estudiado.

Asimismo es importante observar qué cantidad del fármaco es necesaria, para lo que se realizan estudios de su efecto a diversas concentraciones. Cuanto más baja sea la concentración que se requiera del fármaco más probable es que este supere todas las fases del ensayo, ya que los efectos tóxicos serán menores. Uno de los parámetros que se establece para clasificar los nuevos fármacos es la llamada IC50, que es la cantidad que se necesita del compuesto para reducir al 50% el proceso biológico que se esté monitorizando (por ejemplo, el crecimiento de las células tumorales). El índice IC50 es por tanto una medida de la eficacia del fármaco.

La investigación preclínica pasa entonces a requerir estudios más ambiciosos, por ejemplo, la aplicación en animales. Uno de los problemas de muchos compuestos es que, además de poseer un efecto positivo contra un determinado tumor, poseen importantes efectos secundarios (y negativos) en otros órganos. Desafortunadamente, todavía hoy no tenemos un método en la investigación preclínica que no requiera de la participación de animales. Uno de los objetivos es analizar el efecto del fármaco sobre animales sanos para comprobar que no poseen efectos adversos. Por otro lado, a los animales a los que se les ha implantado un determinado tumor se les trata con el fármaco objetivo del estudio. Los animales que se pueden emplear son diversos: desde ratas a monos, pasando por cerdos o perros. Si se observa que el fármaco posee efecto terapéutico con una toxicidad baja, entonces el fármaco se autoriza para su uso en humanos y pasa a la siguiente fase: la investigación clínica.

La investigación clínica se realiza a través de ensayos clínicos. Estos se dividen en cuatro fases:

1. Ensayo clínico fase I. En esta fase se realiza la evaluación de la seguridad del fármaco. Se estudia cómo actúa en el cuerpo (en cuanto a absorción, distribución y metabolismo del fármaco). Este estudio se realiza generalmente en un grupo de unos pocos voluntarios sanos.
2. Ensayo clínico fase II. En la segunda fase se estudia la eficacia del tratamiento. Es decir, se toma un grupo de pacientes y un grupo control y se evalúa el fármaco. Esta evaluación se realiza comparando los resultados del grupo de estudio (formado por pacientes que reciben el fármaco) con el grupo control (que será un grupo de pacientes de igual número que el grupo de estudio al que se administrará el tratamiento actual para esa patología o algún tratamiento «placebo» si no existe tratamiento). El término placebo hace referencia a un efecto demostrado que señala que gracias a la sugestión hay pacientes que mejoran. Por tanto, cuando se realiza un estudio clínico es necesario saber si la mejoría es producida por el propio fármaco o es debida al placebo. Por lo general la asignación de los pacientes a un grupo u otro será aleatoria y se establecerá la estrategia del «doble ciego», mediante la cual ni los pacientes que participan en el estudio ni los médicos que les tratan saben a qué grupo está asignado cada paciente y solo el promotor del estudio sabe en qué grupo se encuentra cada uno. El doble ciego se

emplea para evitar sesgos (fallos de apreciación) por parte de pacientes y profesionales médicos. El grupo es pequeño y se analizan el efecto del tratamiento y los efectos adversos a corto plazo.

3. Ensayo clínico fase III. Si los resultados obtenidos en el ensayo fase II son satisfactorios, se pasa a la fase III. En este caso se mantiene el carácter de aleatorización en la asignación de los pacientes, así como el carácter doble ciego para evitar sesgos, se aumenta el número de pacientes del estudio y se busca confirmar los resultados en cuanto a eficacia del fármaco y sobre la ausencia de efectos secundarios o la existencia moderada de los mismos. Si el resultado es positivo se solicita la autorización del uso del fármaco a las autoridades competentes para la práctica clínica.
4. Ensayo clínico fase IV. Finalmente, es necesario llevar a cabo los llamados ensayos clínicos de fase IV que se realizan una vez que el fármaco está comercializado. Estos estudios son necesarios porque tratan de evaluar los efectos del fármaco a largo plazo y porque se requiere revisar el tratamiento en la práctica clínica para evitar que haya efectos adversos que se produzcan en una pequeña cantidad de pacientes y no hayan sido descritos.

Medicamento aprobado para uso en humanos

Ensayos Preclínicos	Ensayos Fase I	Ensayos Fase II	Ensayos Fase III	Ensayos Fase IV
Pruebas *in vitro*, con células, con animales	Pruebas iniciales, de seguridad, toxicidad 20-80 voluntarios sanos	Se estudia la eficacia y seguridad en pacientes 100-300 pacientes	Se aumenta nº de pacientes para estudiar efectos más globales 1000-3000	Ensayos post-comercialización se continua estudiando los posibles efectos Pacientes: miles

Se solicita la aprobación por parte de las agencias reguladoras. En EEUU la FDA y en Europa la EMA.

Esquema general de las fases que componen un ensayo clínico. El tiempo que puede demorar todo el proceso es muy variable, pero de manera habitual desde que comienzan los ensayos preclínicos hasta que se obtiene la aprobación de las agencias reguladoras suelen pasar alrededor de diez años.

Por otro lado, es importante señalar la forma en que se realiza la elección de los fármacos para los estudios preclínicos. Es decir, ¿cómo se elige un fármaco para ser testado contra una determinada enfermedad?

Existen diversas maneras. La menos eficiente, pero la más sencilla, emplea los compuestos «que se tienen a mano» contra enfermedades de las que se disponen líneas celulares o cepas de bacterias, hongos o virus para su uso. Dado que existen miles de microorganismos y enfermedades diferentes, y a sabiendas de que se han descrito 149 millones de compuestos, las posibilidades son casi infinitas. Y la gran mayoría de compuestos no tendrá los efectos deseados.

Dado que además cada prueba realizada posee un coste, se han diseñado diversas estrategias para reducir el coste de los análisis y el tiempo de pruebas, lo que aumenta la eficiencia de hacer este tipo de estudios.

La primera se conoce como química combinatoria y lo que realiza es poner en contacto la muestra con una combinación de un gran número de sustancias. Si no hay ningún efecto interesante se desechan todas las sustancias. Si por el contrario se observa un efecto interesante, entonces se toman dos muestras y se colocan en cada una la mitad de los compuestos testados inicialmente. Tras cada paso se actúa igual, descartando las que no tienen efecto y tratando de afinar con las que sí lo tienen. Esta técnica permite probar un elevado número de sustancias de manera rápida y sencilla.

La otra alternativa parte de la llamada química computacional y se basa en avanzados programas informáticos que realizan cálculos para establecer si una determinada estructura química tendría o no, teóricamente, efectos sobre una proteína o una enzima. Para tener una imagen más visual, consideremos que el desarrollo de una bacteria depende de una determinada proteína que le ayuda a construir la membrana celular y ello le permite crecer. Si un fármaco es capaz de atacar a esa proteína (y detener su efecto) estaríamos combatiendo la bacteria. Entonces se coloca la estructura tridimensional de la proteína en un programa y se compara con las estructuras químicas de todos los compuestos que queremos analizar. Si alguno «encaja» con la estructura de la proteína, es posible que tenga un potencial efecto contra esa bacteria. Esta técnica busca reducir al mínimo las sustancias que deben ser probadas maximizando sus posibilidades de éxito. Sin embargo, puede provocar que compuestos que tienen efecto real no sean analizados, ya que hay efectos cuyo mecanismo no se conoce y no se puede predecir mediante esta técnica, y por tanto teóricamente no encajaría con la proteína inicialmente estudiada.

Así, aunque en algunos casos el descubrimiento de nuevos fármacos pueda producirse de manera casual, actualmente se trata de un proceso sistematizado altamente complejo en el que se invierten cientos de millones de euros anualmente.

46

¿Hasta qué punto es importante el ozono?

Existe un compuesto gaseoso que se ha comentado previamente pero que merece que se realice un análisis más detallado sobre su estructura y especialmente sobre las funciones que posee. Nos referimos al ozono. Este gas es una de las formas alotrópicas que puede presentar el oxígeno (que puede aparecer como O_2 o como O_3). Esta segunda fórmula química se corresponde con el ozono.

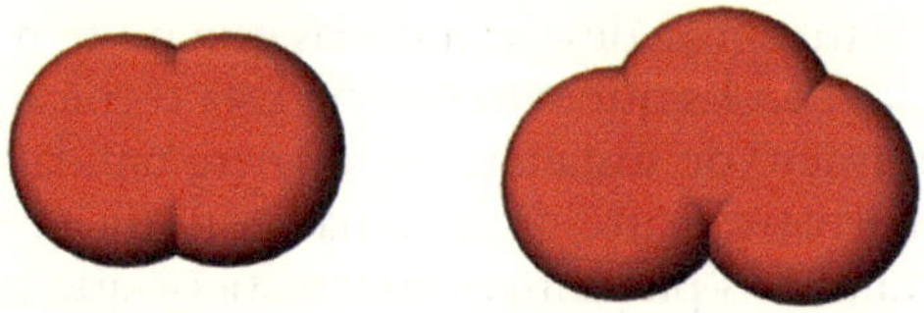

Los gases oxígeno (izquierda) y ozono (derecha) son dos formas alotrópicas del elemento oxígeno. La diferencia entre ambos consiste en que mientras uno está formado por dos átomos de oxígeno, el otro lo está por tres. Además el O_2 posee un enlace doble entre los dos átomos de oxígeno, y el O_3 tiene un doble enlace entre el átomo central y uno de los átomos de los extremos y un enlace sencillo entre el átomo central y el otro extremo. Estas dos diferencias provocan que ambos compuestos tengan propiedades diferentes que van desde la densidad al hecho de que el ozono absorba las radiaciones más peligrosas procedentes del sol.

El ozono es una molécula que está compuesta por tres átomos de oxígeno y posee un efecto irritante para las personas cuando lo respiran. Afortunadamente se encuentra principalmente en una capa superior de la atmósfera y no donde nos pueda afectar.

Este gas es una especie muy reactiva que puede degradarse para formar moléculas de oxígeno y sobre todo puede ser destruido cuando entra en contacto con compuestos orgánicos que poseen cloro o bromo. Además estas sustancias pueden provocar una reacción en cadena y degradar un elevado número de moléculas de ozono. Por ello, su supresión ha sido un hito fundamental para nuestro planeta.

El término capa de ozono está muy extendido entre la cultura general, pero ¿sabemos realmente qué es esta capa y de qué nos protege?

En primer lugar tenemos que señalar que nuestro planeta posee a su alrededor (y gracias a las fuerzas de la gravedad) una capa de gases que se conoce como atmósfera. Esta atmósfera no posee la misma composición en toda su extensión y las concentraciones de los gases que la componen varían en sus diferentes capas. Aunque las capas no se pueden delimitar con una precisión milimétrica, la capa de ozono (que es donde se alcanza mayor concentración de este gas y que abarca varios kilómetros) se encuentra entre los 50 y 60 kilómetros de altura.

Sobre la atmósfera terrestre inciden los rayos del sol que están compuestos por diferentes radiaciones, como la luz visible o los rayos ultravioletas. En el caso de los segundos que alcanzan nuestra atmósfera, existen dos tipos: los A y los B. Exponerse sin protección a la luz solar nunca es una buena idea, pero los rayos ultravioleta B (o UV-B) son muy dañinos para la vida y pueden provocar cánceres de piel o cataratas, por ejemplo. Estas radiaciones también son negativas para la vida de las plantas o los animales. Estos rayos son absorbidos por el ozono, que apenas deja pasar una cantidad residual de ellos. El ozono absorbe radiaciones con longitudes de onda entre los 280 y 320 nm. Pero hemos de saber que sin la capa de ozono la vida en la Tierra sería casi imposible, ya que por ejemplo los humanos tendríamos que salir con equipos de protección que cubriesen todo nuestro cuerpo.

La forma en que el ozono absorbe estas radiaciones se da porque provocan la descomposición de las moléculas de ozono en gas diatómico oxígeno y en oxígeno atómico. Estos dos gases reaccionan en la atmósfera y vuelven a formar ozono, de modo que este se recupera y puede continuar realizando su actividad protectora.

A finales del siglo XX, la comunidad científica fue consciente de que esta capa de ozono se estaba debilitando (sobre todo en la zona de la Antártida) y lo llamaron «el agujero de la capa de ozono».

Esta disminución en la concentración del gas ozono suponía un grave riesgo para la vida en nuestro planeta. Entonces se tomaron las medidas medioambientales más importantes para evitar que continuase desapareciendo, entre otras, la prohibición del uso de los compuestos clorofluorocarbonados (CFC).

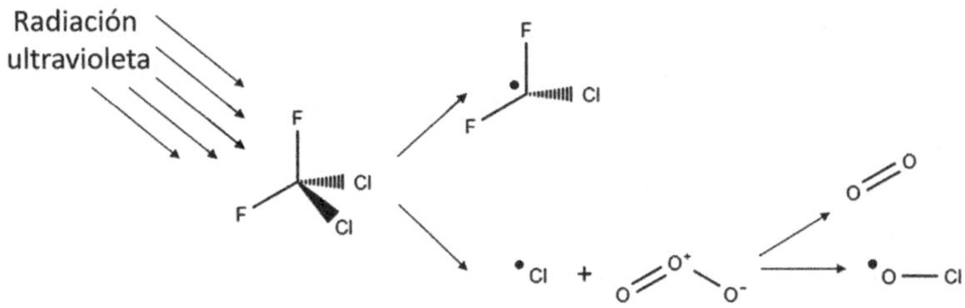

Esquema del proceso mediante el cual los CFC degradan el ozono. Los CFC son gases que ascienden a la parte alta de la atmósfera, donde se encuentra el ozono. En esa zona entran en contacto con la radiación ultravioleta procedente del sol. Esta radiación provoca que las moléculas de CFC se degraden en dos partes, gracias a la ruptura de uno de sus enlaces. Entonces se forma lo que se conoce como especies radicales (que tienen un electrón libre y que se representan mediante un punto en la estructura que simboliza el electrón libre). Estas especies generalmente son muy reactivas. En el caso de los CFC, se libera una especie radical CF_2Cl y un átomo de Cl con un electrón libre. Esta última es la que reacciona con el ozono (O_3) para formar oxígeno diatómico y otra especie radical que es el monóxido de cloro (ClO) que puede continuar reaccionando mediante reacciones en cadena y degradando más moléculas de ozono siguiendo este mismo modelo.

Actualmente, aunque el riesgo continúa existiendo, parece ser que esta capa se está regenerando y que los riesgos asociados a su destrucción son menores. Sin embargo, los seres humanos no podemos sentirnos satisfechos ya que la actividad humana está provocando otros muchos efectos sobre nuestro planeta (como los asociados al cambio climático o la contaminación por plásticos en el océano) y la recuperación de la capa de ozono debe servirnos como aliciente para afrontar otros retos medioambientales para proteger nuestro planeta.

V

Bioquímica

47

¿Necesito ingerir hidratos de carbono y grasas en mi dieta?

Es habitual escuchar hablar de que es conveniente tener una dieta sana y a continuación preguntarnos si debemos incluir hidratos de carbono y grasas en estas dietas o si deberíamos suprimirlos por completo. Tanto los hidratos como las grasas son moléculas fundamentales en la bioquímica y a continuación vamos a describir sus funciones.

Comenzando por los hidratos de carbono, debemos señalar que estas moléculas son conocidas también por otros nombres como glúcidos, carbohidratos o azúcares. Muchas veces para describirlos se recurre a la unidad de azúcar. En este caso se trata de una cadena carbonada que posee un grupo carboxillo (es decir, un átomo de oxígeno unido mediante doble enlace a un carbono) y uno o varios grupos hidroxilo (–OH unido a carbono). La cadena puede tener de tres a siete carbonos. La más conocida de estas estructuras es la glucosa (que posee seis carbonos y por tanto, es una hexosa) y es importante señalar que puede poseer forma de cadena lineal o cíclica, gracias a la condensación entre el carbono unido a oxígeno al final de la cadena y el del otro extremo que posee un grupo –OH. En este proceso se forma agua y ambas estructuras están en equilibrio.

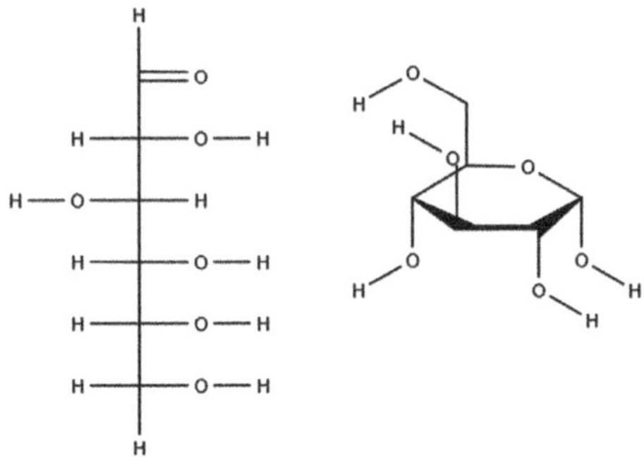

Estructuras de la glucosa lineal (izquierda) y cíclica (derecha). En la estructura lineal todos los vértices que forman la cadena lineal son átomos de carbono. La ciclación se produce desde el carbono en posición 1 (el que tiene el doble enlace C=O) que ataca al que está en la posición 5. Con esta reacción se forma un ciclo de seis eslabones, siendo uno de ellos un átomo de oxígeno, como podemos comprobar en la imagen de la derecha.

Los carbohidratos se pueden clasificar en cuatro tipos:

- Monosacáridos: cuando se trata de una única unidad de azúcar, por ejemplo, la glucosa o la fructosa. Se subclasifican en función del número de átomos de carbono que poseen: triosas (tres átomos de carbono), tetrosas (cuatro), pentosas (cinco), hexosas (seis)... Igualmente, se pueden subdividir en aldosas y cetosas en función de si tienen un grupo aldehído o ceto, respectivamente. Es decir, si tienen un enlace C=O en el carbono del extremo de la cadena de átomos de carbono será una aldosa (como la glucosa) y si lo posee en otro átomo será una cetosa (como la fructosa).
- Disacáridos: están formados por la unión de dos unidades y pueden tratarse de la misma unidad o de unidades diferentes. Uno de los más conocidos es la sacarosa (que está formada por una unidad de glucosa y otra de fructosa).
- Oligosacáridos: se trata de uniones de pequeñas cadenas, de tres a diez unidades.
- Polisacáridos: su composición está formada por cadenas con más de diez unidades y pueden tener cientos o miles de unidades. Por ejemplo, el glucógeno que es una cadena de moléculas de glucosa.

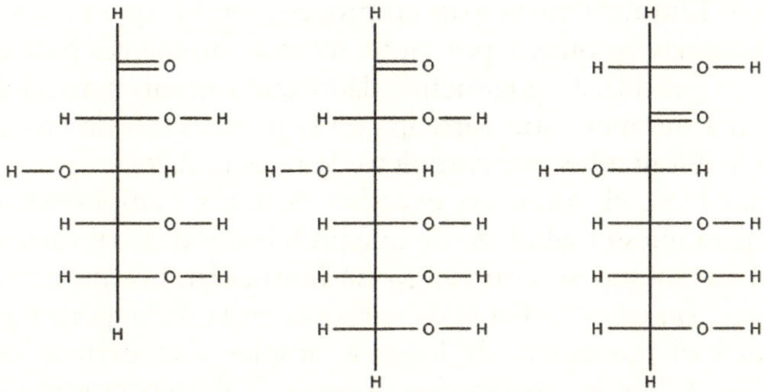

Estructuras de izquierda a derecha de: D-xilosa, D-glucosa y D-fructosa. Tanto la fructosa como la glucosa son hexosas (es decir, poseen 6 átomos de carbono en sus cadenas), mientras que la xilosa es una pentosa (ya que los átomos de carbono son cinco). La letra D delante de los nombres de las moléculas hace referencia a la estereoquímica de las moléculas. Concretamente señala que en el penúltimo átomo de carbono el –OH está hacia la derecha. En caso de tener la configuración contraria (con el grupo –OH hacia la izquierda) tendríamos la L-glucosa, por ejemplo.

Estas moléculas son muy importantes para la vida por sus múltiples funciones, ya que actúan como almacenes de energía (el principal almacén de energía en los seres humanos es el glucógeno, que está formado por cadenas de glucosa), son intermediarios en muchas rutas metabólicas y forman parte de biomoléculas como el ATP que también actúa como fuente de energía. En algunos seres vivos forman elementos estructurales como las paredes celulares en las bacterias, componen la celulosa de las plantas o los exoesqueletos de los artrópodos.

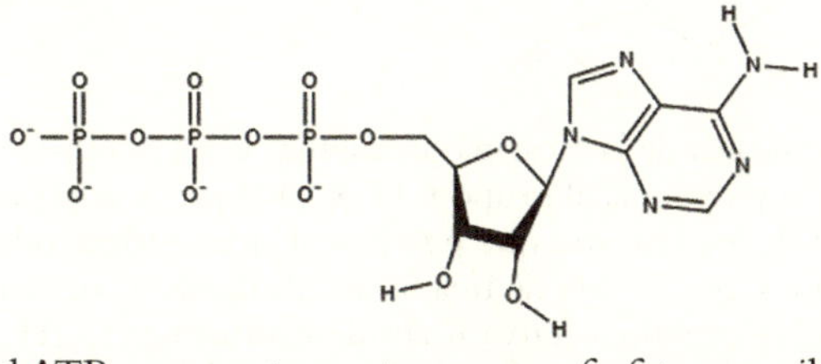

Estructura del ATP compuesto por tres grupos fosfato, una ribosa (hidrato de carbono) y la base nitrogenada adenina

El papel de estos compuestos en rutas metabólicas se basa en que algunas formas de estos compuestos pueden actuar como agentes reductores, mientras que otras pueden ser, por el contrario, oxidantes. Entonces participan en procesos en los que transforman unas sustancias en otras y por tanto, son fundamentales para que el proceso se produzca. Igualmente, dado que forman parte del ATP, que es una sustancia que participa en la producción de energía, es imposible eliminarlos por completo de nuestra dieta.

Ahora bien, el consumo excesivo de estos compuestos posee riesgos para nuestra salud, desde una proliferación de las caries hasta adquirir un sobrepeso con riesgo cardiovascular. Los nutricionistas aconsejan consumir hidratos de carbono en la dieta, pero tratando de reducir el porcentaje de los más simples y recurrir a los más complejos. Además, señalan que el aporte calórico que ingiramos en nuestra dieta debe encontrarse en el 45 % y el 65 % procedente de hidratos de carbono. Y sobre todo que el azúcar añadido (glucosa, azúcar común) sea menor al 10 % del total calórico ingerido.

Una alternativa al azúcar la encontramos en la sacarina, que no es un hidrato de carbono. Este compuesto, que forma parte de los edulcorantes artificiales, no se metaboliza y por tanto, tan solo aporta sabor, pero no aumenta las calorías ingeridas.

Por otro lado, existe una cuestión relacionada con los azúcares y las rutas metabólicas que supone que una parte de estos es degradada (en lo que se conoce como glucólisis) hasta llegar a una molécula conocida como acetil-CoA que por sucesivas adiciones producidas en las rutas metabólicas puede llegar a formar ácidos grasos. Por tanto, un consumo excesivo de azúcares también conlleva a la formación suplementaria de grasas en nuestro organismo.

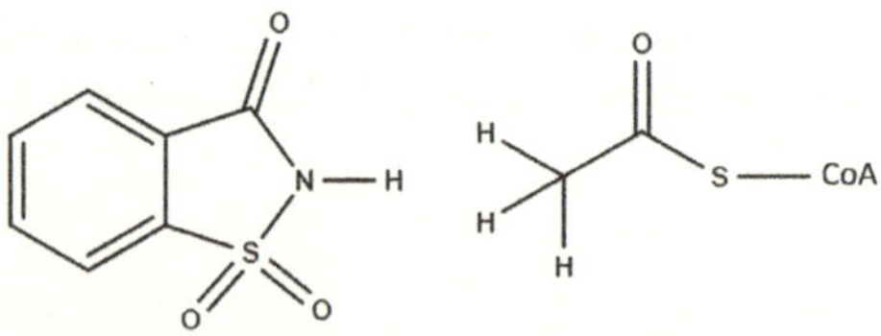

Estructura química de la sacarina (izquierda) y del Acetil-CoA (derecha). Acetil hace referencia al grupo CH_3CO- (que es el producto de la degradación de los azúcares que puede acabar transformándose en grasas) mientras que CoA se trata de una molécula llamada coenzima A que es una molécula orgánica (cuya fórmula química es $C_{21}H_{36}N_7O_{16}P_3S$) que realiza diversas funciones dentro del metabolismo.

Sabiendo que los azúcares pueden llegar a convertirse en grasas es conveniente saber un poco más sobre este segundo tipo de biomoléculas. Al igual que los hidratos de carbono, también poseen varios nombres, siendo los más comunes grasas, aceites o lípidos. Se trata de sustancias poco o nada solubles en agua y presentan una elevada heterogeneidad que dificulta su clasificación. Generalmente se citan en cuatro tipos principales:

1. Ácidos grasos. Los ácidos grasos son moléculas orgánicas con una cadena de carbono que en función del número de doble enlaces que posea se clasificará en saturados (cero dobles enlaces), monoinsaturados (un doble enlace) y poliinsaturados (varios dobles enlaces).
2. Triglicéridos. Esta categoría incluye al glicerol unido a tres ácidos grasos. Comúnmente reciben el nombre de grasas, ya que son el principal componente de la grasa corporal humana.
3. Fosfolípidos. Estos compuestos forman parte de la membrana que recubre las células y están compuestos por un grupo fosfato, un alcohol (como el glicerol) y dos ácidos grasos.
4. Esteroles. Son sustancias derivadas de los esteroides y la más conocida es el colesterol que forma parte de las membranas celulares y que es el precursor de muchos de los esteroides que actúan en el cuerpo humano.

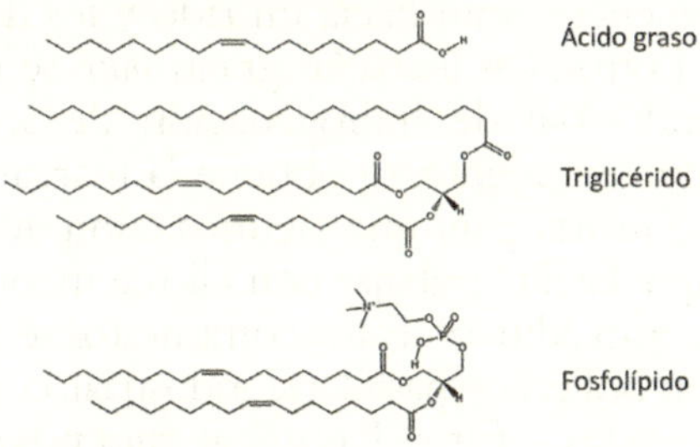

Se presentan las estructuras de un ácido graso monoinsaturado (arriba), un triglicérido (centro) y un fosfolípido (bajo)

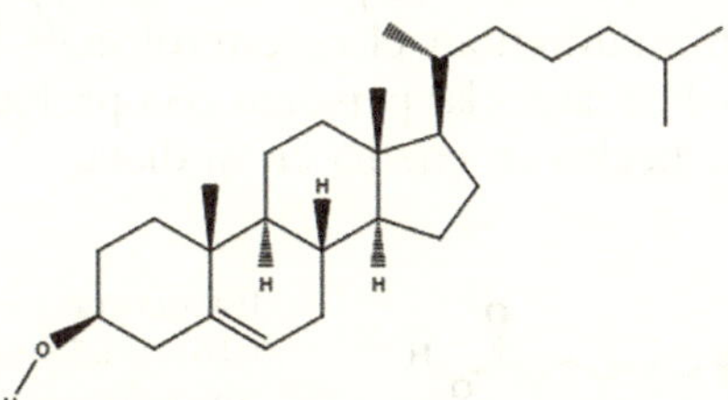

El colesterol es la molécula más conocida dentro de los esteroles. Un exceso de esta sustancia puede provocar graves problemas cardiovasculares, incluido el infarto de miocardio. Para controlar sus niveles es esencial adoptar hábitos de vida sana como una dieta saludable y la realización de ejercicio, pero en algunos casos es necesario recurrir al uso de fármacos para reducir sus niveles.

El hecho de que sean sustancias insolubles en agua conlleva que para su transporte dentro del torrente sanguíneo requieran de una proteína (lipoproteínas) encargada de circular estas sustancias.

En cuanto al colesterol, que es uno de los parámetros que es necesario monitorizar en relación a las grasas, es posible señalar que debe recurrir al transporte mediante dos de estas lipoproteínas. Cuando se habla de que hay que medir el colesterol en sangre, en realidad se están determinando estas proteínas: la LDL (lipoproteína de baja densidad) o HDL (lipoproteína de alta densidad). A la LDL también se le conoce como colesterol malo y a la HDL como colesterol bueno. Esta diferenciación se debe a que la segunda trasporta el colesterol al hígado y la primera al resto de tejidos. Un exceso de LDL conlleva su depósito en las paredes de las arterias, lo que puede conllevar sufrir un infarto (que significa que la obstrucción de la arteria conlleva la necrosis de un tejido que puede provocar un fallo que puede conllevar incluso la muerte).

Una de las controversias más destacables sobre estos compuestos la encontramos en las llamadas grasas *trans*. En la naturaleza los ácidos grasos insaturados poseen una estructura alrededor del doble enlace que se conoce como *cis* (en la que las dos cadenas orgánicas se encuentran hacia un lado y los dos átomos de hidrógenos hacia el otro). Las llamadas grasas *trans* se obtienen mediante un proceso industrial de hidrogenación de aceites naturales, mediante este procedimiento, se obtiene la margarina, por ejemplo. Este proceso se realiza para que algunos compuestos líquidos se solidifiquen, lo que facilita trabajar con ellos e incorporarlos a diferentes alimentos como aditivos. Estos compuestos se encuentran de manera habitual en bollería y pastelería industrial, comidas rápidas, y alimentos procesados o fritos. Las grasas *trans* poseen efectos perjudiciales para el colesterol, ya que aumentan el colesterol *malo* (LDL) y reducen el *bueno* (HDL). Por tanto, las personas con problemas de colesterol deben tener este hecho en cuenta en su dieta.

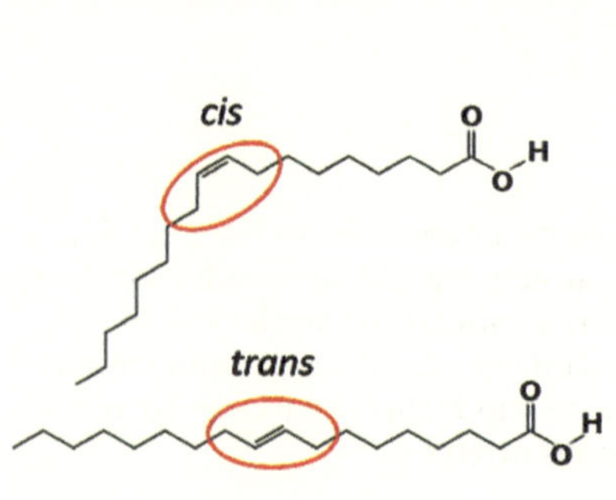

Estructuras *cis* (arriba) y *trans* (abajo) del ácido oleico. Las grasas *cis* son las que predominan en la naturaleza, mientras que las *trans* provienen principalmente de procesos industriales. Las grasas *trans* parecen estar relacionadas con diversos problemas de salud.

Sobre las funciones de estos compuestos es importante conocer que, además de ser una fuente de energía, forman parte de la membrana celular que rodea todas las células o que intervienen en la síntesis de algunas hormonas, por ejemplo las que regulan la respuesta inflamatoria del organismo y poseen actividad reguladora en la actividad de algunas proteínas, como en las que forman la membrana. También son un buen aislante térmico, por ejemplo para las focas, a las que además amortiguan contra los golpes.

En cuanto a las recomendaciones nutricionales, los lípidos deben ser considerados esenciales ya que según el informe de 2008 de la FAO (Organización de las Naciones Unidas para la Agricultura y la Alimentación) sobre *Grasas y ácidos grasos en la nutrición humana*:

> Afectan a la prevalencia y gravedad de las enfermedades cardiovasculares, la diabetes, el cáncer y la disminución funcional vinculada a la edad. [...]Las grasas de la dieta aportan el medio para la absorción de vitaminas liposolubles; contribuyen de forma importante a la palatabilidad de los alimentos; son cruciales para un desarrollo y supervivencia adecuados durante las primeras fases del desarrollo embrionario y en el crecimiento inicial neonatal y durante la etapa lactante e infantil. Por lo tanto, resulta destacable el papel de los ácidos grasos esenciales durante el embarazo y la lactancia y la función de los ácidos grasos n-3 de cadena larga como componentes estructurales para el desarrollo del cerebro y el sistema nervioso central.

Ahora bien, ese mismo organismo señala que es importante conocer cómo varían las necesidades nutricionales con respecto a las grasas con la edad y con el índice de masa corporal de los individuos, ya que si la persona padece obesidad los riesgos para su salud son elevados, y por tanto debe reducir su ingesta de grasas. La recomendación global es que el aporte calórico procedente de las grasas no supere el 30 o 35% del total.

Por tanto, una dieta sana requiere de la ingesta de grasas de manera moderada, reduciendo al máximo el consumo de grasas *trans* y saturadas y apostando por aquellas que poseen unas mejores propiedades para nuestro organismo como son los ácidos grasos monoinsaturados, como los que poseen los aceites vegetales como el aceite de oliva o el aguacate, e incluyendo los ácidos grasos poliinsaturados (procedentes de pescados, frutos secos y aceites vegetales) como los omega-3, que además parece que poseen un papel relevante en la prevención de algunas enfermedades degenerativas.

48

¿QUÉ SON Y PARA QUÉ SIRVEN LAS PROTEÍNAS?

Las proteínas son seguramente las moléculas más conocidas de entre las que forman parte de la vida. Sin embargo, su composición y funciones no son tan conocidas para el público en general. En esta pregunta vamos a tratar de aclarar algunos conceptos y exponer las principales labores que realizan estas macromoléculas.

En primer lugar, sobre su composición es posible afirmar que las proteínas son cadenas de elevada longitud compuestas por elementos como carbono, nitrógeno, oxígeno, hidrógeno y azufre. Estos átomos que forman las cadenas proceden de lo que se conoce como aminoácidos. Estos compuestos se van a anexionando hasta formar las cadenas que conocemos como proteínas. Los aminoácidos se llaman de este modo porque poseen un carbono asimétrico (es decir, que posee sus cuatro sustituyentes diferentes) en el que podemos encontrar un grupo amino ($-NH_2$), un grupo ácido ($-COOH$), un átomo de hidrógeno ($-H$) y un grupo alquilo (que se representa como $-R$).

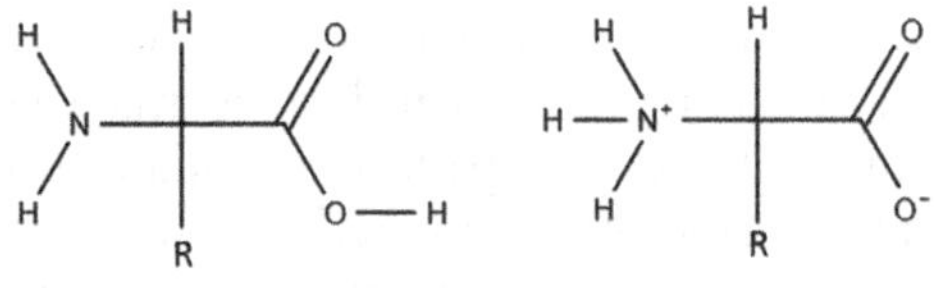

A la izquierda se presenta la estructura tipo de un aminoácido que posee un carbono unido a cuatro sustituyentes, siendo estos un grupo amino, un hidrógeno y un grupo ácido, además de un grupo alquilo que puede ser desde un hidrógeno a estructuras orgánicas más complejas. Dependiendo del pH, la estructura del aminoácido será esa o el grupo ácido se encontrará desprotonado y el grupo amino protonado; esta estructura se conoce como zwitterión y en el caso de los aminoácidos es la estructura dibujada en el lado derecho.

En función de la estructura del grupo alquilo tendremos los diferentes aminoácidos que existen. En el caso del más simple de todos, tendremos que el sustituyente alquílico –R es un átomo de hidrógeno. Se trata de la glicina y este no tiene un carbono asimétrico, ya que dos de sus sustituyentes son átomos de hidrógeno.

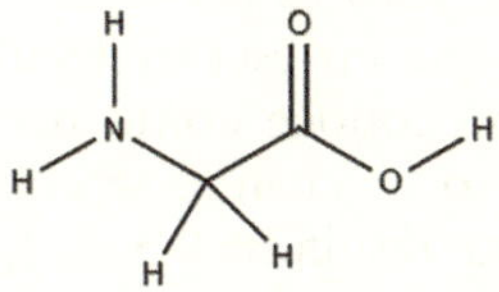

Estructura de la glicina. Este es el aminoácido más sencillo. El carbono central posee cuatro sustituyentes que generalmente son diferentes (lo que le confiere carácter de asimétrico). Sin embargo, en el caso de la glicina, dos de los sustituyentes son iguales (un grupo amino, un grupo ácido y dos átomos de hidrógeno), y por tanto el carbono no es asimétrico.

Las proteínas se forman gracias a las combinaciones entre los veinte aminoácidos llamados proteinogénicos. A continuación se presentan las estructuras de nueve de ellos, además de la glicina que ya ha sido presentada previamente.

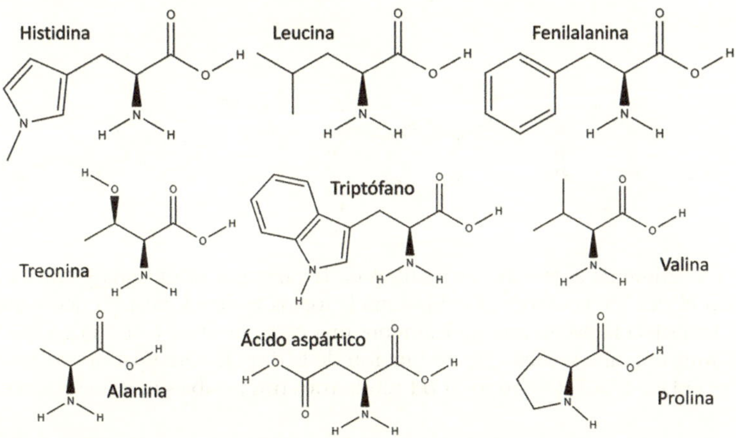

Los veinte aminoácidos se clasifican en aminoácidos no esenciales y en aminoácidos esenciales. Esta clasificación se realiza en función de si el ser humano puede sintetizarlos en su organismo (no esenciales) o si no puede (esenciales), ya que estos segundos deben ser ingeridos en la dieta. Los aminoácidos esenciales son: lisina, isoleucina, leucina, valina, metionina, fenilalanina, histidina, treonina y triptófano. Los no esenciales, en cambio, son: glicina, alanina, arginina, prolina, asparagina, ácido aspártico, serina, cisteína, ácido glutámico, glutamina y tirosina.

Algunos de los datos más destacables de estos compuestos son, por ejemplo, que la estructura de la prolina incluye un ciclo del que forma parte el carbono asimétrico que se encuentra entre el átomo de nitrógeno y el del carbono del grupo ácido. Asimismo, cabe señalar que solo la metionina y la cisteína poseen átomos de azufre en su estructura. Esto es particularmente importante en el caso de la cisteína ya que en esta molécula el azufre se encuentra formando lo que se conoce como un grupo tiol (–SH). Esta estructura puede reaccionar cuando se encuentra con otro grupo tiol y formar un puente disulfuro (–S–S–); estas uniones afectan a la estructura de las proteínas.

Además de formar las proteínas, los aminoácidos participan en diversas vías metabólicas formando otras sustancias necesarias para la vida. Uno de los ejemplos más conocidos lo encontramos en el triptófano, que mediante diversas conversiones da lugar a la serotonina, que es un neurotransmisor que modula el sueño y el humor y cuyo déficit se ha correlacionado con trastornos depresivos. Igualmente otros aminoácidos como la lisina y la metionina participan en la síntesis de carnitina y taurina respectivamente, que son sustancias con importantes roles a nivel cardiaco y neurológico.

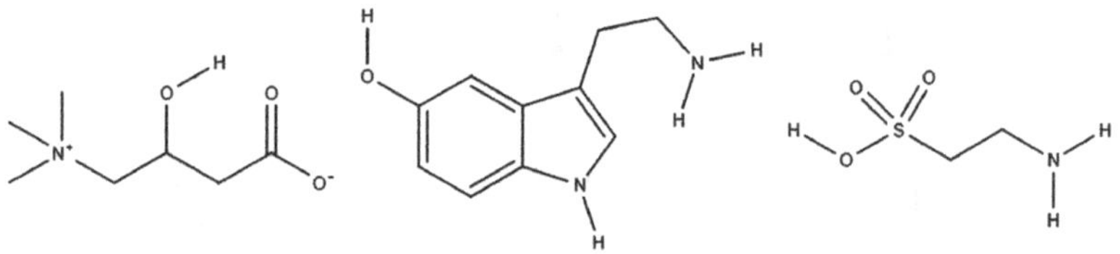

De izquierda a derecha: estructuras de la carnitina, serotonina y taurina. En el caso de la carnitina se presenta la forma zwitteriónica (es decir, que la molécula posee simultáneamente una carga positiva y otra negativa). Asimismo, cabe señalar que en función de la disposición espacial que posea el enlace C–O del grupo –OH tendremos dos posibles estereoisómeros.

Las proteínas están formadas por aminoácidos, pero debemos ser conscientes de que no todos los aminoácidos pueden formar estas macromoléculas. De hecho, en este punto hemos de retomar la llamada estereoquímica, ya que de las dos posibles formas de los aminoácidos solo una de ellas forma las proteínas. Según la distribución espacial de los sustituyentes, los aminoácidos pueden ser L o D y es la forma L la que integra la estructura de las proteínas.

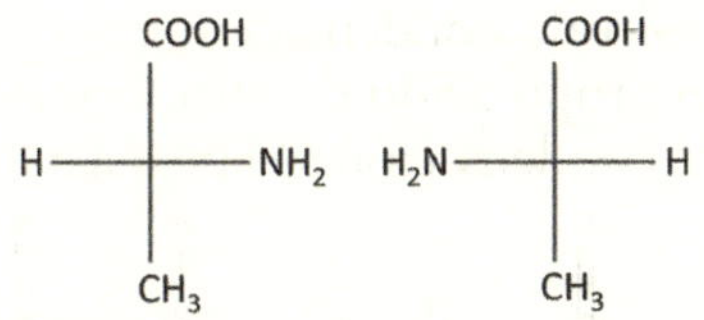

Para saber si un aminoácido es L o D debe emplearse la proyección de Fisher. En este caso, se presentan las proyecciones de Fisher para la D-alanina (izquierda) y para la L-alanina (derecha). Para representar la proyección de Fisher se elige la cadena carbonada para ser colocada verticalmente (ocupando el centro de la cruz el carbono asimétrico). Los dos sustituyentes de esa línea vertical se encuentran hacia dentro del plano. Mientras que los dos grupos representados horizontalmente están hacia fuera del plano. Que sea L o D responde hacia donde esté el grupo amino, ya que si está hacia la izquierda será L y a la derecha tendremos el aminoácido D.

Ahora bien, las proteínas están formadas por aminoácidos, pero ¿de dónde se obtienen los aminoácidos? Estas moléculas se hallan presentes de manera general en todas las formas de vida y el método de obtención varía mucho de unos organismos a otros. Por ejemplo, existen seres vivos que son capaces de sintetizar todos los que necesitan (como las plantas o las algas). Sin embargo, muchos otros seres vivos no son capaces de hacerlo, y por lo tanto su forma de obtenerlos es a través de la ingestión de seres que sí pueden producirlos. Por ejemplo, los herbívoros que se alimentan de plantas obtienen muchos de los aminoácidos gracias a esta forma de alimentación y los carnívoros los obtienen gracias a alimentarse de otros animales. De este hecho surge una de las clasificaciones que se realiza de los aminoácidos, la que los divide entre esenciales y no esenciales. Los aminoácidos no esenciales son aquellos que pueden ser sintetizados a través de diversas vías metabólicas dentro de un organismo, mientras que los aminoácidos esenciales son aquellos cuya ingesta en la dieta resulta vital.

Este es uno de los motivos por los que es esencial tener una dieta sana. No solo necesitamos ingerir fuentes de energía para nuestro cuerpo sino que necesitamos también obtener estas moléculas de carácter casi estructural.

Ahora bien, hemos dicho que las proteínas están formadas por cadenas de aminoácidos pero todavía no hemos descrito la manera en que los aminoácidos se unen. Esta unión se realiza a través de lo que se conoce como el enlace peptídico. Se trata de un enlace covalente (en el que, por tanto, los electrones se comparten) formado a través de una reacción de condensación entre el grupo amino de un aminoácido y el grupo ácido de otro. Como su nombre indica, en las reacciones de condensación se libera agua.

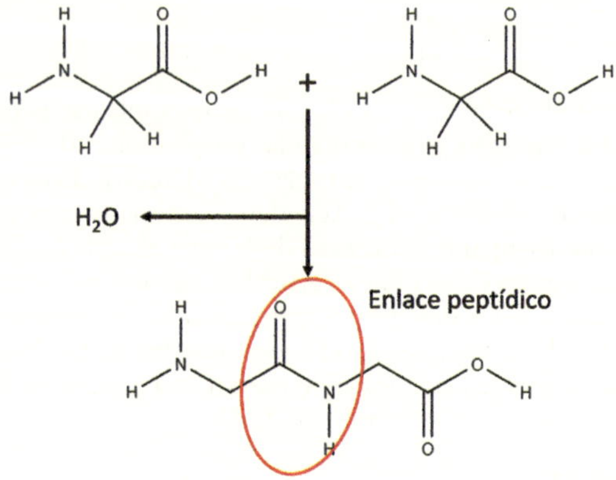

Se presenta la formación del enlace peptídico entre dos aminoácidos de glicina. Se produce una condensación (en la que se elimina una molécula de agua) y la formación del enlace peptídico (rodeado en rojo) entre el carbono de un extremo de uno de los aminoácidos y el nitrógeno del otro extremo de la otra molécula.

Cuando varios aminoácidos se unen a través de enlaces peptídicos se forma una nueva estructura que recibe el nombre genérico de péptido. Cuando esta estructura está formada por apenas unos péptidos, nos encontramos ante un oligopéptido. Es posible que se continúen sumando nuevos aminoácidos a la cadena hasta formar un polipéptido. Si el proceso se sigue repitiendo llegaríamos a formar una proteína. Aunque la línea que separa a las proteínas de los polipéptidos no está clara, muchas veces se emplea un número arbitrario para clasificarlas: si posee más de cincuenta aminoácidos estaremos ante una proteína, y por debajo ante un polipéptido.

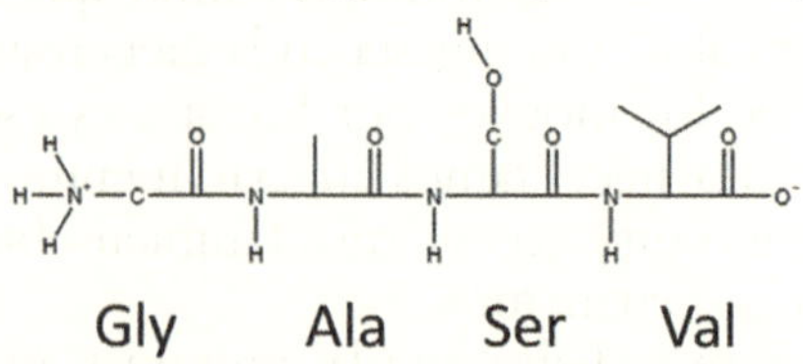

La cadena polipeptídica también puede presentar la forma zwitteriónica, con la que tenemos el nitrógeno de un extremo de la cadena protonado y el oxígeno del grupo ácido del otro extremo con carga negativa. La cadena de la figura está formada por los aminoácidos glicina-alanina-serina-valina (Gly-Ala-Ser-Val).

Ahora bien, hemos citado que a partir de cincuenta aminoácidos nos encontraríamos ante una proteína. Sin embargo, no hemos situado un límite máximo, ya que las proteínas, diferentes en cada ser vivo, pueden llegar a tener hasta miles de aminoácidos. Al tratarse de cadenas tan largas también hemos de saber que se trata de moléculas con una elevada masa molecular. El peso molecular de las proteínas se expresa en dalton (Da). Un Da equivale a una unidad de masa atómica. Es decir, un átomo de carbono tiene una masa de 12 Da. En las proteínas resulta cuanto menos complicado emplear el concepto de mol, ya resulta impensable imaginar $6{,}02214 \times 10^{23}$ moléculas, por ejemplo, de albúmina (la proteína principal de la clara de los huevos y que posee 585 aminoácidos). En el caso de la albúmina, su masa molecular es de 67 000 Da. Y por tanto, un mol de albúmina se corresponde con unos 67 kilogramos de esta sustancia.

Otro hecho vital sobre las proteínas lo encontramos en su estructura. En las proteínas, dada la complejidad de su estructura, se realizan diversas aproximaciones para poder llegar a entenderla. La división es la siguiente:

1. Estructura primaria. En este tipo se presenta únicamente el orden de los aminoácidos que la componen. Es decir, una lista en función de su posición.
2. Estructura secundaria. En esta segunda aproximación se presenta la disposición espacial adoptada por las cadenas polipeptídicas. No se representan todos los átomos que forman cada uno de los aminoácidos, sino solamente los implicados en la propia cadena formada a través de enlaces peptídicos. Existen diversas estructuras que pueden ser formadas de manera habitual por las cadenas de aminoácidos y sus propiedades pueden cambiar en función de la disposición espacial que adopten. Por ejemplo, en esta estructura la formación de puentes disulfuro (–S–S–) o enlaces de hidrógeno son dos de los factores que deciden la forma que adopta la proteína. Proteínas diferentes pueden observar estructuras bastante similares, ya que la mayoría forman estructuras conocidas como hélice alfa o lámina beta.
3. Estructura terciaria. En esta representación se incluyen todos los átomos que forman la proteína. Al incluir los átomos de las cadenas alquílicas de cada aminoácido, las estructuras de las proteínas son muy diferentes y se observa que poseen estructuras muy complejas.

4. Estructura cuaternaria. Finalmente, esta estructura se obtiene únicamente cuando la proteína está formada por más de una cadena polipeptídica, ya que las proteínas pueden estar formadas por una única cadena polipeptídica o varias de estas cadenas, y la estructura cuaternaria refleja las interacciones entre ellas.

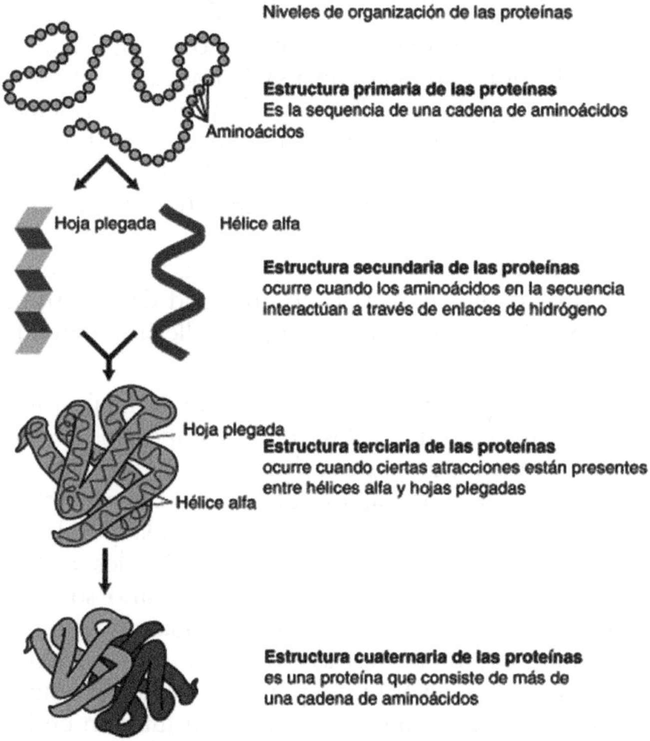

Se presentan los cuatro niveles de representación de la estructura de las proteínas. La imagen titulada «Estructura de las proteínas» es cortesía del *National Human Genome Research Institute* (Estados Unidos) y es contenido libre y de dominio público.

Cabe señalar la importancia de la estructura tridimensional de las proteínas, ya que cuando se habla de haber desnaturalizado una proteína lo que se ha cambiado es precisamente esta distribución espacial y la proteína ya no es capaz de cumplir con sus antiguas funciones.

Pero entonces, ¿para qué sirven las proteínas? Sus funciones son múltiples en los organismos vivos, pero podemos destacar algunas de ellas como son que se encuentran con funciones estructurales en los tejidos de los seres vivos (como el músculo o los tendones, pero también la piel o las uñas), pero también forman la membrana celular que rodea las células. También participan en los movimientos de los músculos y en la reparación y mantenimiento de las fibras, por ejemplo. Además poseen funciones metabólicas como enzimas (que catalizan reacciones químicas dentro de los seres vivos) u hormonas (que sirven como reguladores internos como la insulina), así como de defensa contra organismos patógenos, y realizan otras labores como el transporte del oxígeno (realizado por la hemoglobina) o de las grasas en la sangre y se encargan de regular gran parte de los procesos que suceden dentro de un ser vivo. Por ejemplo, las proteínas quinasas provocan la fosforilación de un sustrato (es decir, añaden un grupo fosfato), estas proteínas se encuentran implicadas por ejemplo en el desarrollo de algunos tipos de cáncer y actuar sobre ellas es una de las formas de tratar estas enfermedades.

49

¿POR QUÉ A LOS MARINEROS SE LES CAÍAN LOS DIENTES?

Los problemas a los que se enfrentan los marineros están en su mayoría relacionados con el mar: tormentas, grandes olas, terribles vientos, etc. Pero sobre todo en los siglos XV y XVI, cuando realizaban largas travesías cruzando el océano sin tocar puerto, tenían otro enemigo que les provocaba que se les cayesen los dientes e incluso la muerte. Este adversario no tiene nada que ver con los mares, sino que está causado por una mala alimentación. Se trata del escorbuto.

Para situarnos debemos imaginarnos las condiciones de vida de la época y de higiene de los barcos, así como las condiciones de los viajes. En muchos casos los marineros no sabían ni cuál iba a ser la duración del viaje, pero además la dependencia de las condiciones atmosféricas podía prolongar la travesía más allá de sus cálculos. El primer viaje de Colón a América duró desde el 3 de agosto hasta el 12 de octubre de 1492. Por tanto, setenta días sin tocar puerto, pero había viajes que duraban mucho más tiempo.

Cuando los marineros se preparaban para realizar un viaje largo cargaban sus naves con todos los alimentos que podían. Sin embargo, la posibilidad de cargar frutas o verduras y que durasen todo el viaje era bastante escasa. La mayor parte del alimento que iban a ingerir sería carne en salazón, galletas y, si pescaban durante la travesía, el propio pescado. Lo que les garantizaba la ingesta de hidratos de carbono, grasas y proteínas, que son sustancias vitales para la supervivencia de la vida.

Actualmente, cualquier nutricionista se echaría las manos a la cabeza ante la falta de otras sustancias. Pero por aquel entonces no estaba claro qué era lo que les pasaba a los marineros. Algunos de los marineros mostraban síntomas como cansancio y debilidad extremos o encías muy inflamadas que sangraban con facilidad, junto con otras hemorragias en otras partes del cuerpo como sangrado cutáneo, nasal, en la orina o en heces. También les apestaba el aliento y se les caían los dientes. Muchos fallecían por una insuficiencia cardiaca. El escorbuto era incluso denominado «la plaga del mar».

No fue hasta mediados del siglo XVIII cuando la Armada Británica observó que la mejor medicina contra el escorbuto era la administración de zumo de limón a todos sus marineros, y se convirtió en algo obligatorio en sus barcos que hizo prácticamente desaparecer esta enfermedad. Pero los británicos desconocían cómo funcionaba este remedio.

Actualmente sabemos que el escorbuto se debe a una falta de vitamina C. Este compuesto, también llamado ácido ascórbico, no puede ser sintetizado por nuestro organismo y por tanto se considera esencial en nuestra dieta. Es decir, debemos consumirlo obligatoriamente. Sin su ingesta, muchos procesos biológicos en nuestro organismo se ven paralizados ya que es el precursor de otras sustancias como el colágeno. Esta proteína se encuentra en gran parte de nuestros tejidos como huesos, ligamentos, tendones o en la piel. También está presente en las arterias o los capilares y debe ser reemplazado con cierta periodicidad. Los marineros, al no poder ser sintetizado por la falta de vitamina C, comenzaban a mostrar los síntomas del escorbuto. Además, la vitamina C posee un relevante papel para el sistema inmune, por tanto es este otro motivo para recurrir a su ingesta cuando una persona está enferma.

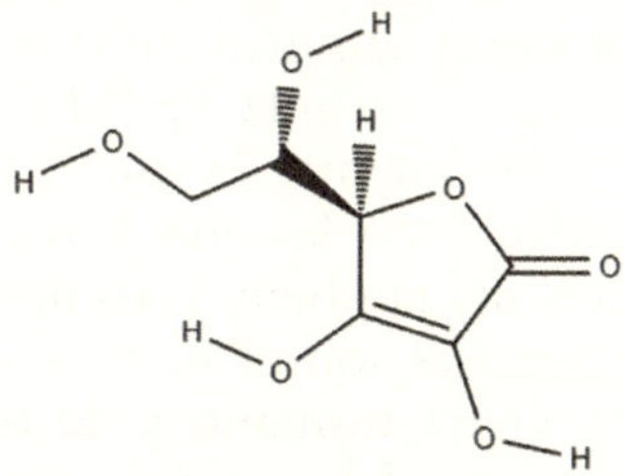

Estructura de la vitamina C. Este compuesto es vital para el ser humano y su carencia provoca graves desequilibrios que pueden desembocar incluso en la muerte.

Por tanto, ya sabemos que además de hidratos de carbono, lípidos y proteínas, los seres humanos necesitamos de la ingesta de otras sustancias denominadas vitaminas. Pero ¿qué son exactamente las vitaminas y cuál es su papel biológico? Se trata de moléculas orgánicas que no aportan calorías y que son necesarias en pequeñas cantidades. Algunas son sintetizadas por el organismo, pero incluso estas se generan en cantidades menores a las que se requieren por nuestro metabolismo y deben ser ingeridas en la dieta. Existen trece vitaminas que se necesitan para los seres humanos y se clasifican en dos grupos: hidrosolubles (solubles en agua) y liposolubles (no solubles en agua y que se almacenan en la grasa, gracias a esto no es necesario ingerirlas diariamente). Las vitaminas liposolubles son las vitaminas A, D, E y K, mientras que las hidrosolubles son la vitamina C y las del tipo B que son las vitaminas B1, B2, B3, B5, B6, B8, B9 y B12. Cada uno de estos trece compuestos posee funciones específicas dentro del metabolismo humano y su consumo es fundamental para que nuestro organismo pueda mantener su metabolismo en perfecto estado. A continuación se presentan las estructuras de algunos de estos compuestos:

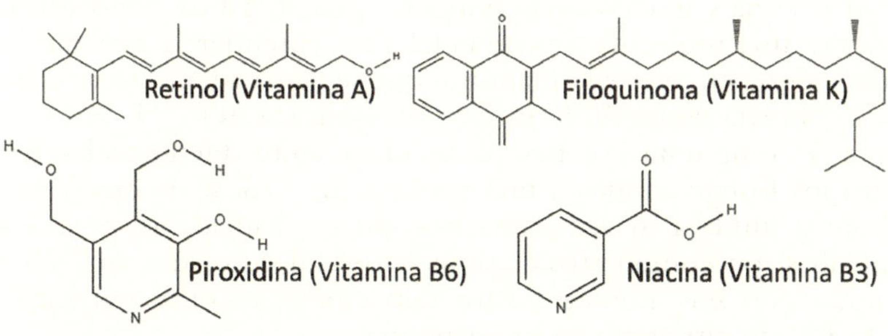

La vitamina A posee varias estructuras (retinol, retinal, y ácido retinoico, entre otros). Este hecho sucede en otras vitaminas como la D, la K o la B6.

Por otro lado, un exceso del consumo de vitaminas puede provocar también un trastorno conocido como hipervitaminosis, que se regula dejando de consumir la fuente de vitaminas.

Finalmente, es importante señalar que no son las únicas sustancias a las que hemos de recurrir, ya que nuestro cuerpo necesita también otros nutrientes llamados oligoelementos. Estas sustancias son elementos que se encuentran en bajas cantidades en el ser humano pero que resultan vitales para el desarrollo correcto del metabolismo. El más famoso de estos oligoelementos es posiblemente el hierro, ya que es ampliamente conocido que su déficit provoca anemia. Los síntomas de este trastorno son la fatiga, la debilidad o sufrir mareos de forma habitual, entre otros, y se debe a la disminución de los glóbulos rojos, que son los encargados de transportar el oxígeno dentro del torrente sanguíneo. El motivo de esta disminución lo encontramos en que los glóbulos rojos poseen una proteína llamada hemoglobina que posee en su estructura un catión de hierro (Fe^{2+}) y sin ingerir hierro resulta imposible su síntesis. Pero existen muchos otros como el sodio, potasio, calcio, magnesio o zinc. Una dieta rica debe incluir también estos oligoelementos.

50

¿Existe alguna moneda energética?

Dentro de nuestro organismo se producen procesos que generan energía y gracias a ello podemos pensar, hablar o movernos. Existe una molécula fundamental para entender la generación de energía en nuestro organismo que se llama adenosintrifosfato y se abrevia como ATP. Su fórmula química es $C_{10}H_{16}N_5O_{13}P_3$ y está compuesta por tres partes claramente diferenciadas: tres grupos fosfato unidos a una pentosa (un azúcar de cinco carbonos) unida a su vez a una base purina llamada adenina. Las purinas son compuestos orgánicos formados por dos ciclos (un anillo con seis átomos y otro con cinco) y contienen varios átomos de nitrógeno en su estructura.

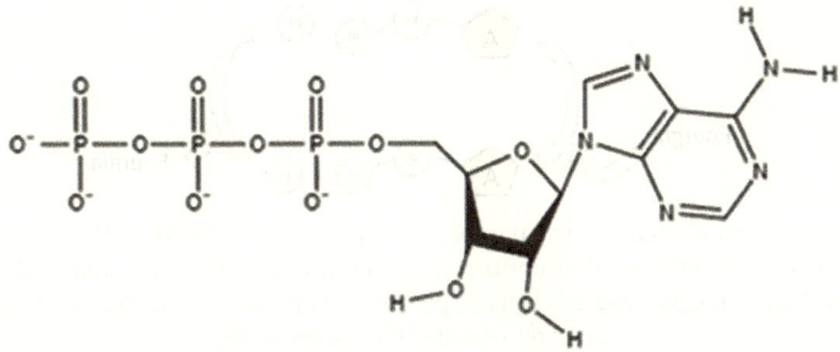

En la imagen se observa la estructura del ATP que posee tres partes diferenciadas: tres grupos fosfato (a la izquierda), una pentosa (en el centro) y una molécula de adenina (a la derecha).

El ATP posee varios papeles dentro del metabolismo humano. Por ejemplo, es el precursor de diversas coenzimas (sustancias que algunas enzimas necesitan para activarse). Pero su principal rol es el del transportador de energía en todas las células del organismo. Para poder explicar correctamente su papel debemos desarrollar el metabolismo en sus dos vertientes:

1. Anabolismo. El objetivo de todas las vías que participan en el anabolismo es la síntesis de macromoléculas (como proteínas, ácidos nucleicos o lípidos) partiendo de las moléculas precursoras (aminoácidos, azúcares, bases nitrogenadas).
2. Catabolismo. Es la vía contraria al anabolismo y parte de nutrientes que actúan como almacenes de energía (grasas, glucógeno, proteínas) para mediante su degradación obtener energía.

Asimismo, hemos de conocer que dentro del metabolismo pueden suceder reacciones tanto en condiciones aeróbicas (es decir, en presencia de O_2) como anaeróbicas (en ausencia de O_2).

Y aunque desde el primer momento hemos hablado del ATP debemos tener en cuenta que actúa como un sistema ATP/ADP + Pi, siendo estos dos últimos adenosín difosfato y fosfato, respectivamente. Al degradarse el ATP (proceso anabólico) se obtiene energía (ya que la energía libre de Gibbs, ΔG, es $-7,2$ kcal/mol; lo que quiere decir que en la reacción se liberan $-7,2$ kcal/mol), mientras que la síntesis de ATP (proceso catabólico) requiere un aporte energético de al menos la misma energía.

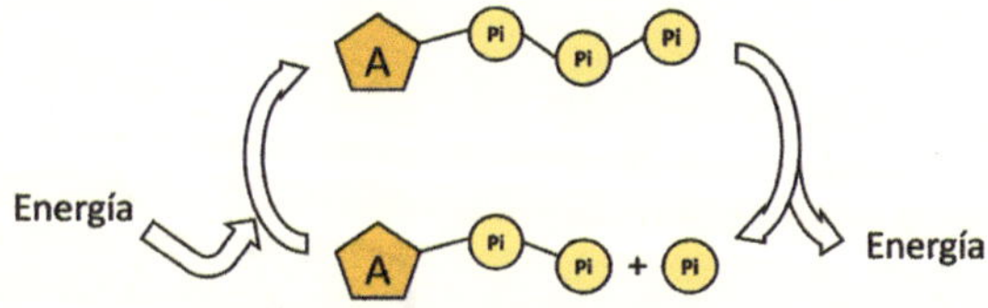

Se presenta el ciclo de formación del ATP a partir del ADP. Para formar ATP se requiere energía mientras que cuando el ATP se degrada a ADP se produce energía. Este es el principal proceso biológico de generación de energía *in situ* en los seres vivos.

Estas son las reacciones que regulan la participación del ATP en los procesos en los que actúa como transportador de energía. Y básicamente lo que sucede es que al degradar la glucosa (que es el combustible básico para el ser humano) se obtiene energía que forma el ATP, que se desplaza para liberar esa misma energía hasta donde es necesario. La degradación de la glucosa se conoce como glucólisis y es la principal forma de obtener energía en el organismo. Se realiza en dos fases, una de preparación para adaptar la glucosa hasta la forma en que puede ser empleada para obtener energía y una segunda en la que el metabolito adaptado se degrada generando una importante cantidad de energía. En la fase de preparación se requiere incluso la participación de dos moléculas de ATP, mientras que en la segunda fase se generan cuatro moléculas de esta sustancia. Por tanto, se genera un beneficio neto de dos moléculas de ATP por cada molécula de glucosa que es degradada. La glucólisis puede producirse tanto en condiciones aeróbicas como anaeróbicas. La reacción química que rige la glucólisis aeróbica es:

$$\text{Glucosa} + 2\,\text{ADP} + 2\,\text{Pi} + 2\,\text{NAD}^+ \rightarrow 2\,\text{Pir} + 2\,\text{ATP} +$$

$$+ 2\,\text{NADH} + 2\,\text{H}^+ + 2\,\text{H}_2\text{O}$$

Donde el NAD^+ y el NADH son las dos formas de una coenzima llamada nicotinamida adenina dinucleótido, que también interviene en un elevado número de reacciones bioquímicas; y Pir hace referencia al piruvato, que es la molécula orgánica que se obtiene como residuo del proceso de glucólisis y que puede volver a ser empleado para regenerar la glucosa o entrar en otros ciclos bioquímicos.

Cuando el proceso se produce sin presencia de oxígeno (condiciones anaeróbicas), la reacción química global es:

$$\text{Glucosa} + 2\,\text{ADP} + 2\,\text{Pi} \rightarrow 2\,\text{Lactato} + 2\,\text{ATP} + 2\,\text{H}_2\text{O}$$

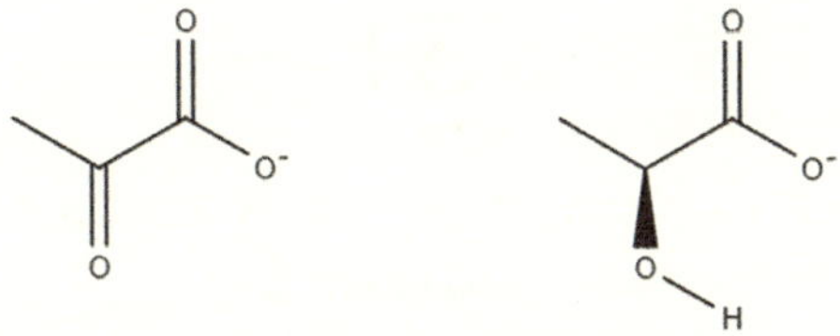

Estructuras del piruvato (derecha) y el lactato (derecha). El grupo –OH es la reducción del doble enlace C=O.

En este caso, el residuo que se produce es el lactato. Antes se creía que el lactato era el responsable de las agujetas que son los dolores que aparecen uno o dos días después de realizar ejercicio de manera intensa. Esta teoría es falsa. Existen diversas teorías respecto a por qué aparece ese dolor, pero la posibilidad de que sea debido al ácido láctico está más que descartada. El hecho de que no haya oxígeno provoca que el piruvato sufra un proceso de fermentación hasta formar el lactato.

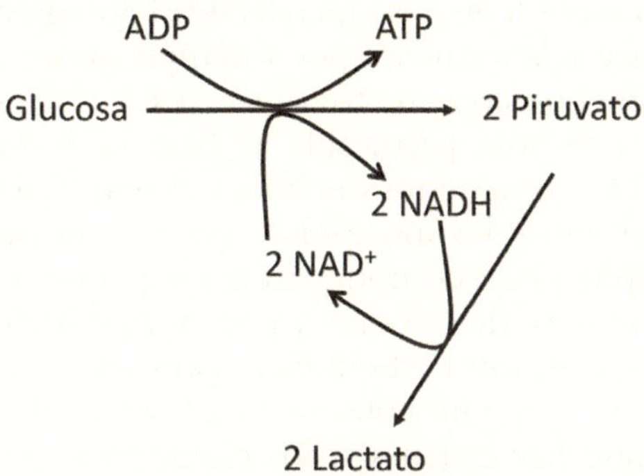

La fermentación de la glucosa conlleva inicialmente la degradación hasta piruvato y posteriormente hasta lactato. El NAD^+ / NADH participa en el proceso regenerándose. Se obtienen dos moléculas de ATP.

Como hemos observado, el ATP se genera gracias a la glucólisis. Pero ¿para qué sirve esta molécula? Se ha encontrado que participa en multitud de procesos biológicos, desde la contracción de los músculos, la neurotransmisión (incluida la del dolor), la división celular o la apoptosis (que es el proceso de muerte celular programada por el mismo organismo). Por tanto, se requiere la presencia constante de ATP en nuestro organismo y este es producido y consumido de manera continua en nuestras células.

51

¿Es posible considerar a los virus como seres vivos?

A lo largo de este capítulo hemos descrito la relación que existe entre la química y la vida. Es decir, partiendo de la base de que toda la materia (desde los minerales, las plantas o los seres humanos) está compuesta por átomos, hemos tratado de entender cómo se organizan estos átomos para que la vida sea posible y continúe su camino. Por ejemplo, es fundamental comprender el papel versátil de estos átomos, capaces de cambiar su rol en función de donde se encuentren. Un átomo que forma parte de nuestro cuerpo, anteriormente ocupaba una posición en una planta y antes en el suelo al que accedió tras su paso por la atmósfera, por ejemplo. Aunque dentro de nuestro cuerpo podemos encontrar átomos de muchos elementos químicos (como de hierro en la hemoglobina, sin ir más lejos) hasta hace relativamente poco tiempo siempre se hacía una clara distinción entre compuestos orgánicos e inorgánicos. Aunque la frontera hoy es más permeable, la base ya la hemos descrito previamente. Los compuestos orgánicos se basan en las cadenas de átomos de carbono y los inorgánicos no forman cadenas. Los virus, por ejemplo, están compuestos principalmente por cadenas formadas por átomos de carbono, y por lo tanto forman parte de la llamada química orgánica. Ahora bien, ¿son seres vivos? Es posible adelantar que no existe un consenso total dentro de la comunidad científica ya que hay quienes sí los consideran seres vivos y hay quienes no los incluyen dentro de esta categoría.

Debemos introducir un concepto puramente biológico para abordar la cuestión de si los virus son o no son seres vivos. Se trata, obviamente, de definir qué es un ser vivo. Existen diversas definiciones, pero una de las más ajustadas sería: «que se trata de un organismo que nace, que crece, que interacciona con el entorno, que se reproduce y muere; son además organismos complejos y organizados, formados por una elevada cantidad de átomos y moléculas, y que pueden estar formados por una o por muchas células y que la célula es la unidad de estructura y función de los seres vivos».

Esta definición presenta algunas carencias, ya que por ejemplo los animales híbridos que son cruces entre especies (como la mula que desciende de un cruce entre una yegua y un burro) no poseen la capacidad de reproducirse y, sin embargo, no es concebible que no sean seres vivos. Sin embargo, es posible extraer algunos rasgos fundamentales de ella, por ejemplo que son organismos complejos y organizados y que están compuestos por células.

Los virus son organismos bastante sencillos. Están compuestos por material genético (ácidos nucleicos, ya sea ADN o ARN) y están recubiertos de un envoltorio de proteínas (llamado cápsida o cápside). En algunos casos también poseen lípidos.

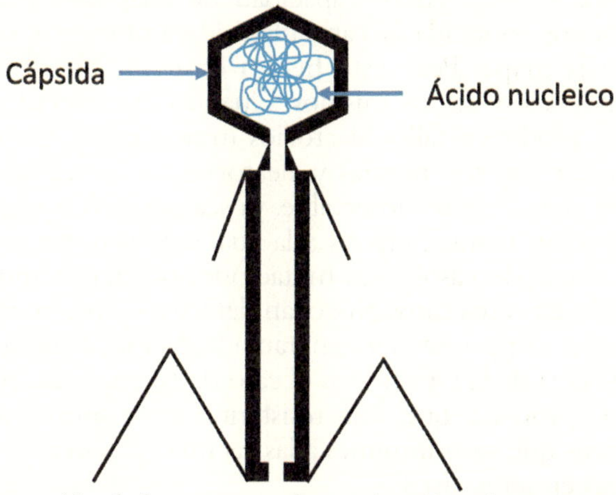

Representación de la estructura de un virus. Los virus poseen un material genético (ADN o ARN) rodeado de una membrana protectora y posee una estructura que le facilita realizar la infección del organismo hospedador (tanto para acceder a la célula hospedadora como para inyectar su material genético).

Los virus requieren de la presencia de otro organismo (conocido como hospedador) en cuyo interior son capaces de reproducirse de manera incontrolada (estado activo o intracelular). Fuera del hospedador (estado inactivo o extracelular), la vida del virus está muy limitada ya que las cápsidas no suelen ser muy resistentes y algunos no soportan el contacto con la atmósfera más allá de unos minutos. Sin embargo, en el interior del hospedador los virus poseen dos fases: la fase latente, en la que pueden permanecer durante largos períodos de tiempo sin provocar daños perjudiciales para el hospedador; y la fase de infección, en la que se produce una interacción gracias a la cápsida de los virus que les lleva a poder introducir su material genético en las células del hospedador.

Entonces, el material genético del virus comienza a reproducirse empleando los medios de la célula del hospedador de manera indiscriminada, reproduciendo además las proteínas que forman la cápsida. Cuando las dos formas (material genético y cápsida) son ensambladas, rompen la célula y el virus sale al exterior replicado, con la posibilidad de infectar a nuevos individuos o nuevas células. Y, por lo tanto, podemos decir que los virus necesitan de otro organismo para continuar existiendo.

Una de las teorías que soporta la adscripción de los virus como seres vivos se basa en su capacidad de adaptarse y cambiar. Es ampliamente conocida la capacidad de cambio, por ejemplo, del virus de la gripe. Pero este hecho es atribuible al mecanismo de reproducción de los mismos. Cuando el material genético se replica se producen fallos aleatorios (mutaciones). Las mutaciones se considera que son neutras y aleatorias. La fuerza que evidencia si poseen algún efecto observable, ya sea positivo o negativo, o no, es la selección natural, gracias a la cual sabemos que en un elevado porcentaje de casos estas mutaciones no tienen ningún efecto observable, en otros casos provocan defectos o enfermedades genéticas y otras son positivas y generan adaptaciones que garantizan la supervivencia de la especie. En el caso de las bacterias, por ejemplo, les puede provocar que sean resistentes a los antibióticos y en el de los virus que sean inmunes a las vacunas. ¿Convierte este hecho a los virus en seres vivos?

A pesar de que posean un comportamiento similar al de los seres vivos en cuanto a su variabilidad genética, no es suficiente para definirles como seres vivos.

Otro hecho son los rasgos esenciales de la definición de vida que se ha aportado previamente, ya que los virus no están formados por células y estas no son la unidad de estructura y función de los organismos víricos. Por tanto, los virus no son seres vivos, ya que no cumplen con uno de los rasgos fundamentales de la definición que hemos citado previamente.

Los virus son considerados un tipo de sustancias muy particulares dentro de la materia y se les incluye dentro de los agregados moleculares, ya que son sustancias formadas por diferentes moléculas (ácidos nucleicos y proteínas principalmente) y poseen dos formas diferentes (activa o intracelular e inactiva o extracelular) que tienen comportamientos diferenciados, pero estas características no son suficientes para incluirlos en ninguna de las categorías descritas dentro de los seres vivos.

52

¿Podrían existir seres vivos que no estuvieran basados en la química del carbono?

Hasta ahora hemos observado que toda la vida en nuestro planeta se basa en la llamada química del carbono. Pero ¿sería así en todas las galaxias? ¿Podría haber civilizaciones extraterrestres que basan su química en otros elementos? La respuesta a esta pregunta no es sencilla, pero podemos comenzar preguntándonos por qué la vida en la Tierra se basa en el carbono. Y no solo en carbono, ya que en nuestro planeta la mayoría de organismos vivos están formados por varios elementos, siendo los más abundantes: carbono, oxígeno, hidrógeno, nitrógeno, azufre y fósforo (los llamados bioelementos primarios), mientras que el resto de elementos que puedan encontrarse en las células de los seres vivos se llaman bioelementos secundarios y su abundancia es mucho menor. Todos los elementos que forman parte de la vida se encuentran en una concentración suficiente en la corteza terrestre (o en su atmósfera) para ser incorporados por los organismos vivos. Por tanto, cualquier civilización extraterrestre debería tener a su alcance bioelementos como para poder regenerar sus células. Por tanto, un planeta donde no hubiese carbono a mano no podría tener una vida basada en ese elemento. Pero ¿podría tenerla basada en otro elemento o la vida sería imposible?

La vida a nivel químico supone la superposición de cientos (y miles) de reacciones químicas que actúan de manera coordinada dentro de un mismo organismo. Este nivel de complejidad no puede ser logrado por moléculas simples con dos o tres átomos únicamente. Por tanto, lo primero que se requiere para que la vida pueda tener lugar es que se formen moléculas complejas. En el caso del carbono la respuesta es obvia: las uniones C–C están tan favorecidas que este compuesto forma de manera natural compuestos formados por largas cadenas de átomos. Sin embargo, no es el único elemento capaz de establecer este tipo de uniones. Por ejemplo, el azufre también forma enlaces S–S o el silicio enlaces Si–Si. Otro elemento que forma enlaces consigo mismo lo encontramos en el oxígeno, por ejemplo con el ozono (O_3), pero esta molécula ya es bastante inestable y no podría formar cadenas más largas, por tanto una vida basada en oxígeno no parece algo factible.

Una de las posibilidades por las que no existe vida basada en S–S o en Si–Si la encontramos en que en caso de que pudiera formar sistemas lo suficientemente complejos como para ser considerados vida, la vida basada en carbono es más eficiente y ha ocupado todo el espacio (y modificado nuestro planeta, especialmente la atmósfera) sin haber dejado que la vida basada en otros elementos haya prosperado. ¿Qué convertiría al carbono en el más eficiente de los elementos?

Se trata de un elemento con baja masa atómica y una configuración electrónica ([He] $2s^2$ $2p^2$) que le permite formar hasta cuatro enlaces covalentes y, como hemos comentado, con la formación de enlaces C–C muy favorecida. Igualmente los enlaces con átomos como hidrógeno, nitrógeno u oxígeno están muy favorecidos. Una molécula fundamental en la química del carbono la encontramos en el CO_2, que se produce como residuo de la respiración y se elimina en forma de gas, siendo además un gas soluble en agua.

Podríamos pensar que otros elementos, principalmente el silicio (ya que se encuentra justo debajo del carbono y posee una configuración química similar, [Ne] $3s^2$ $3p^2$) que puede formar largas cadenas consigo mismo o con otros elementos como el oxígeno (por ejemplo, las siliconas) podría generar un sistema de vida diferente al nuestro. Sin embargo, posee varias limitaciones. Por ejemplo su tamaño, que es mucho mayor que el del carbono y que provoca que la distancia de enlace Si–Si sea mucho mayor que la C–C (y que sea también la mitad de fuerte y por tanto, que no se puedan formar cadenas tan largas como con el carbono), además le imposibilita formar compuestos cíclicos de un bajo número de átomos. Asimismo el silicio tan solo puede formar enlaces simples consigo mismo mientras que el carbono puede formar enlaces dobles y triples (este hecho se debe a que el carbono es capaz de provocar la hibridación de sus orbitales, mientras que el silicio no puede llevar a cabo de manera fácil este proceso), lo que reduce las posibilidades sintéticas del Si. Por otro lado, si estos organismos necesitasen un proceso similar a la respiración, si recurriesen al oxígeno, formarían como residuo SiO_2, que es el componente mayoritario de la arena o el vidrio. Por tanto, un compuesto sólido insoluble en agua, que es mucho menos versátil que el gas CO_2.

En el caso de una vida basada en azufre, de un proceso similar a la respiración, podrían producirse diversos óxidos de azufre que cuando entran en contacto con el agua producen ácidos como el sulfúrico (H_2SO_4). Cuesta imaginar que pudiéramos compartir espacio con un ser que genera ácido sulfúrico al respirar. En el caso de que recurriese al hidrógeno en este proceso de respiración, produciría H_2S, cuyo olor es nauseabundo. Aunque esta segunda opción no es incompatible con nosotros, no convertiría a los extraterrestres en una compañía demasiado agradable. Sin embargo, ambas posibilidades son poco probables, ya que el azufre presenta las mismas carencias en cuanto a su química y no podría formar sistemas lo suficientemente complejos como para generar vida.

Por todo esto, teóricamente es posible decir que la vida basada en otros elementos no es posible y cabe pensar que, en caso de existir vida extraterrestre, debería estar basada también en carbono.

53

¿Es el ADN todo lo que somos?

Las siglas ADN son ampliamente utilizadas en nuestra sociedad y en general se emplean para señalar algo que forma parte de nosotros de la manera más íntima posible. Cuando algo «está en nuestro ADN» quiere decir que no es posible separarlo de nosotros mismos. El significado que esas tres letras entraña es el nombre de una molécula: el ácido desoxirribonucleico. En 1944 fue la primera vez que se propuso que esta molécula contenía la información genética de los individuos y en 1953 fue cuando se propuso por primera vez su estructura, ya que el ADN forma una estructura de doble hélice que es una de las figuras más conocidas de la genética. Este hecho dio pie al nacimiento de la genética molecular, una de las ciencias más punteras y que más ha avanzado en la última década.

Es de vital importancia citar algunas de las principales funciones que posee esta molécula en nuestro organismo, como son:

1. La replicación, que es la capacidad de hacer copias de sí mismo (para lograr que la información genética pase de una célula a sus descendientes). Este proceso se realiza mediante un proceso semiconservativo en el que cada doble cadena de ADN se desdobla en una cadena simple y se

forman dos moléculas de cadena doble de ADN a partir de la simple (añadiendo las bases complementarias de la cadena simple que da pie al proceso). Por tanto, cada una de las dos nuevas moléculas de ADN tiene una cadena simple procedente de la cadena originaria.

2. Codifica las proteínas, es decir, contiene la información para que cada célula sintetice las proteínas propias de cada organismo.
3. Participa en el metabolismo celular, provocando la síntesis de proteínas y hormonas.
4. Es responsable de las mutaciones, como factor adaptativo al entorno que son vitales para la supervivencia de las especies (por el efecto de la selección natural sobre ellas que provoca que las especies mejor adaptadas sean las que se reproduzcan en mayor número).

Sin todas estas funciones nuestra supervivencia no sería posible, y por ello el ADN es una molécula fundamental para todas las especies.

Debemos analizar la composición y estructura de esta molécula. Para ello hemos de partir de la base de que el ADN es una macromolécula (un ácido nucleico porque se encuentra principalmente en el núcleo de las células, si bien una pequeña parte lo hace en las mitocondrias y es llamado ADN mitocondrial) formada por largas cadenas que contienen la información genética que posee un individuo y que pasa a su descendencia, que además se encuentra en todas las células de un individuo y que es diferente entre sujetos distintos. Debemos analizar qué compone estas cadenas; para ello tenemos que introducir el concepto de bases nitrogenadas, que son compuestos orgánicos cíclicos que poseen dos o más átomos de nitrógeno en su estructura. En el ADN hay de dos tipos: las purínicas y las pirimidínicas: las primeras proceden de la purina y las segundas de la pirimidina. La purina posee dos ciclos orgánicos (uno con seis átomos y otro con cinco) y posee cuatro átomos de nitrógeno, mientras que la pirimidina está formada por un único anillo que posee dos átomos de nitrógeno.

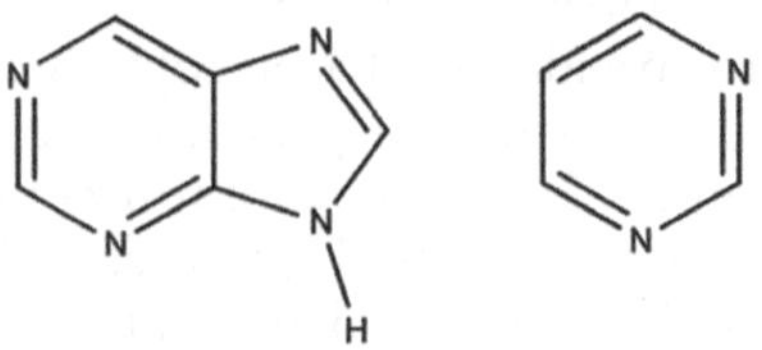

Estructuras químicas de la purina (izquierda) y la pirimidina (derecha)

Las cadenas de ADN poseen cuatro de estas bases. Dos purínicas (adenina y guanina) y dos pirimidínicas (timina y citosina). Estas bases se abrevian como A, G, T y C en genética. Es importante señalar que existe una relación fundamental entre estas bases y es que son complementarias, es decir, que encajan como piezas de puzles. Por ejemplo, la adenina y la timina son complementarias y, por otro lado, la guanina y la citosina también lo son. Esta complementariedad está regida por los enlaces de hidrógeno que se establecen entre las moléculas de adenina y timina, por un lado con dos enlaces de hidrógeno (A=T), y guanina y citosina con tres enlaces de hidrógeno entre ellas (G≡C). Este hecho es fundamental en la estructura de doble hélice del ADN, así como en su replicación, por ejemplo.

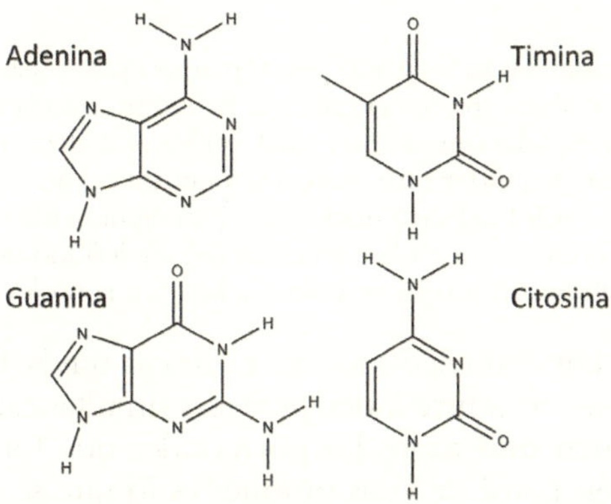

Estructura de las bases nitrogenadas que se integran en el ADN. Estas moléculas forman parte de los nucleótidos que forman las cadenas de ADN. Además, es importante saber que estas moléculas interaccionan entre ellas cuando se encuentran cada una en una hebra del ADN, y que las interacciones son siempre adenina (A) con la timina (T) y guanina (G) con la citosina (C) y viceversa, timina con adenina y citosina con guanina.

Ahora bien, estas moléculas no aparecen solas en las cadenas de ADN sino que se encuentran unidas a otras dos estructuras. Cuando una base nitrogenada (purínica o pirimidínica) se une a una pentosa (un azúcar de cinco carbonos, en el ADN 2-desoxiribosa) forma una estructura llamada nucleósido. A esta nueva estructura se le pueden adicionar uno o varios grupos fosfato. Esta segunda adición se realiza también sobre la pentosa, por tanto esta ocupa el lugar central en la molécula y tanto la base nitrogenada como los grupos fosfato se encuentran unidos a ella.

Esta estructura, que recuerda mucho a la del ATP, se conoce como nucleótido y es la que realmente se integra en las cadenas de ADN.

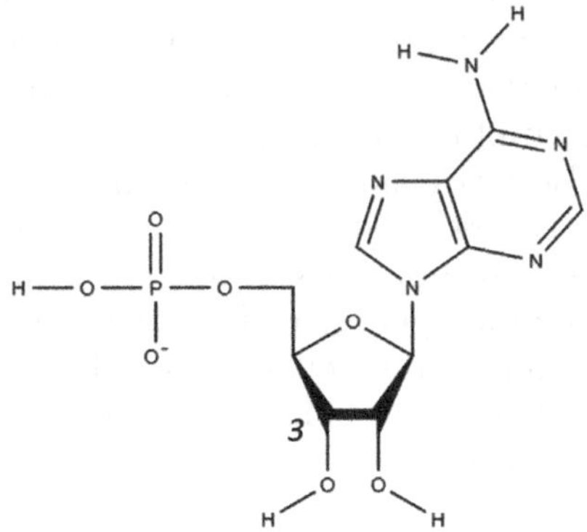

Estructura del nucleótido formado por el grupo fosfato (parte izquierda de la molécula), la ribosa (parte central) y la base nitrogenada adenina (parte superior derecha). La unión entre nucleótidos se realiza entre el grupo fosfato (que puede perder otro protón y tener una carga negativa) y uno de los grupos –OH del otro nucleótido (concretamente el que ocupa la posición 3 remarcada en la estructura del nucleótido de la imagen). Cuando ambos nucleótidos se unen, se libera una molécula de agua.

La unión entre nucleótidos se realiza a través de los grupos fosfato que pueden unirse a dos pentosas simultáneamente. De ese modo se pueden unir todos los nucleótidos que forman el ADN. La presentación lineal de estas uniones es lo que se conoce como estructura primaria del ADN (al igual que sucede con las proteínas, su complejidad conlleva que haya diferentes representaciones). Una molécula de ADN posee tres mil millones de nucleótidos en su composición y a la secuencia de todas estas bases se le conoce como genoma. El genoma humano se descifró completamente en 2003 gracias al Proyecto Genoma Humano que se desarrolló durante quince años y supuso un importante esfuerzo que implicó a veinte instituciones a nivel internacional. El coste estimado de esta investigación fue de unos 2700 millones de dólares, es decir unos 2370 millones de euros.

La estructura secundaria del ADN es la que fue descrita por Watson y Crick en 1953 (empleando además los datos cristalográficos de Rosalind Franklin) conocida como estructura de doble hélice. Las estructuras terciaria y cuaternaria del ADN representan distribuciones espaciales en 3D y son mucho más complejas de entender.

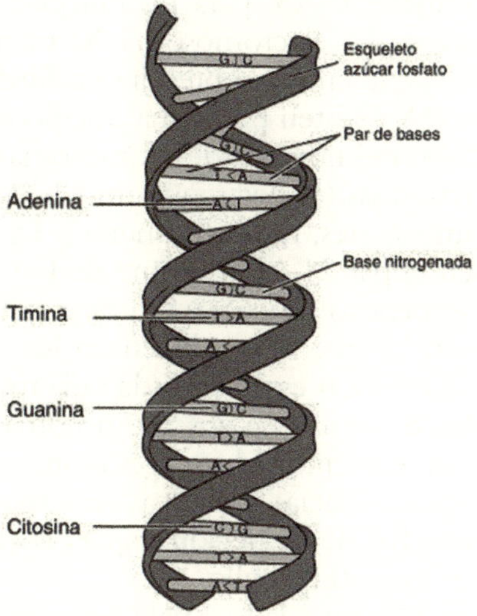

Estructura secundaria del ADN donde se observan las dos cadenas generadas a partir del esqueleto que forman las uniones entre las pentosas y los grupos fosfato de los nucleótidos, y la unión entre las dos cadenas basada en las interacciones mediante enlaces de hidrógeno entre las bases nitrogenadas que componen los nucleótidos. La imagen titulada «Estructura del ADN» es cortesía del National Human Genome Research Institute de Estados Unidos y forma parte del dominio público.

En estos momentos surge una pregunta clave: ¿qué son los genes? Son combinaciones de nucleótidos que actúan como unidades de almacenamiento de información genética codificada para la síntesis de proteínas con función estructural o enzimática. Es decir, que a través de esos segmentos de ADN las células de nuestro organismo saben cómo funcionar en algún aspecto en concreto. Se ha estimado que el ser humano posee unos 20 000 genes. Un determinado gen puede predisponer, por ejemplo, para el desarrollo de un determinado tipo de enfermedad o cáncer.

Pero si hemos dicho que el ADN contiene la información genética ¿cuál es la relación de este con los cromosomas? Los cromosomas son la manera en que el ADN se almacena y organiza dentro de nuestras células. Cada cromosoma puede tener de cientos a miles de genes. Nuestras células poseen 23 pares de cromosomas (se hereda uno de la madre y otro del padre por cada par de cromosomas). A excepción de las células germinales (que son las que dan lugar a los óvulos y los espermatozoides) que poseen únicamente 23 cromosomas que se forman mediante un tipo de división celular especial llamada meiosis, que reduce el número de cromosomas a la mitad y los recombina (es lo que se conoce como reproducción sexual) y que son la manera en que la información genética se transmite. Uno de estos cromosomas es el que selecciona el sexo del organismo (siendo XX para las mujeres y XY para los hombres). En este caso, la madre siempre transmite el cromosoma X, mientras que el sexo del organismo descendiente se obtendrá en función de si el padre transmite el X o el Y. Existen problemas médicos derivados de la correcta segregación del número de cromosomas. Son las llamadas monosomías o trisomías (es decir, que un par en lugar de dos cromosomas tenga uno o tres, respectivamente). La trisomía más famosa se produce en el par 21 (o síndrome de Down), pero la mayoría poseen consecuencias mucho más graves y las únicas compatibles con la vida son las que se producen en los cromosomas 13 y 18, pero cuyos efectos son esperanzas de vida muy cortas. La excepción la forman las trisomías en los cromosomas sexuales que pueden provocar que haya individuos con cromosomas XXX, XXY o XYY, cuyas consecuencias genéticas son mucho menos relevantes, e incluso muchas de las personas que padecen una de estas trisomías no son conscientes de ello.

Por otro lado, cualquiera puede haber escuchado el término mutación. Esta es una alteración de la cadena de ADN que sucede porque el proceso de replicación de estas cadenas no es perfecto y pueden provocarse errores. La mayoría de estos fallos no poseen efectos evidentes (porque se producen en zonas del ADN que no codifican la labor de ninguna proteína por ejemplo), otras pueden provocar defectos o propensión a padecer determinadas enfermedades y otras mutaciones logran mejorar determinadas condiciones del individuo. La selección natural se basa en que las mutaciones que provocan defectos conllevan una menor supervivencia de los individuos que las padecen y en que los individuos con mejoras genéticas proliferan en mucho más grado, viven más y se reproducen más y acaban imponiéndose. Este principio se aplica tanto a las bacterias que desarrollan por mutaciones resistencias a nuestros fármacos, como a las especies de homínidos que preceden al *Homo sapiens sapiens* que es el que ha logrado imponerse en nuestro planeta. Por ejemplo, si un neandertal poseía los genes que provocan la miopía, sus posibilidades de supervivencia eran menores que las de alguien que tuviese ese problema. Actualmente, gracias a la medicina la mayoría de los individuos con peores condiciones genéticas no tienen por qué fallecer antes, pero todavía existen muchos problemas genéticos a los que no hemos encontrado una solución.

Debemos imaginarnos que el ADN es un libro donde se contiene toda la información genética de un individuo y que se escribe en dos renglones paralelos (donde en el segundo renglón se escribe la información complementaria al primero) que utiliza únicamente cuatro letras (A, G, T y C) que componen toda la cadena, creando la información responsable de las características genéticas del individuo. Ahora bien, algunas personas tratan de defender un determinismo en el ADN, es decir, que consideran que incluso sus actos están regidos por esta información. Sin embargo podemos afirmar que la voluntad humana y el comportamiento de nuestra especie, unidas a la influencia de la experiencia de todas las personas que nos han precedido, van mucho más allá de lo que millones de combinaciones de cuatro letras puedan significar.

54

¿QUIÉN TRABAJA PARA QUE EL ADN CUMPLA CON SU FUNCIÓN?

La información genética de un individuo está contenida, como hemos visto, en el ADN. Estas moléculas forman parte de los llamados ácidos nucleicos y se encuentran, en general, dentro del núcleo de las células. Ahora bien, el organismo ha desarrollado un mecanismo para trasladar esta información en acción. Es decir, el ADN que se encuentra en el núcleo de las células contiene la información relativa a la generación de una determinada proteína. Pero para que esta sea sintetizada, la información tiene que llegar hasta los ribosomas, que son los orgánulos de una célula cuya función es la síntesis de las proteínas y que se encuentran en el citoplasma (que es la parte de la célula externa al núcleo delimitada por la membrana celular). El mecanismo que utiliza una molécula que transporta la información es el ARN (ácido ribonucleico). Existen dos tipos de ácidos nucleicos: el ADN y el ARN. Ya hemos explicado que el ADN está compuesto por bases nitrogenadas, concretamente por cuatro (adenina, timina, citosina y guanina). El ARN también posee una estructura compuesta por este tipo de elementos, pero en lugar de timina posee otra base nitrogenada pirimidínica llamada uracilo (junto con adenina, guanina y citosina).

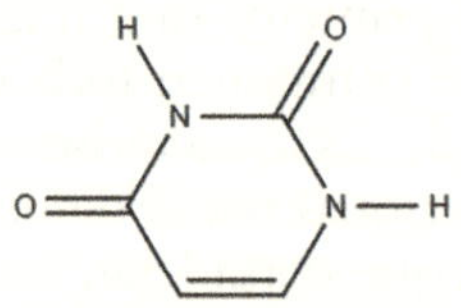

Estructura de la base nitrogenada uracilo que se encuentra en las cadenas de ARN

Otra de las diferencias que podemos encontrar entre el ADN y el ARN está en el azúcar que forma parte de cada uno; mientras que en el ADN se trata de una desoxirribosa, en el ARN es una ribosa. Además, el ARN posee un peso molecular menor al ADN ya que está compuesto por un número menor de pares de bases nitrogenadas. Pero la principal diferencia entre ambas moléculas la encontramos en un hecho importante de su estructura: mientras que el ADN posee una estructura de doble cadena, el ARN está formado por una cadena sencilla.

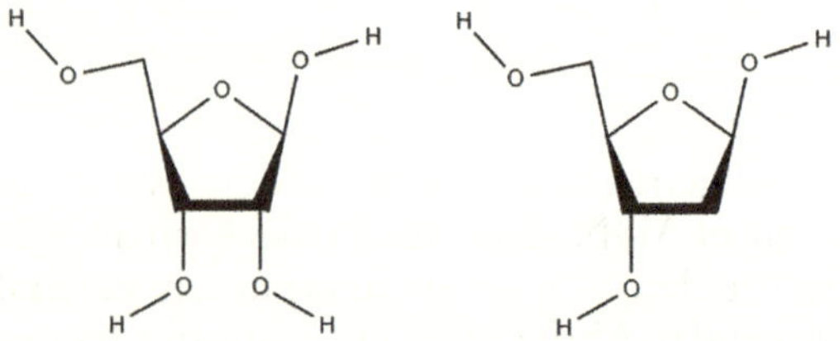

Estructuras de la ribosa (izquierda) y la desoxirribosa (derecha). La ribosa forma parte del ARN y la desoxirribosa del ADN. La diferencia entre ambas moléculas estriba en que la desoxirribosa posee un grupo –OH menos.

De igual modo que en el ADN, la estructura del ARN se puede describir en diversos niveles tales como:

1. Estructura primaria. Se trata del orden lineal que poseen los nucleótidos en la molécula de ARN. Las otras dos estructuras del ARN (secundaria y terciaria) son consecuencias de esta.
2. Estructura secundaria. En las cadenas de ARN existen regiones complementarias que pueden interaccionar de manera que dan forma a una serie de plegamientos que definen la estructura secundaria de esta molécula. Es decir, esta estructura está definida por las interacciones entre distintas zonas del ARN que provocan que haya zonas con apareamiento de bases.

3. Estructura terciaria. Es la representación más realista de esta molécula ya que es tridimensional, y se deduce en base a las interacciones en el espacio de todos los átomos que forman el ARN. Supone un grado de complejidad mayor a la estructura secundaria e incluye los apilamientos tridimensionales de la cadena de ARN.

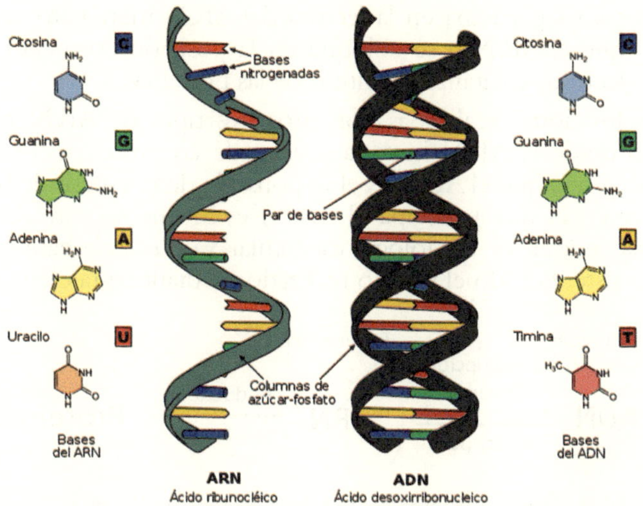

En el diagrama se comparan las estructuras del ADN y del ARN y se observan algunas de sus principales diferencias. Mientras que en el ADN las bases nitrogenadas son la citosina, la guanina, la adenina y la timina, en el ARN la timina se sustituye por el uracilo; y mientras que el ADN está compuesto por una doble cadena que forma una estructura de doble hélice en la que las bases nitrogenadas interaccionan entre ellas mediante enlaces de hidrógeno, en el ARN la estructura es de cadena simple (y por lo tanto las bases nitrogenadas no interaccionan entre ellas). La imagen se titula «Comparación de una cadena sencilla de ARN con una doble hélice de ADN con sus correspondientes bases nitrogenadas», su autor es Sponk y el archivo se encuentra bajo licencia Creative Commons Genérica de Atribución/Compartir-Igual 3.0.

Es importante citar que además el ARN posee diversos tipos que responden a las diferentes funciones que esta molécula puede realizar:

1. El ARN nucleolar (ARNn), que se sintetiza y se encuentra en una parte del núcleo conocida como nucléolo. Es el precursor de la mayoría del ARN ribosómico.

2. El llamado ARN mensajero (ARNm), que es el responsable de la transmisión de información codificante del ADN para realizar la síntesis de las proteínas en los ribosomas.
3. El ARN de transferencia (ARNt), que realiza el transporte de los aminoácidos hasta el ribosoma para la síntesis de proteínas.
4. El ARN ribosómico (ARNr), que localizado en los ribosomas participa en la lectura del ARN mensajero (ayuda a que el ARNm se coloque en la posición correcta para su lectura) y cataliza la síntesis de las proteínas.

Las funciones realizadas por estos tres tipos de ARN realizan el paso desde el ADN hasta la síntesis de las proteínas. Todo este proceso (en el que el ADN es el responsable de la síntesis de las proteínas y en el que participa el ARN) es lo que se conoce como «dogma central» de la biología molecular, ya que es la base sobre la que se sustenta todo el trabajo realizado mediante esta ciencia.

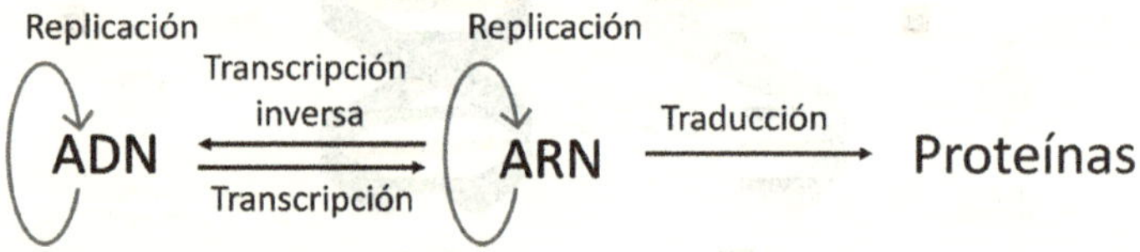

Esquema del llamado dogma central de la biología molecular. Representa que la información contenida en el ADN puede pasar al ARN en lo que se conoce como transcripción (y al revés en el proceso llamado transcripción inversa), y que la información del ARN puede dar lugar a las proteínas gracias a la traducción. Asimismo, incluye el hecho de que tanto el ADN como el ARN pueden llevar a cabo los procesos de replicación.

Pero además existen otras funciones conocidas como ARN reguladores, como la del ARN de interferencia (ARNi) que lo que realiza es el llamado silenciamiento de genes que impide la síntesis de proteínas. Una de las diferencias de este tipo de ARN es que sí posee estructura de doble cadena. O también los llamados micro ARN (miRNA) que son de pequeño tamaño y cuyo papel es la regulación de otros genes (es decir, que poseen funciones de control transcripcional de la expresión).

La síntesis de ARN es un proceso fundamental en la biología celular y recibe el nombre de transcripción. Este proceso se basa en copiar una zona complementaria de una secuencia de ADN. Para ello, una enzima llamada ARN polimerasa se asocia a la zona del

ADN que desea transcribir (que es la región promotora del gen) y provoca la separación de la doble hélice del ADN, entonces copia la cadena en base a las bases nitrogenadas complementarias de una de las hebras. La ARN polimerasa se mueve por la cadena añadiendo nucleótidos en base a este patrón. En este paso es cuando se produce la sustitución de la timina por el uracilo en las cadenas de ARN. Cuando se ha terminado de copiar la cadena, el ARN queda libre y la cadena de ADN se cierra, recuperando su forma de doble hélice. El ARN sintetizado está libre para llevar a cabo sus funciones.

En el caso de los virus, que poseen información genética y la mayoría en forma de ADN, se han descubierto algunos tipos que poseen ARN en lugar de ADN. En estos virus el ARN realiza directamente las funciones destinadas a la replicación del virus en las células del hospedador.

Es importante saber que los fallos en la síntesis del ARN también pueden provocar enfermedades genéticas. Por ello, la ingeniería genética no se basa únicamente en conocer el ADN y modificarlo, ya que también debe estudiar el ARN para tratar de evitar posibles enfermedades genéticas.

55

¿Existe alguna manera de modificar el ADN? ¿Es legal?

Hasta no hace mucho tiempo la modificación genética era una simple utopía que, además, algunas personas veían que contenía no pocos riesgos. Efectivamente, la manipulación de nuestro ADN requiere que se realice una serie de reflexiones éticas, y dado que actualmente es posible modificar la información genética de un organismo, esas reflexiones deberían ser de dominio público. Pero en primer lugar, ¿cómo se puede modificar el ADN? Existen diversas maneras y a continuación vamos a exponer las más conocidas y empleadas.

El ser humano lleva investigando en genética desde que descubrió las funciones del ADN, su composición y estructura. Ya en la década de los 70 del pasado siglo se descubrieron las llamadas enzimas de restricción (también conocidas como nucleasas de restricción) que son enzimas que pueden reconocer un segmento específico de ADN y provocar un corte en la cadena. Posteriormente se desarrolló la tecnología que permitía obtener una secuencia concreta de ADN e introducirla en otro genoma a través de un vector biológico, por ejemplo un virus. El desarrollo de la ingeniería genética tenía entonces un elevado coste económico y no era muy eficiente. La investigación ha avanzado mucho en las últimas décadas, y actualmente existen cuatro técnicas fundamentales en la modificación de la información genética que son conocidas como meganucleasas, ZFN, TALEN y CRISPR-Cas9.

En el caso de las meganucleasas nos encontramos ante proteínas capaces de reconocer segmentos concretos de ADN (compuestos por un elevado número de pares de bases, lo que aumenta su especificidad). Se trata de proteínas que existen de forma natural y que poseen un papel específico dentro de la bioquímica celular, que incluye la reparación de la información genética. La modificación de su estructura o papel puede ser utilizada para modificar el ADN humano.

Lo que se conoce como ZFN (*Zinc Finger Nucleases* o nucleasas con dominios de dedos de zinc) son herramientas que combinan dos partes: los llamados dedos de Zinc y la nucleasa Fokl. Los dedos de zinc son estructuras proteicas de origen natural que pueden reconocer un pequeño segmento de ADN de una secuencia específica y se pueden modificar para que reconozcan un segmento determinado. Se pueden combinar varios dedos de zinc para aumentar el número de pares de bases que reconocen. Esta herramienta se encuentra unida a la nucleasa Fokl que procede de una bacteria (*Flavobacterium okeanokoites*) y que ha sido modificada para llevar a cabo un corte secuencia-independiente (por tanto, que cortará donde los dedos de zinc le señalen). El reconocimiento que se realiza actualmente mediante ZFN es probabilísticamente único en el ADN (por el número de bases que reconoce). Pero eso no asegura 100% su efectividad. Posteriormente, estas zonas que han sido cortadas pueden ser empalmadas entre ellas (eliminando, por tanto, el segmento seleccionado mediante ZFN) o pueden unirse mediante un nuevo segmento de ADN (con la introducción de genes).

La tercera de estas técnicas es conocida como TALENS (*Transcription Activator Like Effector NucleaseS*), que procede de unos microorganismos conocidos como Xantomonas que infectan diversos tipos de plantas y que generan unas proteínas (llamadas TALEs) que activan una serie de genes que les ayudan durante la infección. Para poder activar esos genes, en primer lugar deben reconocerlos. La ingeniería genética ha permitido que se puedan generar secuencias concretas de estas proteínas destinadas al reconocimiento de segmentos concretos del ADN, y de nuevo recurriendo a la nucleasa Fokl es posible generar el corte en el segmento deseado de ADN. El final del proceso es equivalente al de la técnica ZFN, es posible provocar la eliminación de ese segmento o la inserción de un nuevo segmento.

Sin embargo, desde 2013 con la aplicación de la técnica CRISPR-Cas9, de cuya historia hablaremos en otra pregunta de este libro, a la que se catalogó como unas «tijeras genéticas», la edición genética se ha simplificado (y abaratado) y puede llevarse a cabo de manera bastante sencilla. La técnica se basa en que en el ADN de muchas bacterias hay lo que se conoce como secuencias CRISPR (*Clustered Regularly Interspaced Short Palindromic Repeats* cuya traducción en español sería: Repeticiones Palindrómicas Cortas Agrupadas y Regularmente Interespaciadas). Una secuencia palindrómica es aquella que se lee igual en las dos direcciones como las palabras radar, seres o reconocer; estos ejemplos suenan igual se lean de izquierda a derecha o de derecha a izquierda.

Estas secuencias CRISPR dan soporte a una especie de sistema inmune adaptativo y heredable en las bacterias, que gracias a unas proteínas introducen segmentos del ADN de los virus que les han atacado para que tanto ellas como sus descendientes puedan reconocer más fácilmente a un atacante, y por tanto defenderse de manera más eficiente. Esta técnica está actualmente en fase de investigación, pero se espera que se pueda emplear para tratar de corregir enfermedades genéticas que pueden estar, por ejemplo, provocadas por un único gen cuya supresión libraría de la enfermedad al organismo. La investigación en genética ha dado un importante salto cualitativo gracias a esta técnica.

A día de hoy, en el año 2019, la modificación genética en seres humanos no está aprobada. Una de las principales cuestiones relacionadas con este tema se basa en los problemas de salud de muchas personas con enfermedades genéticas que no desean que sean transmitidas a su descendencia. Estos problemas podrían ser resueltos gracias a la modificación del ADN en menos de una década, pero actualmente es imposible. Sin embargo, estas personas poseen algunas alternativas en el campo de la reproducción asistida mediante lo que se conoce como Diagnóstico Genético Preimplantacional (DGP). Esta técnica permite que mediante un análisis genético se pueda saber, por ejemplo, si una enfermedad es dependiente de algunos de los cromosomas sexuales (y por lo tanto sería posible seleccionar el sexo de los embriones y que la enfermedad no pasase a la siguiente generación) o que, si la enfermedad se encuentra descrita, se empleen diferentes embriones concebidos *in vitro* y se seleccione para ser implantado aquel que no posea el defecto genético causante de la enfermedad. En este caso no hablamos de modificación del ADN, sino de selección de los embriones que están libres de estos defectos. Esta técnica no está exenta de condicionantes éticos, ya que teóricamente, igual que se emplea para eliminar enfermedades, podría recurrirse a ella para seleccionar embriones con condiciones como una mayor altura o mayor inteligencia. Por ello requiere una legislación internacional efectiva.

Actualmente, la modificación genética se emplea en investigación o para la modificación de plantas, principalmente. Los conflictos éticos derivan del posible uso de esta tecnología con fines injustificables, como la obtención de individuos humanos modificados para lograr determinadas cualidades (como altos y rubios) o su empleo sin conocer las posibles consecuencias. Recientemente se denunció el caso de un científico chino que anunciaba haber modificado genéticamente dos embriones para hacerles inmunes a la infección por el VIH gracias a una mutación. Sin embargo esta mutación, que ya se encuentra descrita, posee otros efectos que no son en absoluto positivos y que podrían suponer graves problemas para la supervivencia de las personas cuyo ADN el científico afirma haber modificado. Por tanto, se requiere igualmente una legislación efectiva con carácter global para evitar que nadie emplee estas técnicas con fines lucrativos o perniciosos para los seres humanos.

Sin embargo ya existe un término, «biohacking», que se emplea para definir los procesos realizados para alterar el ADN de personas y que se basa en productos comercializados por empresas en diferentes partes del mundo. Según señalan, poseen kits de terapia genética que pueden por ejemplo corregir la intolerancia a la lactosa. Estas empresas no cuentan con ningún aval científico o legal, y los productos que venden son absolutamente ilegales y hasta ahora no han demostrado ningún efecto beneficioso para quienes los han tomado. Desde el Instituto Tecnológico de Massachusetts (MIT) editan una revista sobre tecnología, *MIT Technology Review*, en la que tildan a estas prácticas de «moda que podría convertirse en epidemia», y cargan contra estas prácticas que acusan de muy peligrosas. Estas recomendaciones son extensivas a cualquier medicamento que se venda en internet, que en la mayoría de casos será un simple fraude pero que puede conllevar grandes riesgos para la salud.

56

Transgénicos, ¿una palabra gafada?

La polémica rodea a la palabra «transgénico» y existe, por una parte, una fuerte oposición hacia todo lo que se relacione con esta palabra, y por otro, una reivindicación por parte de la comunidad científica y algunas empresas en defensa de los transgénicos. Este conflicto parece que se perpetúa en nuestra sociedad y es importante señalar que existe sobre el tema un importante grado de desconocimiento.

En primer lugar se debe hacer una aclaración: no es correcto llamar transgénicos a todos los alimentos o seres modificados genéticamente. De ello se requiere realizar una clasificación y para ello vamos a aportar algunas definiciones:

1. Organismo modificado genéticamente: es aquel que mediante ingeniería genética se ha modificado su ADN. El objetivo de esta modificación puede ser desde la supresión de un gen que produce un efecto no deseable, como la producción de un alérgeno, a la implementación de genes de otros organismos para modificar una propiedad determinada, como lograr que ciertos animales produzcan una proteína humana.
2. Organismo transgénico: se trata de un organismo modificado genéticamente al que se le han introducido genes procedentes de otros organismos diferentes. Por ejemplo, puede tratarse de una planta de maíz transgénica si se le han introducido genes de otra especie (trigo, por ejemplo) para hacerla más resistente contra las plagas.

La ciencia no puede emplear de manera indistinta términos que estén relacionados pero signifiquen cosas diferentes, y esto es algo que se está haciendo de manera habitual cuando se habla de este tema, ya que todos los organismos transgénicos son organismos modificados genéticamente pero no todos los organismos modificados genéticamente son transgénicos. Por lo que quienes se oponen a esta tecnología deberían señalar si están en contra de los organismos modificados genéticamente o de los transgénicos únicamente.

A lo largo de la historia, los seres humanos han estudiado la evolución de los cultivos, los árboles o los animales para obtener las mejores variedades (las que producen más frutos, las más resistentes, las que crecen más rápido...). Esta selección es también una selección genética, pero se encuentra basada en la observación. Los estudios del monje Gregor Johann Mendel (1822-1884) sobre las variaciones de las características de las plantas de los guisantes en función de las características de los organismos progenitores (en los que descubrió que algunas características predominaban frente a otras, señalando el carácter dominante o recesivo de estas) representan el mejor ejemplo de esta idea. Actualmente el ser humano ha desarrollado una tecnología que le permite realizar no solo selección genética, sino modificación genética, y de ese modo agilizar el proceso que se ha empleado a lo largo de la historia. Gracias a esta teoría se podrían conseguir cultivos más resistentes a las plagas, menos dependientes del agua (y que por tanto funcionarían mejor en climas secos) o más eficientes (es decir, que produjesen más alimento por planta). Muchos expertos señalan que a través de estos organismos se podría solucionar el problema del hambre en el mundo.

Uno de los ejemplos más conocidos dentro de estas sustancias lo encontramos en el llamado arroz dorado, una variación modificada genéticamente con genes de una variedad centroamericana de maíz (por tanto, un organismo transgénico) para suplir la principal carencia del arroz, que se trata de su falta de nutrientes (especialmente de β-caroteno, precursor de la vitamina A). La falta de nutrientes del arroz conlleva por ejemplo el desarrollo de cegueras e incluso la muerte de muchas personas en países en vías de desarrollo donde el arroz es la base de la alimentación. Esta variedad de arroz podría suplir gran parte de estas carencias.

Entonces, ¿por qué hay personas que se oponen al uso de los organismos modificados genéticamente? ¿Cuáles son los riesgos de esta tecnología? Por ejemplo, algunas personas se oponen a su uso porque consideran que existe un riesgo para los seres humanos cuando estas sustancias son consumidas, como si estas modificaciones genéticas pudiesen ser contagiosas. Sin embargo, estas dudas resultan poco creíbles gracias a nuestro aparato digestivo. Cabe recordar que todo el ADN se encuentra compuesto por bases nitrogenadas (adenina, timina, citosina y guanina), también los organismos modificados genéticamente, y que cuando nuestro organismo ingiere cualquier alimento degrada el ADN (y el ARN) mediante unas enzimas llamadas nucleasas que degradan ambos ácidos nucleicos en sus correspondientes nucleótidos. Estos pierden su grupo fosfato para convertirse en nucleótidos y entonces pueden ser absorbidos por nuestro organismo. Por tanto, al no absorber las cadenas completas o los genes que han sido modificados, sino los nucleósidos correspondientes, no existe una manera de que estas modificaciones afecten a nuestro organismo.

Sin embargo, existe una cuestión derivada de la bioquímica que es igualmente esgrimida contra los alimentos transgénicos o modificados genéticamente, y es la referencia a los priones y la enfermedad de Creutzfeldt-Jakob (o a su variante, procedente del síndrome de las vacas locas). Esta enfermedad está relacionada con los priones, que son proteínas que en muchas ocasiones son inocuas, pero que en otros casos pueden actuar como agentes infecciosos y provocar enfermedades neurodegenerativas. Los priones poseen una estructura proteica deformada; este hecho provoca que durante la digestión las enzimas encargadas de la degradación de las proteínas (proteasas) posean lo que se conoce como una resistencia parcial a la degradación (es decir, que no todos los priones o no toda su estructura sean degradados). La enfermedad de Creutzfeldt-Jakob es genética y tiene una prevalencia muy baja. Su pronóstico es muy negativo y el destino es mortal. Esta enfermedad también se puede desarrollar gracias a la ingesta de carne infectada o mediante trasfusiones de sangre que contengan priones relacionados con esta enfermedad.

Ahora bien, es importante señalar que los priones no poseen ácidos nucleicos, y por lo tanto su caso es distinto al de los organismos modificados genéticamente. Sin ir más lejos, el brote de Creutzfeldt-Jakob que afectó especialmente al Reino Unido no se debió a una modificación genética, sino a prácticas ganaderas poco éticas. Es cierto que los priones no son degradados por completo (poseen una resistencia parcial a la degradación gracias a su forma anómala que confiere dificultades a las enzimas que degradan a las proteínas, también llamadas proteasas) por nuestro aparato digestivo y pueden infectar nuestro organismo. Por tanto, si un organismo modificado genéticamente produjera por error priones podría resultar un riesgo. Este hecho se contrarrestaría con una investigación rigurosa y contrastada de los resultados obtenidos gracias a la modificación genética del organismo, además de que el ADN modificado aleatoriamente por cualquier organismo podría producir los mismos efectos.

Otra de las críticas contra los cultivos modificados genéticamente se basa en que esta tecnología se encuentra en manos de grandes multinacionales que tratan de ganar elevadas sumas de dinero con estas prácticas. Esta crítica podría extenderse al ámbito farmacéutico, el mercado editorial de libros, el circuito comercial de cine, el acceso a internet o casi cualquier otro ámbito económico en nuestros días. Sin embargo, nadie se plantea dejar de administrar fármacos, no escuchar música de las principales compañías de discos o no ver películas procedentes de Hollywood. Por tanto, estos riesgos se derivan del primero, es decir de las personas que creen que estas tecnologías no son seguras para los seres humanos, que como hemos comentado, resulta difícilmente creíble. Además, parte de estos experimentos están liderados por equipos de investigación procedentes de organismos públicos de investigación y, por lo tanto, independientes de las grandes empresas.

Otra de las críticas se basa en la defensa de la llamada agricultura ecológica, una postura muy defendida en la actualidad que reivindica la vuelta a los cultivos tradicionales sin recurrir al uso de pesticidas y abonos químicos (entendidos estos como elaborados en un laboratorio), y es que los cultivos modificados genéticamente no son compatibles con estas prácticas. Además, los cultivos modificados genéticamente pueden polinizar los llamados ecológicos, lo que para quienes defienden esta postura es algo negativo. Sería racional intentar encontrar un equilibrio entre ambas prácticas.

Sin embargo, existen otras críticas contra el hecho de que se diga que los organismos modificados genéticamente puedan ser la solución al hambre en el mundo ya que podrían aumentar la cantidad de alimentos disponibles, que se basan en decir que en el mundo no hay déficit de alimentos sino una desigualdad tremenda, ya que actualmente ya se producen alimentos suficientes para todas las personas, pero que en el primer mundo se desperdicia gran cantidad de los alimentos que se producen. Esta crítica, que no es contra los organismos modificados genéticamente sino contra una injusticia palpable en nuestro planeta, es compartida por muchas personas a lo largo y ancho de nuestro planeta y debería llevarnos a reflexionar sobre la forma de vida que tenemos cada uno.

En cualquier caso, la oposición a los avances científicos no es la solución en una sociedad tan dependiente de la tecnología como la nuestra. Los alimentos modificados genéticamente poseen beneficios que deben ser incorporados a nuestra sociedad, y aportando pruebas de la seguridad de estos alimentos al tiempo que se permita a quienes no deseen ingerir estos alimentos la libertad de no hacerlo.

57

¿Qué pasó con la oveja Dolly?

A finales de los años 90 del siglo xx hubo una noticia que tuvo una gran repercusión y que reabrió un debate bioético de grandes proporciones: la clonación de la oveja Dolly retumbó a lo largo y ancho del planeta.

Pero para entender qué paso con esta criatura, antes debemos definir qué es la clonación: se trata del proceso realizado para producir copias genéticamente idénticas de un organismo biológico. Es decir, se basa en copiar su ADN de manera perfecta y conseguir dos individuos genéticamente iguales.

Sin embargo, Dolly no fue el primer animal clonado. Ni siquiera el primer mamífero clonado de la historia. Pero la diferencia estriba en la manera de lograr obtener individuos genéticamente idénticos. Mientras que en los casos anteriores, aunque se emplearon diversas técnicas, básicamente lo que se hizo fue lograr dividir embriones en un laboratorio que después se implantaban en hembras de la especie a clonar y nacían los clones por separado, el caso de Dolly fue completamente diferente. En este caso se recurrió a una célula de un individuo adulto. Como sabemos el ADN se encuentra en todas las células del organismo, pero cuando una célula ha madurado y se ha especializado se creía que no podía cambiar su función. Es decir, una célula que forma parte de la piel no puede ser reprogramada y pasar a actuar como célula del corazón, ni por supuesto generar un individuo completo. Pero con Dolly se hizo.

Se tomó una célula madura (concretamente una célula glandular mamaria) de una oveja tipo Dorset de seis años de edad. De esa célula se extrajo su núcleo (que contiene la mayor parte del ADN) y lo que se hizo fue inyectarlo en una célula que es precursor del óvulo (que se conoce como oocito) a la que previamente se le había extraído su propio material genético. Esto es lo que se conoce como óvulo fusionado. Esta célula comenzará a reproducirse en el laboratorio por división celular hasta generar un embrión. Entonces se implanta en una oveja que parirá (si no hay problemas añadidos) una oveja clónica de la que se tomó la célula madura. Esta técnica se conoce como transferencia nuclear. En el momento en que el experimento con la oveja Dolly se logró, hubo que desechar 276 óvulos fusionados que no habían logrado desarrollarse.

En 1997, los investigadores Ian Wilmut y Keith Campbell del Instituto Roslin de Edimburgo en Escocia anunciaron al mundo el éxito de la clonación de Dolly. Entonces se abrieron dos debates en paralelo, el de los posibles beneficios de esta técnica y el de los conflictos éticos que conllevaba. En cuanto a los posibles beneficios, es posible citar que se pueden clonar los mejores individuos de las especies, e incluso individuos modificados genéticamente, para lograr importantes mejoras. Por ejemplo, en el mismo centro donde se clonó a Dolly se clonaron ovejas modificadas genéticamente para producir en su leche una proteína esencial para la coagulación en los seres humanos. Este hecho podría conllevar que la producción de esa proteína fuese fácil y asequible y se pudiese suministrar a los seres humanos con problemas de coagulación. Otra posibilidad se encuentra en que los animales empleados en investigación que fuesen clones (es decir, genéticamente iguales) presentarían respuestas más uniformes y sería más fácil desarrollar estudios preclínicos. Una de las aplicaciones más conocidas de esta técnica se encontraría en la clonación de animales en peligro de extinción (o ya extintos) para recuperar las especies animales. Y finalmente, existe la posibilidad de clonar de un organismo adulto tan solo órganos por separado; esta técnica, que se está desarrollando actualmente, podría llegar a conllevar que cada ser humano que necesitase un trasplante pudiese recibirlo de un órgano clonado suyo (y por tanto, que no habría de producir rechazo alguno).

Sin embargo, los conflictos y debates éticos no son temas menores. De momento se ha observado que los animales clonados presentan en su mayoría enfermedades o defectos genéticos. ¿Es ético dar vida a un ser vivo que sabemos que va a fallecer antes de lo previsto? Además las células que se emplean, al proceder de un individuo adulto, poseen algunas limitaciones que se transmiten al clon. Además, los debates sobre la posible clonación humana no han sido resueltos; por ejemplo, para poder realizar clonación terapéutica (la reproducción únicamente de un órgano) se necesitan destruir embriones humanos, y para parte de la sociedad los embriones ya son seres humanos y esto provoca un conflicto con sus ideas sociales y religiosas.

Y mientras ambos debates progresaban, la oveja Dolly fue sacrificada. Era el año 2003 y el animal tenía únicamente seis años de edad, cuando la media de supervivencia para su especie se encuentra entre los once y doce años. Dolly fue sacrificada debido a que poseía un tumor pulmonar, además se señaló que padecía artritis. Pero los defensores de la clonación alegaron que ambos procesos no estaban relacionados con la clonación, ya que otras ovejas del mismo rebaño que no habían sido clonadas también padecían los mismos problemas. El problema pulmonar que padecía, conocido como Jaagsiekte, es, según muchos estudios, habitual en las ovejas estabuladas, es decir, de las que viven en establos. Por lo que el sacrificio de Dolly no reveló si los problemas provenían de la clonación o se debían a las condiciones ambientales en las que vivía.

La oveja Dolly expuesta en el Museo Nacional de Escocia en 2016. Su nacimiento fue un hito histórico para la ciencia. Sin embargo, su vida creó algunas incógnitas en las que los científicos siguen trabajando. *Dolly at the National Museum Scotland,* de M J Richardson. Archivo bajo licencia Creative Commons (cc-by-sa/2.0).

Algunas teorías apuntan al hecho de que la célula de la donante tenía ya seis años de edad, que sumada a la edad de Dolly cuando fue sacrificada alcanzaría la media. Sin embargo, no hay un consenso total en la comunidad científica al respecto y todavía hoy se investiga para saber más al respecto, mientras que los potenciales beneficios de esta técnica no han llegado y sus debates éticos no se han cerrado.

Cabe señalar en favor de la clonación que la oveja Dolly fue apareada y tuvo unos cuantos corderos que no presentaron problema genético alguno. Por tanto su material genético podía pasar a la siguiente generación sin problema alguno. Tras Dolly se han clonado otros animales y muchos de ellos han presentado graves problemas de salud, mientras que otros parece que genéticamente no presentan ningún fallo reseñable.

¿Para qué sirvió la clonación de la oveja Dolly? Sobre todo supuso un importante avance en el uso de las células madre, que son las que tienen el potencial de convertirse en otros tipos y que podrían servir para regenerar tejidos, como por ejemplo las células rotas en la columna vertebral de las personas parapléjicas o tetrapléjicas, o la generación de órganos para trasplantes.

58

¿Puede una bacteria poco conocida haber cambiado la genética para siempre?

Como hemos comentado, existen algunas maneras de modificar el ADN pero actualmente se encuentran en fase de investigación, ya que no solo no se conocen todos los posibles beneficios de estas técnicas, sino tampoco todos sus riesgos. Como hemos comentado, la técnica más empleada actualmente se conoce como CRISPR. La historia de este descubrimiento tiene contexto inicial español.

Todo comienza en las lagunas de Santa Pola, en la provincia de Alicante. Estos lagos salados se emplean para extraer sal que se vende a muchos otros países. A principios de los años 90 del siglo xx, un joven llamado Francisco Juan Martínez Mojica (Elche, 1963) a quien llamaremos Francis Mojica a partir de ahora, está trabajando en su tesis doctoral en el campo de la microbiología. Está investigando sobre la genética de algunas bacterias, entre ellas la *Haloferax mediterranei*, esa bacteria poco conocida que podría haber cambiado para siempre la genética y que crece en los lagos salados del sur de Alicante. Mojica defenderá su tesis en la Universidad de Alicante en 1993, y tras pasar por varias estancias posdoctorales (Universidad de Utah, Estados Unidos; Universidad de Oxford, Reino Unido) volverá a esta universidad para proseguir con sus investigaciones.

Ya en 1993 publicó una serie de repeticiones en el ADN de las bacterias que se producían cada cierto tiempo y que posteriormente el propio Mojica denominaría *Clustered Regularly Interspaced Short Palindromic Repeats* (CRISPR), que en español significa Repeticiones Palindrómicas Cortas Agrupadas y Regularmente Interespaciadas. Continuó con sus investigaciones y comprobó que en otras muchas bacterias, al menos otras veinte diferentes, aparecían este tipo de estructuras.

Pero no fue hasta 2005 cuando Mojica publicó la hipótesis más importante sobre CRISPR, que se basa en que estas repeticiones forman parte del sistema inmune de las bacterias y que este sistema inmune es adaptativo. El científico español había observado que algunas de las secuencias de nucleótidos que aparecían entre las secuencias de CRISPR se correspondían con secuencias propias de algunos virus y supuso que las bacterias habían introducido esas secuencias. Es decir, que entre esas repeticiones las bacterias copian y pegan partes del ADN de los virus que les han atacado previamente, de manera que tanto para esa bacteria como para sus descendientes será más fácil identificar un posible virus y combatirlo. La idea, revolucionaria, se le había ocurrido dieciocho meses antes, pero había tardado todo ese tiempo en lograr que alguna revista científica aceptase publicarla. Este descubrimiento, crucial para la genética, supuso un tremendo esfuerzo para su descubridor para vencer la frustración de ver sus ideas rechazadas hasta en cuatro ocasiones por algunas de las revistas más relevantes de su campo.

Sin embargo, la fecha clave en el desarrollo de esta tecnología llegará en 2012, cuando dos científicas, Emmanuelle Charpentier y Jennifer Doudna, publicarán un trabajo sobre CRISPR, ya que sin este artículo no hubiese llegado la aplicación de estas estructuras a la investigación en genética. Ambas científicas se habían conocido un año antes en un congreso científico y habían decidido unir esfuerzos, fruto de lo cual publicaron un trabajo en el que señalaban que a través del uso de unas proteínas (conocidas como Cas, que proviene de CRISPR associated proteins, es decir, proteínas asociadas a CRISPR) se podía lograr introducir segmentos concretos de ADN en las cadenas completas de material genético. Eran una especie de tijeras genéticas. Las técnicas previas para manipular el ADN que requerían de meses de trabajo han quedado obsoletas frente a CRISPR-Cas9, que para hacer lo mismo necesita apenas unos días. Este descubrimiento supuso la explosión de esta tecnología, y desde entonces se han publicado miles de artículos sobre CRISPR e incluso se han presentado más de cien patentes sobre esa herramienta. Otros muchos científicos como Feng Zhang han hecho importantes contribuciones a esta técnica e incluso George Church, compañero de Zhang en el Massachusetts Institute of Technology (MIT), está intentando emplear esta técnica para insertar ADN de mamuts en elefantes actuales y lograr devolver la vida a estas criaturas.

Las posibilidades que abre esta técnica son innumerables y hoy se está investigando para poder poner todo su potencial a disposición de la ciencia y la medicina. De momento, tanto Mojica como Charpentier y Doudna, han ganado diversos premios, por ejemplo el premio BBVA Fronteras de la Ciencia ha recaído en 2017. Además, Charpentier y Doudna fueron premiadas en 2015 con el Premio Príncipe de Asturias Investigación Científica y Técnica. Otro importante galardón, el Albany Medical Center Prize, fue concedido a Mojica, Charpentier, Doudna, Zhang y a otro científico, Marraffini, que también ha realizado numerosos estudios sobre CRISPR en 2017. El español recibió también el premio Rei Jaume I Investigación Básica en 2016, y cada año los nombres de este grupo de científicos resuenan como firmes candidatos a recibir el Premio Nobel, ya sea en Química o en Medicina. Pero la pregunta es ¿hasta dónde llegarán los trabajos que han surgido como resultado de los estudios del investigador español Francis Mojica con la *Haloferax mediterranei*? Esa es una pregunta para la que no existe una respuesta definitiva, pero sí muchas esperanzas, ya que podría servir, por ejemplo, para eliminar la mayoría de enfermedades genéticas hereditarias o la predisposición genética a desarrollar cáncer. El tiempo irá desvelando la respuesta a esta pregunta.

VI
Química Analítica

59

¿Eureka? ¿Es posible medir correctamente en química?

Existe una leyenda sobre la Antigüedad que relata lo ingeniosas que deben llegar a ser las personas que se dedican a cuantificar en química, lo que hoy se conoce como química analítica. De acuerdo con esta historia, en el siglo III a. C. hubo un rey, Hierón II de Siracusa, que ordenó que le forjasen una corona de oro. Cuando la recibió tuvo dudas respecto a si se había empleado todo el oro que había entregado al orfebre o si este había decidido mezclarlo con otro metal y quedarse con una cierta cantidad del oro. Entonces, Hierón II se puso en contacto con Arquímedes (287 a. C.-212 a. C.) y le pidió que resolviese el enigma.

La diferencia entre la corona de oro puro y la adulterada se encontraría en la densidad (que es la relación entre la masa de un objeto y su volumen), ya que el valor de esta propiedad en el oro es muy elevado y si se hubiese mezclado con otros materiales sería más bajo. Pero la determinación de la densidad requiere conocer, además del peso del cuerpo, su volumen. La corona poseía una forma irregular, y por tanto no se podía calcular su volumen de manera exacta. Además, Arquímedes no podía fundir la corona y convertirla en un cuerpo regular ya que el rey no quería que la corona sufriese daño alguno.

Cuenta la historia que Arquímedes se estaba dando un baño cuando observó que, al sumergirse él, ascendía el nivel del agua en la bañera. Entonces se dio cuenta de que ese efecto podría ser empleado para calcular el volumen del objeto, que al ser introducido en agua haría subir su nivel en el mismo volumen que ocupaba la corona. Arquímedes se emocionó tanto con su descubrimiento que salió corriendo sin haberse vestido y, desnudo por las calles de Siracusa, gritaba «¡Eureka!», que en griego significaba '¡Lo he encontrado!'.

Con esta historia se muestra el hecho de que a veces en química es necesario recurrir a técnicas y artimañas para poder obtener el valor de una medida. Existen otros muchos ejemplos a lo largo de la historia que podrían ilustrar esta necesidad. A continuación vamos a conocer otros ejemplos de la inventiva necesaria en la química analítica. Además, se requiere el dominio de técnicas estadísticas que garanticen la fiabilidad de los resultados.

En algunos casos, para saber si una sustancia es pura se mide su punto de fusión o se observa su color (ya que las impurezas afectan a estas propiedades), pero a la hora de cuantificar en química es posible decir que no existen métodos directos a excepción de pesar o medir volúmenes de sustancias puras, y aún así es necesario convertir estos valores en la unidad química de moles o en concentraciones (moles/litro por ejemplo) para poder trabajar con estas sustancias.

Por tanto, como hemos comentado, los químicos analíticos han tenido, ya desde la Antigüedad, que elaborar métodos en ocasiones muy ingeniosos para poder describir la materia con la que trabajaban.

La mayoría de estos métodos se basan en realizar comparaciones con las sustancias con las que reaccionan o con sustancias que son bien conocidas. Por ejemplo, en estequiometría se definió el concepto «equivalente» (o equivalente-gramo), que es la cantidad necesaria para producir un mol de un producto. Entonces los químicos analíticos sabían que si un mol de cloruro de plata (AgCl) son 143,32 gramos, y se obtiene a través del nitrato de plata ($AgNO_3$) y del cloruro de sodio (NaCl), un equivalente son para cada sustancia 169,87 y 58,44 gramos, respectivamente. La reacción sería la siguiente:

$$AgNO_3 + NaCl \rightarrow AgCl + NaNO_3$$

Este concepto se ha seguido empleando, si bien actualmente está prácticamente en desuso. Pero el concepto nos sirve para continuar con esta explicación. Cuando se trata, por ejemplo, de saber la concentración de una disolución acuosa que contiene una base (por ejemplo, hidróxido de sodio cuya fórmula química es NaOH) se lleva a cabo un procedimiento conocido como valoración. Para ello se coloca una cantidad conocida de la disolución en un matraz Erlenmeyer y se deja caer sobre ella gota a gota una disolución de concentración conocida de ácido clorhídrico (HCl en agua), mientras se agita de manera continua.

La valoración transcurre a través de la reacción entre ambos reactivos, que es la siguiente:

$$NaOH + HCl \rightarrow NaCl + H_2O$$

La disolución de NaOH es incolora, pero para poder realizar esta determinación se le añade un colorante, por ejemplo fenolftaleína, que dará una coloración rosada y será el indicador de cuándo la reacción ha finalizado (es decir, el momento en que todo el NaOH ha reaccionado con el HCl), porque en ese momento se producirá un cambio de color y la disolución pasará de color rosado a ser incolora.

Para conocer la concentración de NaOH se aplicará la siguiente ecuación:

$$V_{NaOH} \star C_{NaOH} = V_{HCl} \star C_{HCl}$$

Donde V_{NaOH} es el volumen empleado de la disolución de NaOH, C_{NaOH} su concentración V_{HCl} y C_{HCl} son el volumen y concentración de la disolución de HCl, respectivamente.

Dado que conocemos el volumen de la disolución de NaOH, y la concentración y el volumen de la disolución de HCl empleados, podemos obtener la concentración de NaOH en la disolución acuosa.

Este ejemplo emplea un indicador (la fenolftaleína) que está relacionado con la reacción que sucede dentro del Erlenmeyer. Como hay indicadores que cambian de color en función del pH, son los que se emplean por ejemplo en la determinación del pH de una piscina.

Pero se pueden emplear otros métodos indirectos para realizar valoraciones, que incluyen la determinación del propio pH empleando un pHmetro, la determinación del potencial empleando un medidor de potencial u otras propiedades afectadas por la concentración de alguno de los reactivos.

Además, se han establecido métodos como, por ejemplo, las gravimetrías para realizar medidas. En este caso, partiendo de una cantidad conocida de una mezcla (cinco gramos por ejemplo), se realiza alguna manipulación que provoca una transformación conocida de la muestra hasta formarse un producto conocido eliminando el resto, y posteriormente se pesa el producto obtenido, con lo que obtendríamos la relación entre esa sustancia y la cantidad inicial de muestra. Uno de sus ejemplos más conocidos lo encontramos en la determinación del porcentaje de humedad de una muestra. Para ello debemos pesar la sustancia húmeda y posteriormente someterla a un proceso de secado, por ejemplo, calentando a 60 °C durante 24 horas (es necesario estar seguros de que la muestra no se va a descomponer y tan solo se va a evaporar el agua que contiene). Entonces, una vez seca, se volvería a pesar el producto y obtendríamos el porcentaje de humedad que contenía la muestra.

También se realizan gravimetrías para pesar las cenizas de una muestra (para conocer el porcentaje de compuestos inorgánicos, es decir que no se descomponen quemando la muestra y que permanecen como residuo), o realizando reacciones de precipitación de compuestos, que se realizan por ejemplo para determinar el contenido de ciertos contaminantes en agua.

La realización de valoraciones y gravimetrías se ha estandarizado y organizado a lo largo de toda la historia de la química. De manera que se conocen, por ejemplo, las sustancias que podrían interferir en los análisis (como otras sustancias que pudieran precipitar en una gravimetría para determinar un compuesto en agua) y existen métodos para determinar, en primer lugar, si existen estos interferentes y, en segundo lugar, para enmascararlos, es decir para evitar que puedan actuar y distorsionar el resultado de la determinación analítica.

Estos métodos de determinación que hemos presentado se basan en técnicas sencillas. Pero la ciencia ha elaborado otros mucho más complicados y se han desarrollado complejos (y caros) equipos tecnológicos para realizar las determinaciones y las medidas analíticas necesarias, por ejemplo para analizar la sangre humana, un test antidopaje para conocer la estructura de un compuesto químico o determinar en sangre humana la presencia de bacterias y hongos o de anticuerpos contra determinados virus. Estos métodos se pueden basar desde en las propiedades ópticas de los compuestos o sus propiedades magnéticas, hasta en su reacción contra un agente químico. Pero si hay una técnica vital en la historia de la química analítica esa es la cromatografía.

60

¿Cuáles son los principios que rigen la cromatografía?

La cromatografía es, sin lugar a dudas, la técnica analítica más relevante actualmente. El primer desafío al que se enfrenta cualquier analista es la imposibilidad de separar los componentes de una muestra de forma directa. Esto provoca que muchas sustancias puedan interferir y distorsionar el resultado de la medida analítica. El mayor logro de la cromatografía consiste en llevar a cabo la separación de los componentes de una muestra.

Su nombre proviene de los vocablos griegos *chrōma* y *gráphō* cuyo significado es 'color' y 'escribir, registrar' respectivamente, y se llama así porque inicialmente se empleó para separar sustancias coloreadas. En el desarrollo de esta técnica fueron determinantes los experimentos del botánico ruso Mijail Semiónovich Tsvet (1872-1919) para separar las clorofilas que contenían diversas plantas.

Esta técnica se puede emplear con dos finalidades: purificar componentes de una mezcla (y poder usarlos posteriormente) y determinar la presencia de un compuesto y cuantificarla en una mezcla. La primera de las finalidades se emplea de manera habitual en la síntesis de compuestos, ya que permite eliminar todos los residuos, subproductos o restos de los reactivos sin reaccionar que permanecen en la mezcla tras llevar a cabo la reacción química. En el caso de la segunda finalidad, estamos ante su principal utilidad analítica.

La separación y purificación de los componentes de una mezcla a través de la cromatografía se realiza empleando una columna cromatográfica, que está rellena de una fase estacionaria compuesta por sílice empapada en algún disolvente. Posteriormente se coloca la muestra (en caso de que se trate de una muestra sólida tras machacarla en un mortero para reducir el tamaño de sus partículas al mínimo) y se comienza a pasar la fase móvil, que será una mezcla de disolventes que se sabe que separa eficazmente los componentes de la mezcla que se estudia. El líquido vertido en la parte superior de la columna va cayendo por gravedad y arrastrando los componentes de la mezcla. La fase móvil que sale de la columna se recoge en diferentes matraces (llamadas fracciones) que luego se mezclarán si contienen el mismo componente de la mezcla, obteniéndose el compuesto puro.

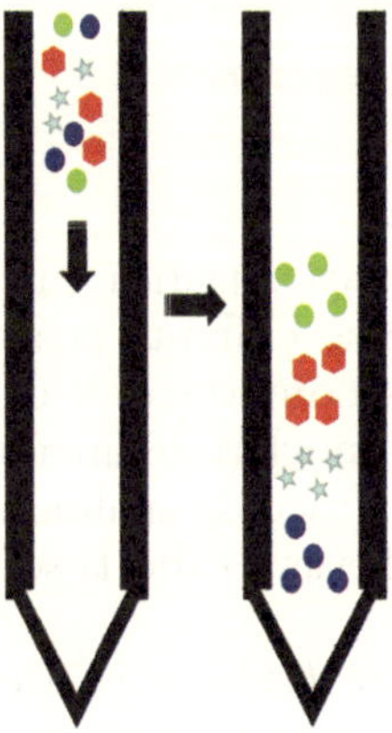

Para separar los componentes de una mezcla mediante una columna cromatográfica se rellena la columna de una fase estacionaria (suele ser sílice) y en la parte superior se coloca la mezcla. Entonces se comienza a hacer pasar el disolvente (o mezcla de disolventes) que se ha observado que puede lograr la separación (parte de la izquierda de la figura). Conforme los compuestos de la mezcla interaccionan con el disolvente y con la fase estacionaria, comienzan a separarse (como se observa en la parte derecha de la figura) y pueden ir recogiéndose junto al disolvente en pequeñas fracciones donde cada compuesto aparecerá por separado.

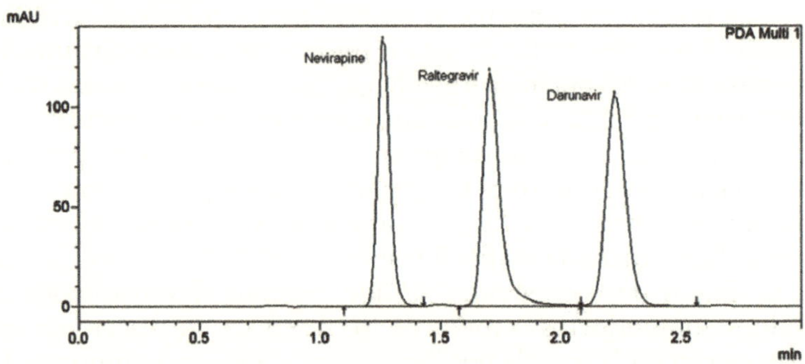

Se presenta un cromatograma obtenido en el que se observa que se obtienen tres sustancias separadas mediante HPLC: nevirapina, raltegravir y darunavir. Se trata de tres fármacos empleados en el tratamiento del VIH. El área de cada pico es proporcional a la concentración del compuesto. Para saber qué concentración hay de cada uno debería realizarse una recta patrón con concentraciones conocidas y extrapolar el valor del área de los picos de la muestra que se pretende cuantificar. La imagen ha sido elaborada por Estan-Cerezo, G., et al. A rapid validated UV-HPLC method for the simultaneous determination of the antiretroviral compounds darunavir and raltegravir in their dosage form. *Rev Esp Quimioter* 2017; 30 (3): 183-194.

El proceso se basa en las interacciones entre los componentes de una mezcla y una fase móvil y una fase estacionaria. Es decir, la muestra se deposita sobre la fase estacionaria (que es fija) y se comienza a pasar un flujo de disolvente o mezcla de disolventes (fase móvil). Cómo interactúen los diferentes compuestos presentes en la mezcla provocará que avancen gracias a la fase móvil, o que se retengan gracias a la fase estacionaria. El resultado global será que el avance a mayor o menor velocidad provocará la separación deseada.

Los diferentes elementos de la muestra pueden salir completamente separados, ligeramente solapados o completamente solapados. Cambiando la fase móvil o la fase fija, las interacciones con la materia serán diferentes y por tanto se podrá mejorar la separación de los diversos componentes de la mezcla.

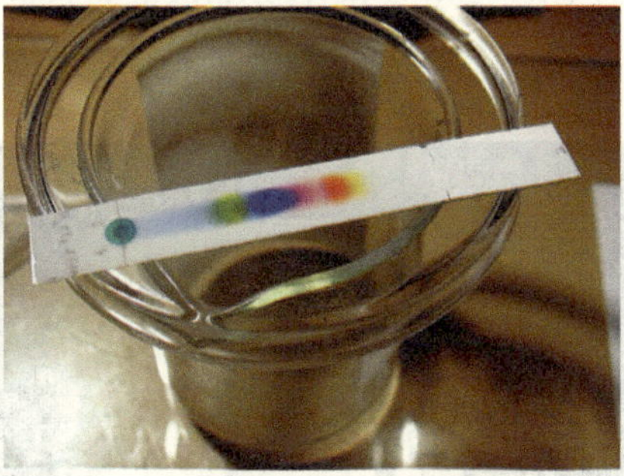

La cromatografía de capa fina (o TLC) permite saber el número mínimo de compuestos que aparecen en una mezcla y, empleando diferentes eluyentes, es posible saber qué mezcla hay que utilizar para separar completamente los componentes de la mezcla empleando una columna cromatográfica. En la imagen se ha separado tinta negra y se pueden observar sus diferentes componentes. *Separation of black ink on TLC plate*, de Natrij y el archivo se encuentra bajo licencia Creative Commons Genérica de Atribución/ Compartir-Igual 3.0.

La cromatografía más sencilla es la llamada cromatografía de capa fina. Este experimento consiste en depositar una gota de la muestra (generalmente diluida) que se quiere separar sobre una placa de gel de sílice (fase estacionaria). Una vez seca se coloca verticalmente, de manera que la parte interior esté en contacto con un líquido (generalmente una mezcla de disolventes orgánicos) que se conoce como fase móvil y que asciende por capilaridad a través de la placa de gel de sílice. Algunos de los componentes serán arrastrados con mayor intensidad que otros y entonces se observará una dispersión a lo largo del camino ascendente de la fase móvil. Posteriormente será necesario evaluar la presencia de las sustancias de la mezcla. Una de las formas más habituales la encontramos en colocar la placa bajo una luz ultravioleta que colorea muchas de las sustancias orgánicas, o bien usar un revelador, que es una sustancia que se colorea cuando entra en contacto con otras sustancias determinadas.

Aunque existen otras cromatografías (como la de gases, en la que la muestra se volatiliza), la técnica cromatográfica más conocida y empleada es el HPLC (de las siglas en inglés *High Performance Liquid Chromatography*, que significan cromatografía líquida de alta eficacia). En este caso, la muestra se coloca en un equipo que inyecta una alícuota sobre un torrente de fase móvil que atraviesa una columna cromatográfica, tras la cual se encontrarán los detectores, que son los encargados de comunicar la señal de la presencia de cada una de las sustancias.

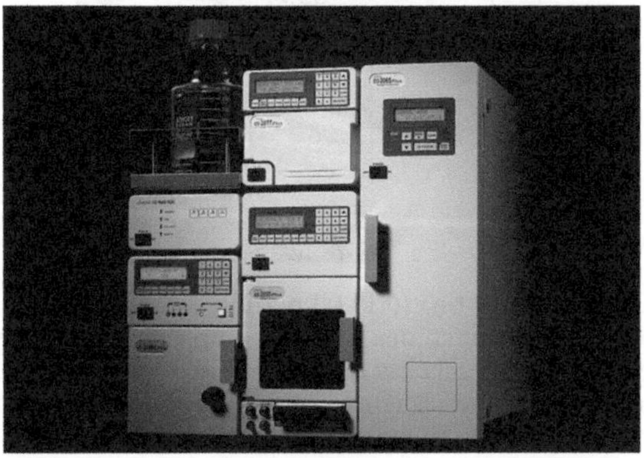

Los equipos de HPLC son sofisticados sistemas que separan los componentes de una mezcla y mediante un detector representan una señal en función del tiempo de elución (es decir, desde que se introduce la muestra en el caudal del equipo). Son uno de los principales sistemas empleados para cuantificar compuestos orgánicos. *Cromatógrafo Líquido JASCO Brasil,* de Jascobrasil y se encuentra bajo licencia Creative Commons Attribution-Share Alike 3.0 Unported.

En este caso, cada sustancia llegará al detector en un tiempo determinado. Eso se conoce como tiempo de retención. La señal obtenida en el detector tan solo se puede correlacionar con un compuesto determinado si previamente se ha introducido esa misma sustancia pura (lo que se llama patrón) y ambos tiempos de retención coinciden.

Finalmente, tras la separación de los componentes de la muestra viene la segunda parte: la determinación y cuantificación en sí. Para esto se han desarrollado complejos sistemas basados en detectores ultravioletas, en analizar el cambio del índice de refracción de la fase móvil gracias a la presencia del analito (que es la sustancia que se quiere cuantificar) o en las interacciones eléctricas de los átomos o de los iones en la llamada cromatografía de gases-masas.

Las señales se obtienen con forma de curvas y el área bajo esas curvas es proporcional a la cantidad de compuesto que hay presente en la muestra. Si las disoluciones patrón se preparan con diferentes concentraciones y se correlaciona la señal de un patrón con su concentración, es posible calcular una recta de calibración para la determinación de las concentraciones de las muestras que se están estudiando.

61

¿QUÉ TENEMOS QUE HACER PARA OFRECER CORRECTAMENTE LOS DATOS EN QUÍMICA?

Cuando se realiza una medida en química debemos tratar de garantizar que nos encontramos ante un valor con un elevado grado de fiabilidad. Debemos además conocer que existen diferentes fuentes de error a la hora de realizar un análisis. Algunas de estas fuentes son aleatorias y no se pueden controlar (errores indeterminados) y otras se deben a errores de la persona que realiza el análisis, al mal estado de los reactivos empleados, fallos de la máquina o errores de calibración, y se conocen como errores determinados. Los segundos se pueden evitar mediante un trabajo científico riguroso, pero los primeros no, y por ello debemos tomar medidas estadísticas.

Dado que no existen técnicas que nos ofrezcan un 100% de seguridad, a lo largo de la historia se han desarrollado diferentes estrategias destinadas a dotar de garantías el valor de una medida. Estas estrategias se basan en la aplicación de la estadística al mundo de la química.

El primer hecho que debemos tener en cuenta en química analítica es que si realizamos una única medida no tenemos ninguna garantía respecto a la calidad del análisis. Es decir, esa medida podría encontrarse desviada completamente y no habría forma de asegurarse; por ello hay que realizar réplicas. Cuanto mayor sea el número de réplicas mayor será nuestra seguridad respecto a la calidad del análisis. Pero como cada réplica cuesta tiempo y dinero, debe hallarse un equilibrio entre el número de repeticiones y el tiempo/dinero empleado en el análisis. En cualquier caso, nunca debería ser inferior a tres determinaciones.

Posteriormente, cuando tenemos las determinaciones realizadas se requiere expresar el resultado. Para ello debemos conocer:

1. La media (μ): es el valor medio entre todos los resultados obtenidos. Se determina sumando todos los resultados obtenidos y dividiendo entre el número de medidas. Es el parámetro más empleado cuando se trata de cuantificar en el mundo de la química.
2. La mediana: se trata del valor intermedio entre todos los resultados obtenidos. Es decir, si tenemos cinco resultados y los ordenamos de menor a mayor sería el que se encontrase justo en el medio de esa serie.
3. La moda: es el valor más frecuente en las determinaciones. Es decir, el que aparece en un mayor número de ocasiones. Este término no se emplea de manera habitual.
4. El recorrido: es la diferencia en valor absoluto entre el resultado mayor y el resultado menor. Es decir, nos dice cuántas unidades separan los dos resultados más alejados.
5. La desviación estándar (σ): nos ofrece una visión de cómo de separados se encuentran los resultados de una medida. No es lo mismo decir que un resultado tiene una media de 7,00 y una desviación estándar de 2,30 que, teniendo la misma media, su desviación estándar sea únicamente de 0,10. Este segundo caso es mucho más preciso que el primero. Para el cálculo de la desviación estándar se emplea la siguiente ecuación:

$$\sigma = \sqrt{(\sum|x-\mu|^2)/N}$$

Donde Σ significa sumario (por tanto, que se tienen que hacer tantas sumas como datos tiene el conjunto); x es un valor del conjunto de datos; μ es la media del conjunto de datos y N es el número de datos. Es importante observar que la recta x - μ se realiza en valor absoluto.

Para llevar a cabo el cálculo debe conocerse la media y realizarse la resta en valor absoluto entre cada medida y la media. Cada una de esas restas debe elevarse al cuadrado y deben sumarse todas (lo que se conoce como sumatorio). Posteriormente, debe dividirse entre el número de muestras y a su vez debe obtenerse la raíz cuadrada de ese resultado. A mano se trata de una operación que puede resultar tediosa (sobre todo si se han realizado muchas determinaciones) pero las calculadoras y los programas informáticos, como las hojas de cálculo, tienen funciones que realizan esta operación de forma directa.

1. En relación a la desviación estándar surgen la varianza, que es el cuadrado de la desviación estándar (es decir, debe multiplicarse la desviación estándar por sí misma) y el coeficiente de variación (CV), que se obtiene multiplicando la desviación estándar por cien y dividiendo entre la media. Se obtiene en forma de porcentaje. Su ecuación es:

$$CV = (\sigma / \mu) \star 100$$

Donde σ es la desviación estándar y μ la media.

2. Estos dos parámetros (varianza y coeficiente de variación) nos ofrecen información referente a la precisión de las medidas.

El intervalo de confianza: se trata del rango dentro del cual se establece que se encontrará un valor con una determinada probabilidad de acierto. Es necesario establecer dicha probabilidad, en muchos casos se señala el 95%. Entonces se recurre a unas tablas que en función del número de determinaciones y de la desviación estándar, nos señalarán los valores del rango que estamos intentando conocer.

Generalmente, un resultado se expresa como la media ± la desviación estándar, si bien se pueden emplear otras formas que se basan en la mediana o en la introducción de coeficientes para tener en cuenta el intervalo de confianza con el que deseamos obtener nuestro resultado.

Ahora bien, estos términos ofrecen unas nociones mínimas de la aplicación de la estadística en el mundo de la química. Esta ciencia ofrece muchas otras herramientas que permiten:

1. Descartar un valor anormal de una serie. Podemos encontrarnos que, habiendo realizado cinco determinaciones,

cuatro de ellas se aproximan mucho, pero por el contrario una se aleja llamativamente. Para saber si ese resultado es erróneo y puede ser descartado se recurre a un test estadístico conocido como Criterio Q. Para su cálculo debe aplicarse la siguiente ecuación:

$$Q_{exp} = | x_q - x_n | / w$$

Donde x_q es el valor dudoso, x_n es el valor más próximo al dudoso y w es el recorrido de la serie completa (es decir, el valor más alto menos el valor más bajo). Por tanto, se realiza la diferencia en valor absoluto entre el valor dudoso y el siguiente y se divide entre la diferencia entre el valor más alto y el más bajo de la serie.

Posteriormente debe compararse el resultado obtenido con las Tablas de Valores Críticos de Rechazo para el Test Q (que están en función del número de determinaciones y del intervalo de confianza que se quiera aplicar) y si el resultado es mayor que el valor teórico, entonces ese resultado dudoso puede ser rechazado.

2. Saber si existen diferencias estadísticamente significativas entre dos valores. Se obtienen dos series de valores representados por sus medias y sus desviaciones estándar. Por ejemplo, queremos saber si al adicionar un componente a una mezcla adhesiva obtenemos un adhesivo más potente. La muestra inicial tenía valores de adhesión de 7,3 ± 2,1 megapascales (MPa), mientras que con el nuevo componente el valor de adhesión sería de 7,8 ± 2,4 MPa. Los pascales son una de las unidades que se emplean para determinar la presión. A primera vista parece que la adhesión ha aumentado, pero para saber si estos resultados son estadísticamente diferentes es necesario recurrir a una herramienta estadística conocida como t de Student (o test de Student), que compara ambos resultados y sus respectivas varianzas y, en función de los datos estandarizados en una tabla, señala si podemos o no considerar que los resultados son estadísticamente significativos o no. En caso de los dos adhesivos para un intervalo de confianza del 95% señalaría que no son estadísticamente diferentes. En caso de que fuesen al menos tres medias las que hubiese que comparar se recurriría a un test conocido como ANOVA, que supone ya una herramienta estadística avanzada y conlleva la aplicación de una fórmula complicada y llevar a cabo un tratamiento estadístico riguroso de los datos.

3. Saber si una serie de datos se ajustan a una línea. Cuando se trata de conocer la concentración de un fármaco, generalmente se correlaciona la señal de un equipo con las señales de muestras de concentraciones conocidas (llamadas patrones). Para que se obtenga el valor de la muestra debe existir una correlación lineal entre las señales obtenidas de los patrones y sus concentraciones. Para ello existen diversas herramientas como el valor de R^2 en las hojas de cálculo o el ajuste por mínimos cuadrados, que es más exacto ya que tiene en cuenta las correcciones en función de las concentraciones de los patrones (es decir, los errores aleatorios son más relevantes en las muestras de menor concentración y se debe aplicar una serie de correcciones). En ambos casos se obtiene el valor de la ecuación de la recta, mediante el cual es posible despejar con el valor obtenido en el equipo, y por tanto obtener la concentración de la muestra. Es importante señalar que en estos casos también es necesario realizar al menos tres medidas para poder obtener la media y la desviación estándar.

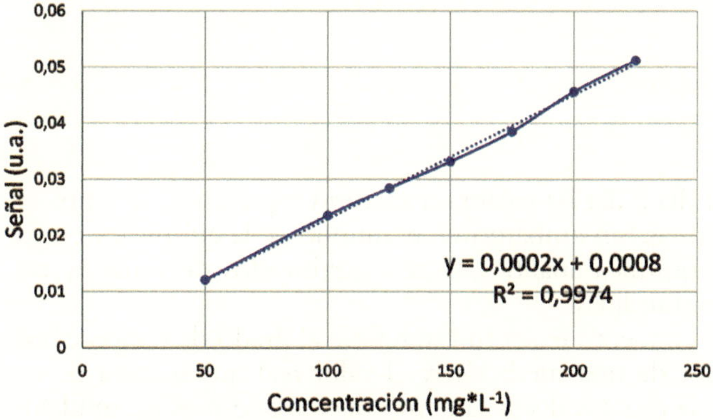

Cuando se trabaja con hojas de cálculo se suelen obtener rectas de este tipo en el que se ha representado la media de la concentración (mg*L^{-1}) de la muestra frente a la señal que se detecta en el equipo de medida. Cuando no se emplean unas unidades determinadas se añade la abreviatura «u. a.», que significa unidades arbitrarias. Con estas representaciones se obtiene la ecuación de la recta (insertada en el gráfico) y el parámetro R^2, que nos da una idea de la linealidad de la recta. Cuanto más próximo sea a 1,00, mayor linealidad presentarán las medias que hemos obtenido.

Por otro lado, existe un concepto que es necesario conocer al tratar con los datos en el mundo de la ciencia, que es el de cifras significativas. Esto quiere decir que nunca podemos ofrecer una precisión superior a la menos precisa de las medidas. Por ejemplo, si tenemos que sumar cantidades de un cemento y pesamos por bloques en una balanza cuya precisión es de 0,1 kg (es decir, que no detecta diferencias inferiores a esa cantidad) y tenemos tres bloques de 4,1 kg, 3,0 kg y 1,2 kg y tenemos otro bloque que hemos pesado en una balanza mucho más precisa (que detecta diferencias de 0,001 kg) y que pesa 1,345 kg, la suma total será 9,6 kg y no 9,645 kg, ya que solo podemos estar seguros de las cifras obtenidas con una precisión de 0,1 kg.

Existen otras muchas situaciones en las que se aplica la estadística dentro del mundo de la química. Un empleo riguroso de la misma es la mayor garantía de calidad a la hora de presentar resultados analíticos.

62

¿Los conceptos exactitud y precisión son sinónimos?

En el día a día las palabras exactitud y precisión se emplean como sinónimas. Sin embargo, en el mundo de la química, y en particular de la química analítica, tienen significados diferentes y no deben ser confundidas.

El concepto exactitud se refiere al grado de concordancia entre el valor de una medición y el valor real que se trata de medir. Es decir, la exactitud señala cómo de verdadero es un resultado analítico.

¿Cómo podemos saber si el valor de una determinación coincide con el real? Para ello hay diferentes maneras. La más importante se basa en analizar lo que se conoce como muestras patrón, que son muestras suministradas por algún laboratorio que contienen una concentración perfectamente conocida de la sustancia que queremos analizar. Otras técnicas que se pueden emplear consisten en preparar nosotros esa disolución (lo que tiene menos garantías que una muestra patrón certificada por algún laboratorio) o comparar las medidas con otra técnica certificada de medida, en el caso de la medicina esta técnica certificada se conoce como *gold standard.*

Por otro lado, por precisión entendemos lo relacionados que se encuentran los valores de las repeticiones de una misma medida. Es decir, si los resultados están muy cerca unos de otros (precisión alta) o si están más separados (poca precisión). Cuando se realizan determinaciones en química nunca se debe medir una única vez (se debe hacer al menos tres veces) y la precisión se refiere a si esos valores obtenidos se ajustan mucho entre ellos o si difieren entre sí. Cuanto menor sea la dispersión de los resultados analíticos, mayor será la precisión del análisis. La precisión se suele expresar mediante la llamada desviación estándar.

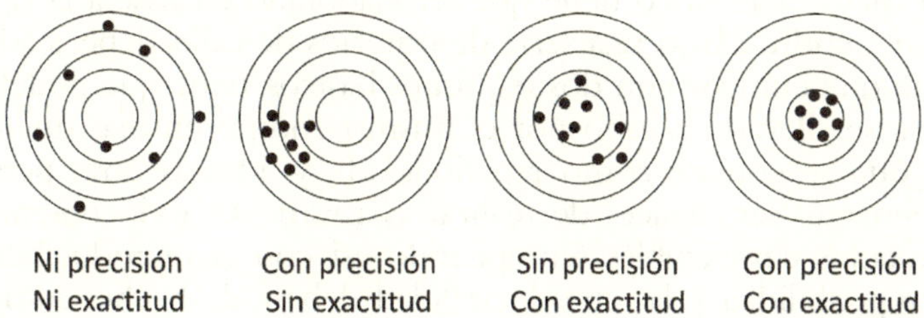

Empleando dianas es fácil entender los conceptos de precisión y exactitud. A la izquierda del todo observamos una diana en la que no se observa ni precisión ni exactitud, ya que los resultados ni están cerca unos de otros (precisión) ni están cerca del centro de la diana (exactitud). En la segunda diana por la izquierda, se observa que todos los impactos han sucedido muy cercanos entre sí. A ese hecho le llamamos precisión. En la siguiente diana se observa que los impactos han tenido lugar alrededor de la zona central de la diana, a lo que llamamos exactitud. Sin embargo, se observa que los puntos presentan una cierta dispersión entre sí, y por tanto no ha habido suficiente nivel de precisión. En la diana de la derecha se observa que los impactos han tenido lugar alrededor del centro de la diana y con muy poca dispersión entre sí. Por tanto, en esta última diana observamos tanto exactitud como precisión.

Por tanto, un resultado analítico puede ser exacto, pero impreciso e igualmente preciso pero inexacto. El objetivo de la química analítica debe ser obtener resultados tanto exactos como precisos dentro del rango necesario de medida. ¿Qué quiere decir esto? Que si necesitamos conocer un resultado con un margen de variación del 1%, no es necesario emplear técnicas de medida de última tecnología (y por lo tanto más caras), que nos permitirían determinar el resultado con un intervalo de confianza del 0,001%

si existe un método tradicional y más barato que nos ofrece una determinación que nos garantiza que el resultado se ajusta a nuestro requerimiento.

63

¿Tiene un método analítico que ser validado de alguna manera concreta?

Un método analítico tiene que ser elaborado en base a la rigurosidad científica bajo una serie de criterios de calidad, pero además tiene que cumplir con dos requisitos básicos: tiene que poder volver a ser llevado a cabo por el mismo equipo en días diferentes (lo que se conoce como repetibilidad), y además otras personas tienen que ser capaces de realizar el mismo método obteniendo resultados comparables (cumpliendo así con la reproducibilidad). La repetibilidad y la reproducibilidad deben, de hecho, cumplirse en toda experiencia científica.

En esta pregunta vamos a analizar cómo se realiza la validación de un método analítico destinado a cuantificar la presencia de un fármaco en plasma humano empleando cromatografía líquida de alta eficacia (HPLC). Para ello vamos a seguir las guías elaboradas por dos agencias internacionales, como son la estadounidense *Food and Drug Administration* (FDA) y la europea *European Medicines Agency* (EMA). Pero estos principios son aplicables a cualquier método analítico diseñado que se quiera aplicar como método de medida de una empresa o que se desee publicar en alguna revista científica, ya que los estándares de calidad van a ser similares.

El principio en el que se basan ambas guías es el de garantizar la repetibilidad y reproducibilidad del método analítico.

En este caso, la medida del fármaco debe realizarse primero en fase móvil (es decir, en la misma mezcla de disolventes que se utiliza en el equipo de HPLC) para posteriormente ser validada en plasma humano.

En primer lugar, debemos asegurarnos del tiempo de retención de la sustancia que queremos analizar. Este valor varía cada vez que se cambia la columna cromatográfica o la fase móvil (la mezcla de disolventes que circula por el equipo). Además, debemos asegurarnos de que no hay interferentes en la fase móvil. Por tanto, debemos analizar la fase móvil y obtener lo que se conoce como la señal del blanco (señales atribuibles únicamente a la fase móvil). Este proceso debe realizarse con varias fases móviles (al menos seis) para asegurarnos de que no hay ningún pico correspondiente a algún compuesto solapado con el pico del compuesto que pretendemos analizar.

Después, para la determinación del fármaco en fase móvil se van a preparar ocho disoluciones patrón con concentraciones crecientes, de las cuales tres, además, van a ser consideradas controles de calidad. Los controles de calidad serán los puntos 2, 5 y 7 de la recta. Las disoluciones patrón se preparan mediante diluciones desde una disolución madre de concentración perfectamente conocida.

Cada punto de la recta será analizado mediante tres replicados y los controles de calidad cinco veces. Todos esos puntos serán introducidos en un programa de cálculo y se obtendrá la ecuación de la recta. Entonces, tendremos que asegurarnos de que ningún punto rompe la linealidad. Para ello hemos de calcular las concentraciones obtenidas para cada muestra empleando la ecuación de la recta y comparar con sus valores teóricos, y que su variación sea menor que los valores máximos de desviación señalados en las guías (hasta un 15% para los puntos intermedios de la recta y un 20% para el punto más bajo).

Por otro lado, en este caso es necesario obtener otra serie de parámetros como el límite de detección (concentración más baja para la que se obtiene señal) y el límite de cuantificación (ya que cuando la concentración es muy baja no podemos asegurar su valor real y hay que determinar a partir de qué punto obtenemos valores reales de concentración). Además, hay que comprobar tanto si la disolución madre como las disoluciones patrón son estables a largo plazo en nevera o congelador y a corto plazo a temperatura ambiente (porque su degradación en estas condiciones afectaría al método analítico).

Todo este proceso debe ser llevado a cabo en tres días diferentes y comprobar que los resultados cumplen los criterios de la guía para ser validados.

Entonces, tiene que llevarse a cabo el mismo proceso empleando plasma humano. En primer lugar, debe volver a obtenerse la señal del blanco en muestras de plasma. Al cambiar la disolución en la que se encuentra el analito por plasma humano se van a introducir nuevos compuestos químicos en el equipo y ello va a añadir nuevos picos que pueden interferir con el de la sustancia que queremos analizar. Por tanto, se debe analizar (empleando otros seis blancos diferentes) si algún pico correspondiente al plasma interfiere con el pico de nuestro analito. Si no es así, la validación puede continuar. Se puede aceptar un solapamiento de hasta el 5% entre los picos. Si el solapamiento es mayor hay que cambiar la fase móvil para alterar el tiempo de retención del analito hasta que no haya ningún interferente.

Entonces, se puede repetir todo el proceso llevado a cabo para la sustancia disuelta en fase móvil, las disoluciones patrón y los controles de calidad deben ser preparados siguiendo todo el proceso con que se vayan a trabajar las muestras a analizar (en muchas ocasiones requieren de manipulaciones previas, extracción, procesos de preconcentración) y de nuevo debe realizarse todo el proceso por triplicado en tres días diferentes.

Cuando la validación se ha realizado tanto en fase móvil como en plasma humano obteniendo resultados que cumplen con los criterios de linealidad, especificidad, se han obtenido los límites de detección y cuantificación, entonces podemos decir que estamos ante un método analítico validado y podemos implementarlo para el análisis de las muestras.

Cada vez que se quiera llevar a cabo el análisis de una muestra deben prepararse y analizarse las disoluciones patrón para calcular la recta de calibrado, ya que por el funcionamiento del equipo esta tendrá valores diferentes cada día.

64

¿Puedo morir por beber agua o café?

Existe una frase atribuida al alquimista suizo Paracelso (1493-1541) que señala que «la dosis hace el veneno», lo que quiere decir que el hecho de que un compuesto sea o no perjudicial para un organismo se basa en la dosis en que sea administrada. Por este hecho, Paracelso es considerado el padre de la toxicología. Esta ciencia estudia los efectos perjudiciales que los compuestos químicos pueden tener sobre el organismo o los sistemas biológicos. Identifican, señalan las dosis, la naturaleza de los compuestos, así como citan los posibles antídotos contra los venenos, por ejemplo.

Pero ¿es aplicable el concepto de que la dosis hace el veneno a cualquier compuesto? ¿Incluso a algunos a los que estamos tan habituados como el agua o el café? Sí. Incluso ingerir una determinada cantidad de agua o beber un cierto número de cafés podría llegar a matarnos. Para señalar a cuánta sustancia nos referimos, dentro de la toxicología se ha definido un concepto conocido como dosis letal media (LD50) que es la cantidad de esa sustancia que mataría al 50% de los organismos. Para entender este concepto debemos considerar que una dosis muy baja de un compuesto (incluso un veneno) no mataría a ningún individuo, mientras que una dosis muy alta mataría a todos (LD100). Por tanto, existe un punto teórico en el que una concentración determinada de esa sustancia mataría a la mitad de las personas que tomasen esa dosis. Además es un valor que se presenta en miligramos de la sustancia por kilo que pese la persona. Es decir, que para establecer el valor general de la LD50 para el agua se debe seleccionar un peso (ya que no actuaría igual en una persona que pesase cien kilos que en otra que pesase 60 kg).

Si seleccionamos un peso medio de 75 kg para una persona, entonces obtendríamos valores de LD50 para el agua superiores a los 6,7 litros. Es decir, si una persona de 75 kg ingiriese 6,7 litros de agua (de manera casi continuada) tendría un 50% de probabilidades de morir. Esto se debe a que el agua afecta a nivel celular y un exceso de agua podría provocar desequilibrios que llevasen a nuestro organismo al límite e incluso a la muerte. En el caso del café, la sustancia determinante de este parámetro la encontraríamos en la cafeína; además, dado que cada café posee una diferente cantidad de esta sustancia es difícil saber cuántas tazas de café puede beberse una persona sin temer por su vida. Pero los números que aparecen publicados en diferentes estudios señalan que una persona de 75 kg podría morir si ingiriese de golpe más de 90 tazas de café potente. Otros compuestos que consumimos habitualmente tendrían valores de LD50 de 2 kg en el caso del azúcar o 60 gramos de sal (existen casos reportados de personas que se han suicidado ingiriendo cloruro sódico).

Este parámetro es importante, por ejemplo, en el caso de muchos fármacos o de drogas (lo que se conoce como sobredosis), ya que cuando alguna persona trata de suicidarse consumiendo una gran cantidad de estas sustancias es posible determinar el riesgo de morir que posee esa persona. Aunque en cualquier caso se debe acudir a los servicios médicos para tratar correctamente a una persona en riesgo de sobredosis.

En el caso de los seres humanos, este parámetro se realiza por estimaciones indirectas en base a las determinaciones realizadas en animales como ratas o conejos. Asimismo, es importante señalar que esta cifra hace referencia a la dosis que debe ser ingerida del tirón ya que nuestro cuerpo dispone de sistemas para eliminar la mayoría de sustancias cuando se encuentran en exceso, y por lo tanto una persona puede llegar a beber 6,7 litros de agua a lo largo de un día sin que por ello tenga el 50% de probabilidades de morir.

65

¿Son fiables las pruebas de paternidad?

Las llamadas pruebas de paternidad son análisis destinados a saber si un hombre es el progenitor biológico de una persona. Se realizan por diversos motivos que incluyen la reivindicación realizada por hijos naturales no reconocidos o la identificación de cadáveres en accidentes o catástrofes. Aunque se conocen como pruebas de paternidad, también permiten saber si una persona es la madre de otra, lo que se ha aplicado en el caso de robo de bebés, por ejemplo.

Durante el siglo xx se desarrolló una metodología basada en los grupos sanguíneos que permite excluir la paternidad (ya que no es posible que un hijo tenga algunos determinados grupos sanguíneos si el padre tiene otros en concreto), pero este método no permite asignar paternidad con elevados niveles de certeza.

Actualmente, gracias al desarrollo tecnológico, se han implementado técnicas que presentan un mayor grado de certeza. Principalmente pruebas de ADN (ácido desoxirribonucleico) que se basan en el hecho de que los seres humanos tenemos 23 pares de cromosomas, es decir, 46 cromosomas de los que de cada par, uno se hereda del padre y otro de la madre en el momento de la concepción. Es importante tener en cuenta que el ADN está sujeto a la posibilidad de sufrir modificaciones aleatorias, conocidas como mutaciones, que añaden incertidumbre a estos análisis.

El ADN está compuesto por nucleótidos (que están formados por una molécula de fosfato, una de azúcar y por alguna de las bases nitrogenadas adenina, timina, citosina y guanina) que forman cadenas compuestas por millones de ellas. Estas cadenas poseen toda la información genética de los individuos.

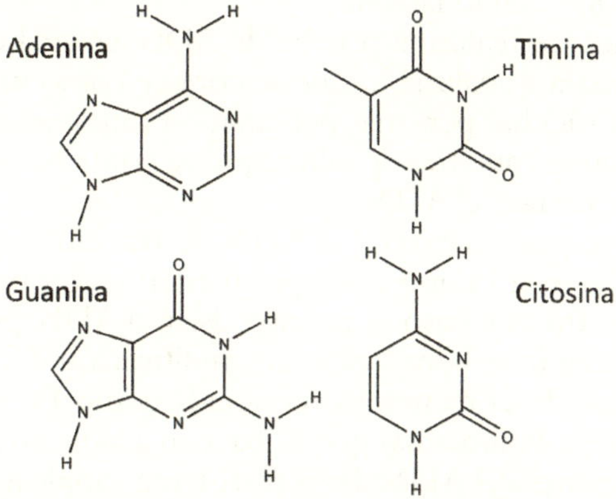

Estructura de las bases nitrogenadas que forman parte del ADN. En la estructura de doble hélice del ADN, la adenina (A) interacciona siempre con la timina (T), y la guanina (G) con la citosina (C).

Lo que se estudia son una serie de marcadores. Se entiende como marcador una fracción de la cadena de ADN que señala una característica diferencial entre individuos y que permite realizar un cribado. En el caso de las pruebas de paternidad se analiza por ejemplo una estructura de cuatro o cinco nucleótidos, y lo que varía es el número que estas unidades se repiten en la cadena de ADN de cada persona. Si la persona de la que se analiza el ADN no posee varios de los marcadores es posible descartar la paternidad o maternidad.

Cuanto mayor es el número de marcadores que se emplean en la determinación, mayor es el grado de certeza con el que se puede asegurar la paternidad, gracias a que disminuimos la posibilidad de que haya mutaciones en los marcadores que están siendo analizados.

Si en el estudio se incluye a la madre (y se comprueban todos sus marcadores), aumenta la probabilidad de certeza de la prueba porque pueden asignarse los marcadores de la madre y de esa manera evitar confusiones en la asignación de los marcadores debido al posible padre.

Por otro lado, en los casos en que no se puede analizar el ADN del progenitor (por ejemplo, porque esté desaparecido) es posible emplear el ADN de los abuelos paternos, aunque el análisis se complica ya que hay que comparar con los marcadores de ambos. En este caso, lograr una elevada certeza es más difícil, pero descartar la filiación sigue siendo factible.

Pero ¿cómo se realiza la prueba de ADN en sí? Lo primero es tomar la muestra a analizar, lo que se conoce como material genético. Aunque muchas personas pensarán en muestras sanguíneas, lo habitual es tomar muestras de saliva, que ya contienen células de las que se puede extraer el ADN.

El segundo paso es extraer el ADN de las células, para ello hay que romperlas para lo que se emplean enzimas u otros compuestos químicos. En este paso es preciso aislar el ADN puro.

Posteriormente se lleva a cabo la amplificación del material genético empleando la tecnología conocida como PCR (Reacción en Cadena de la Polimerasa) que se basa en añadir una enzima que amplifica regiones del ADN. Posteriormente, empleando una serie de sondas, se obtiene la información relativa a los marcadores en las cadenas de ADN que presentan interés para las pruebas de paternidad. Finalmente, se asignan y comparan estos marcadores con los del posible padre para asignar una probabilidad de que tengan relación padre-hijo.

66

¿Es posible cazar a los tramposos en el mundo del deporte?

Hay un cómic famoso en todo el mundo en el que unos galos toman una poción mágica que les dota de una fuerza extraordinaria para luchar contra la invasión de los romanos. Las aventuras de Astérix el galo y sus compañeros están bien dentro del mundo del cómic, pero hay personas que tratan de aplicarlo al mundo del deporte y eso representa una injusticia. Es lo que se conoce como dopaje.

Son muchos los casos famosos de deportistas de élite que han recurrido a estas prácticas ilícitas. Tal vez los más conocidos los encontramos en el ciclista estadounidense Lance Armstrong, quien ganó de manera fraudulenta siete Tours de Francia y que posteriormente le fueron retirados, o en Diego Armando Maradona, ex futbolista que consumió sustancias dopantes y drogas en general y también fue sancionado. Además, se han desarticulado diversas tramas donde participan no solo deportistas y directivos de equipos deportivos, sino hasta médicos. Conviene recordar que el deporte es un negocio que mueve miles de millones de euros anualmente y que el objetivo de quienes se dopan es acumular más riqueza.

Es importante señalar que el dopaje no consiste únicamente en recurrir al consumo de sustancias prohibidas. También existen prácticas que no se pueden llevar a cabo. Por ejemplo, son muy conocidos los casos de ciclistas que recurren a extraerse su sangre para luego inyectarse únicamente la parte que contiene los glóbulos rojos. Esta práctica aumenta su hematocrito, que es el porcentaje de glóbulos rojos (que son los encargados del transporte del oxígeno en el cuerpo humano) con relación al total de la sangre. Aumentar el hematocrito conlleva que su organismo sea capaz de repartir más oxígeno mientras compite, y por tanto, aumenta su rendimiento.

Además, el dopaje puede ser realizado tanto durante las pruebas deportivas como durante el entrenamiento previo para lograr mejorar la condición física con la que lleguen los y las deportistas a las competiciones deportivas. Por ello, deben realizarse controles de manera periódica.

Pero ¿cómo se puede saber si algún deportista está realizando trampas? Se llevan a cabo los famosos controles antidopaje. Existe una agencia internacional conocida es castellano como Agencia Mundial Antidopaje (y en inglés como World Anti-Doping Agency, WADA) que posee presencia tanto de deportistas como de gobiernos internacionales y que regula las sustancias que pueden ser empleadas de manera legal y las que no en el mundo del deporte. Para ello emite de manera anual una lista de sustancias y métodos prohibidos que las personas que practican el deporte a nivel profesional no están autorizadas a consumir o emplear. Muchas de estas sustancias son medicamentos de uso generalizado o específico y si un deportista tuviese que tomarlas tendría que solicitarlo de manera oficial y justificada.

Además, la AMA realiza labores de investigación científica para poder evitar que haya quien recurra a estas prácticas y trata de que todos los países luchen de igual manera contra el dopaje.

El primer problema al que se enfrentan las agencias antidopaje es que, como hemos analizado previamente, medir algunos fármacos no es sencillo. Se requiere de caros equipos y un procedimiento laborioso. Pero estas cuestiones son salvables mediante la inversión y la investigación científica. Otro problema lo encontramos en que muchos países pobres no cuentan con medios para poder realizar estos controles con garantías (falta de equipamiento, no poder conservar las muestras con garantías de calidad, falta de fondos para poder hacer análisis a todas las personas que practican deporte de manera profesional, etcétera).

Sin embargo, en la lucha contra el dopaje la mayor barrera la encontramos en otro lado. De igual manera que hay personas tratando de cazar a los tramposos, estos desarrollan nuevas estrategias, usan nuevas sustancias, incluso fármacos experimentales para los que todavía no hay una forma clara de detección. Por tanto es una carrera en la que las agencias antidopaje tienen que perseguir a quienes recurren a estas prácticas.

El desarrollo de nuevos métodos analíticos no es fácil. Hay compuestos que se eliminan rápidamente (por lo que hay que realizar los análisis antes de que estas sustancias desaparezcan del cuerpo), hay que comprobar en qué matriz (siendo esta algún fluido corporal como sangre y orina, pero teóricamente incluso el pelo podría ser utilizado) es más fácil detectar restos de las sustancias (depende de cómo se acumulen o eliminen, por ejemplo) y cómo tratar la muestra para poder analizarla.

Por ejemplo, si la AMA tuviese constancia de que un nuevo fármaco desarrollado por un laboratorio para el tratamiento de una leucemia está siendo (o podría ser) utilizado como sustancia dopante, debe realizar un estudio sobre su determinación. Si el fármaco está comercializado, su ficha técnica contendrá información, por ejemplo, sobre su degradación y eliminación del cuerpo humano. Es decir, si lo hace a través de la orina o heces. Pero además es importante saber si el compuesto es eliminado en su forma primaria o en forma de metabolito (que son el producto de degradación que se genera después de que el fármaco interactúe con el organismo), ya que el método de cuantificación podría ser diferente en función de si se trata del fármaco o de uno de sus metabolitos. Además sería conveniente estudiar si se produce una acumulación en el pelo por ejemplo, ya que podría acabar siendo el método de cuantificación más eficaz.

Entonces la AMA debe lograr desarrollar y validar un método de detección analítico para esta nueva sustancia. La mayoría de los métodos analíticos actuales son cromatografías muy avanzadas e inmunoensayos (que se basan en detectar un compuesto formado por la sustancia que se quiere analizar y otra que facilita su detección). Ambas técnicas son capaces de detectar cantidades minúsculas de una sustancia dopante de manera muy exacta y precisa.

Finalmente, es importante señalar que el dopaje debe ser perseguido no solo porque no sea ético y altere los resultados justos en una competición deportiva, sino porque conlleva importantes riesgos de salud para las personas que recurren a estas prácticas.

67

¿Científicos, policías o actores? ¿Qué sabemos del trabajo de la policía científica?

En el año 2000 se popularizó en Estados Unidos, y posteriormente en España, una serie dedicada al trabajo de la policía científica. *CSI* cosechó un éxito sin precedentes, llegando incluso a desembocar en otras dos versiones situadas en otras ciudades de Estados Unidos. Pero ¿hasta qué punto era real el trabajo mostrado en la ficción? O dicho de otro modo, ¿qué trabajo realiza la policía científica?

En la serie americana los protagonistas llegan a la escena del crimen, analizan la situación, toman fotografías, huellas dactilares, toman muestras con posibles rastros humanos y después vuelven al laboratorio donde analizan las muestras, interrogan a los posibles sospechosos o sospechosas y en general, por muy complicado que sea el caso, lo resuelven en menos de una hora.

Tal vez haya al menos dos críticas que se le pueden hacer a esta serie. La primera es el uso que hacen de algunas de las tecnologías. Por lo que se aprecia en la ficción, en muchos de los equipos introduces una muestra y te ofrece directamente una información tan completa y detallada que casi cualquier persona que haya trabajado con esos equipos sabe que la realidad siempre es más tozuda y que difícilmente se pueden obtener esos resultados con tanta velocidad. Y precisamente la otra crítica entronca con este hecho: la resolución en un intervalo de tiempo tan breve. En general, cuando los casos llegan hasta este tipo de unidades de policía científica es porque presentan grandes incógnitas.

En España podemos citar el trabajo que se realiza en la Policía Científica, que es una unidad del cuerpo de la Policía Nacional creada en 1994 que presta servicios en cuanto a identificación, criminalística, analítica e investigación técnica y que elabora los informes periciales que le son encomendados.

En la serie se observa que el trabajo del policía científico se divide en dos fases: cuando acude al escenario del crimen para analizarlo y recoger pruebas, y el trabajo que realiza en el laboratorio analizando las pruebas obtenidas. La primera parte se conoce en España como «inspección ocular» y se realiza de manera concienzuda antes de llevar todas las pruebas a la comisaría para seguir con el procesado.

Trabajan en las áreas de balística (para conocer la procedencia de los proyectiles empleados, por ejemplo), realizan autopsias, pruebas de ADN y huellas dactilares y poseen laboratorios para detectar sustancias químicas como drogas o venenos tanto en personas vivas como en cadáveres. Sus laboratorios están equipados con algunas de las últimas tecnologías para poder llevar a cabo todos estos análisis. Además poseen dispositivos portátiles que les permiten realizar la toma de muestra y análisis *in situ* para muchas sustancias, como explosivos o residuos de disparos.

En esta unidad se analizan también documentos y obras de arte para conocer su autenticidad cuando hay delitos involucrados como la estafa o el robo. Analizan documentos manuscritos para comprobar falsificaciones. También poseen una unidad dedicada al análisis de señales acústicas relacionadas con delitos (escuchas, grabaciones, sonidos de disparos) y realizan análisis de entomología forense, que se basa en estudiar el comportamiento de los insectos que se alimentan de cadáveres y que pueden llegar a ofrecer información muy relevante para los investigadores; también en la serie americana recurrían a este conocimiento en más de una ocasión.

En la serie *CSI*, la policía científica interroga a las personas sospechosas. En España también lo hace o se coordinan con policías de la zona y siguen los interrogatorios mediante videoconferencia al tiempo que asesoran sobre cómo o hacia dónde dirigir el interrogatorio.

Lo que no se recoge en la serie es la cantidad de tiempo que se requiere por parte de las personas que trabajan en la Policía Científica buscando información o redactando los concienzudos informes que desgranan el contenido de los análisis realizados. Por tanto, aunque con excepción de esto último, podemos señalar que el trabajo mostrado en la serie estadounidense se ajusta bastante al que realizan los policías científicos en España. Hay que tener en cuenta que los análisis químicos no se realizan dándole a un botón que nos dice exactamente qué material es y dónde fue adquirido. Los análisis científicos requieren de una dedicación y rigurosidad muy elevadas.

Además, mientras que en la serie se realizan explicaciones en voz alta de todos los casos y se resuelven en menos de una hora, el trabajo de la Policía Científica no es en absoluto sobreactuado y requiere de una gran constancia. Algunos casos requieren de un trabajo de años para encontrar al culpable. En algunos casos, hasta décadas: tras un robo en Las Palmas, la Policía científica española procedió a analizar todo el material de la escena del crimen. Sin embargo, tras analizar una colilla pudieron relacionar al portero de la finca con la violación y asesinato de una mujer que se produjo dieciséis años antes.

68

¿Es posible saber si un fósil tiene un millón de años?

Generalmente, para establecer la edad de una persona necesitamos saber su fecha de nacimiento, o para un acontecimiento histórico conocer cuándo sucedió gracias a los registros históricos. Sin embargo, nada de esto es posible cuando hablamos de la edad de un fósil. Entonces, ¿cómo es posible hacerlo?

Actualmente son dos los principales tipos de datación que se emplean, ya sea en arqueología, paleontología o geología: la llamada datación relativa y la datación absoluta.

La datación relativa se basa en conocer el entorno donde se ha encontrado el fósil, en qué estrato (que son las capas horizontales en que se dividen las rocas, los sedimentos, etc.) se encuentra, junto a qué otros fósiles ha aparecido... Pero este tipo de datación requiere que tengamos una información del contexto y el suficiente conocimiento previo como para ofrecer una serie de hipótesis.

La datación absoluta es la que se realiza empleando métodos físicos. En el método más conocido concretamente se recurre a la radiactividad de algunos elementos que están formados por isótopos (que son átomos que contienen el mismo número de protones pero un diferente número de neutrones), siendo alguno de estos radiactivo. Los isótopos se encuentran en la naturaleza en concentraciones relativas conocidas. Es decir, se conoce perfectamente la proporción que existe entre ambos isótopos.

Este hecho se ha empleado para llevar a cabo la datación, por ejemplo mediante carbono-14. En el caso del carbono, sus isótopos más conocidos son el carbono-12 y el carbono-14, siendo este último inestable. Se conoce el tiempo que tarda en desintegrarse (período de semivida de 5730 años). Esto quiere decir que pasados 5730 años, los restos que contenían carbono-14 tendrán la mitad de este isótopo que había inicialmente. Si pasan dos períodos de semivida (11 460 años) habrá el 25% de la cantidad de carbono-14 que había inicialmente y si el tiempo transcurrido son 10 períodos de semivida (57 300 años) quedará únicamente el 0,1% de la cantidad inicial de carbono-14.

Lo curioso es que el carbono en el individuo se elimina mediante la respiración (como CO_2) y se defeca y se introduce a través de ingesta (alimentación). En ambos procesos se mantiene la proporción natural entre isótopos del carbono. Por tanto, mientras está vivo, el individuo mantiene la relación de isótopos que se encuentran en la naturaleza, pero cuando muere deja de ingerir carbono, y por lo tanto la relación natural comienza a disminuir ya que el carbono-12 permanece y el carbono-14 se desintegra. Por tanto, cuantificando ambos isótopos y aplicando un cálculo muy sencillo de física nuclear, podemos obtener la edad del elemento que está siendo estudiado.

Ahora bien, esta técnica de datación presenta al menos tres limitaciones. La primera es que se requiere que lo que se quiere datar contenga carbono (es decir, materia orgánica). Es decir, no sirven para datar elementos metálicos o joyas que no contengan carbono.

La segunda es que permite analizar la fecha del material pero no si sufrió ciertas modificaciones posteriores. Por ejemplo, si analizamos la madera que se empleó en un barco antiguo podemos saber cuándo se cortó la madera, no cuándo se empleó para hacer el barco.

Y la tercera, es que no sea anterior a unos 50 000 años. Para realizar dataciones anteriores se tiene que recurrir a otros isótopos cuya desintegración es más lenta y por lo tanto, permiten llegar más lejos en el tiempo.

Las radiomediciones también se emplean en geología, pues algunos isótopos poseen períodos de semivida muy largos, y por lo tanto permiten datar rocas procedentes de edades muy tempranas. Es el caso del método potasio-40 / argón-40. El potasio posee tres isótopos, pero solo uno es radiactivo: potasio-40. Este se descompone en dos elementos diferentes: el 88,3 % en calcio y el 11,7 % en argón. Este método se basa en cuantificar las cantidades de argón-40 procedentes de la descomposición del potasio-40 que aparecen en los materiales geológicos. Mediante este método, gracias al largo período de semivida del potasio-40 ($1,28 * 10^9$ años), es posible datar desde rocas de hace un millón de años de antigüedad hasta las más antiguas de la Tierra (es decir, de hasta 3000 millones de años). Este método se emplea también para saber la edad de los meteoritos que han impactado contra la Tierra. No es posible datar rocas con menos de un millón de años debido a que la cantidad de argón-40 es muy baja.

¿Cómo se realiza la medición de las cantidades de los isótopos? Existe una técnica analítica llamada espectrometría de masas que obtiene el peso de los compuestos. Los isótopos se diferencian en su número de neutrones (y por lo tanto en su masa), entonces es fácil saber la cantidad de cada isótopo que persiste en la muestra.

Ahora bien, todos estos métodos poseen una imprecisión. No se trata de fechas exactas, pero sí orientativas. Por tanto, aunque no podamos asegurar que el fósil tiene un millón exacto de años, sí podemos afirmar de qué período de la prehistoria procede y señalar que su edad es de un millón de años más o menos la variación del método que se ha empleado para cuantificar el fósil.

69

¿De verdad somos capaces de conocer la composición de otro planeta?

El ser humano apenas ha visitado ningún otro planeta aparte del nuestro. De hecho, únicamente hemos enviado naves espaciales a nuestros vecinos Venus y Marte. Sin embargo, conocemos la composición de Mercurio (metales y silicatos, principalmente), Júpiter o Saturno (gases, siendo los mayoritarios hidrógeno y helio). E incluso hemos llegado a establecer las composiciones de planetas externos a nuestro sistema solar. Por ejemplo, los exoplanetas Kepler-37b y K2-229b, situados a 210 y 339 años luz, poseen una composición muy similar a la de Mercurio. Pero además de las composiciones químicas de los planetas, se han determinado las composiciones de sus respectivas atmósferas. ¿Cómo es posible que tengamos toda esta información? Es decir, si no se han podido tomar muestras *in situ* (en el propio planeta) para poder analizarlas y detectar su composición, ¿cómo hemos deducido la composición de los planetas del Sistema Solar e incluso de los exoplanetas?

La respuesta nos la ofrece la astronomía, que a través de la observación estudia los cuerpos celestes, sus órbitas, su localización y su composición. Para poder llevar a cabo su labor emplea diversas herramientas, potentes telescopios y cálculos matemáticos avanzados referentes a las órbitas, en los que deben tener en cuenta las influencias de las fuerzas gravitatorias de otros cuerpos celestes.

La primera dificultad en el caso de los exoplanetas consiste en su detección. Es decir, mientras que las estrellas las observamos porque emiten luz, los planetas no lo hacen y por tanto no son detectables de manera directa a través de los telescopios. Sin embargo, su influencia sobre la luz de las estrellas es lo que permite determinar su existencia. Esto se produce gracias a que los haces de luz que provienen de una estrella que no contenga ningún planeta y de una estrella alrededor de la cual orbiten uno o más planetas presentan diferencias que permiten determinar la existencia de estos últimos. Además, se puede comprobar su presencia mediante cálculos respecto de la órbita de la propia estrella (ya que tampoco sería la misma si hubiera o no planetas a su alrededor).

Pero la clave para conocer la composición de otros planetas o estrellas consiste en analizar los espectros de absorción o emisión mediante un espectroscopio de la luz que recibimos de las estrellas. Incluso para los planetas del sistema solar, de los que sí recibimos un haz de luz que es la que rebota procedente del sol. Al descomponer la luz blanca en todas las longitudes de onda que la componen obtendremos todo el espectro visible, es decir, se obtendría un arcoíris formado por todos los colores del espectro visible.

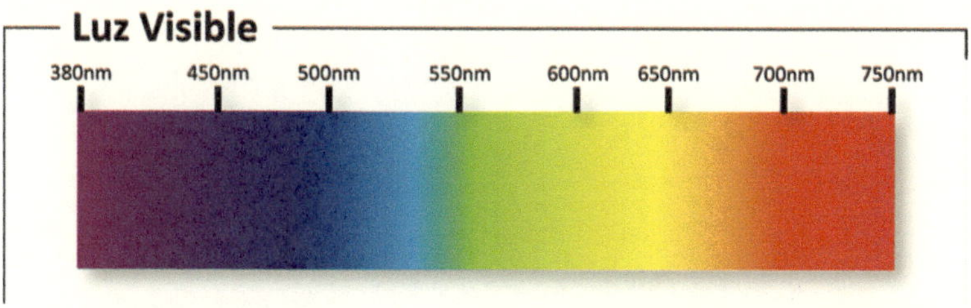

La luz visible incluye los diferentes colores en función de la longitud de onda. *Espektro ikuskorra,*.de Ziortza Agirrezabala. El archivo se encuentra bajo licencia Creative Commons Attribution-Share Alike 4.0 International.

Al hacerlo con la luz que proviene de las estrellas se obtendrán todos los colores, pero es posible que aparezcan algunas bandas negras. Estas bandas negras se corresponden con las energías de los electrones de algunos elementos químicos que al recibir el impacto del haz de luz reciben esa energía y se excitan (lo que quiere decir que aumentan su nivel energético). Entonces, esa banda a una determinada longitud de onda desaparece y en su lugar se observa una línea negra en el espectro (lo que se conoce como espectro de absorción). Gracias a este espectro podemos conocer la composición de una atmósfera que ha sido atravesada por la luz de la estrella.

Asimismo, existe otro fenómeno conocido como espectro de emisión que provoca que cuando se descompone un haz de luz solo aparezcan algunas longitudes de onda (es complementario al espectro de absorción). Estas líneas también son características de cada compuesto. Esto puede provocar que al descomponer la luz que incide desde las estrellas, algunas líneas aparezcan más brillantes que las que le rodean. Con este espectro podemos conocer la composición de la estrella que emite la luz.

Gracias a ambos fenómenos y comparando con los espectros de los diferentes compuestos, es posible dar con la sustancia responsable de haber generado esa banda y, por lo tanto, con la composición química de la estrella que emite la luz y con la de una atmósfera que la luz atraviesa o del propio planeta contra el que la luz de la estrella rebota antes de llegar hasta nosotros.

VII

Química Física y Cuántica

70

¿Debén los buceadores ir haciendo paradas cuando ascienden?

Una de las prácticas deportivas más de moda actualmente la encontramos en el buceo. Además, existen algunas profesiones donde realizar inmersiones submarinas forma parte del día a día. Todo el mundo sabe que los buceadores deben ir realizando paradas conforme ascienden de vuelta a la superficie. Pero ¿por qué esto es así?

Se debe a la llamada Ley de Boyle, también conocida como Ley de Boyle-Mariotte, en honor de dos científicos que la formularon de manera independiente a mitad del siglo XVII: el británico Robert Boyle y el francés Edme Mariotte. Esta ley señala que «a temperatura constante, el volumen de una masa fija de gas es inversamente proporcional a la presión que este ejerce», es decir, que si la presión a la que está sometido el gas aumenta, su volumen disminuye; por el contrario, si la presión disminuye, el volumen del gas se incrementa.

Es importante señalar que la presión es mayor dentro de un líquido, como el agua, que la presión atmosférica y que esta aumenta conforme descendemos dentro del líquido. Es decir, cuanto

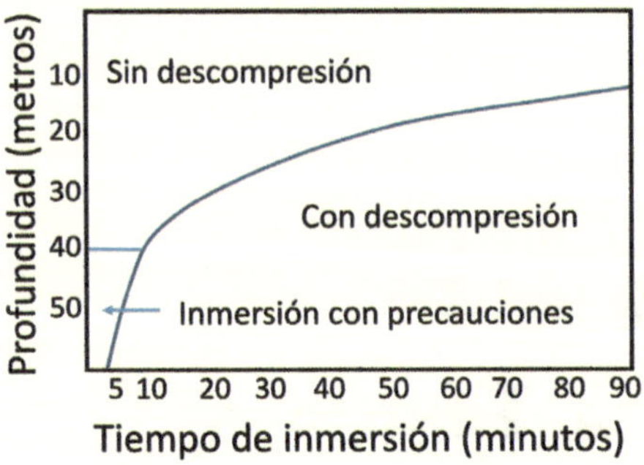

El diagrama representa la llamada curva de seguridad para las inmersiones de buceo. Se trata de una información orientativa y para realizar esta actividad deben seguirse las instrucciones de los instructores de buceo.

mayor es la profundidad mayor es la presión. Por tanto, cuanto más descendemos y más aumenta la presión, menor será el volumen que ocupa un gas, como, por ejemplo, la mezcla que conocemos como aire.

Uno de los efectos que tiene este hecho es que necesitaremos una mayor cantidad de aire (es decir, más moléculas de oxígeno y nitrógeno) para llenar nuestros pulmones (ya que su volumen será menor) en comparación con las moléculas de gas que necesitaríamos en la superficie.

El otro es que, conforme descendemos, esa cantidad de gas ocupa cada vez un volumen menor; y viceversa, si ascendemos recuperará su volumen original. Si este ascenso se realiza a demasiada velocidad la recuperación del volumen del gas también será demasiado rápida, lo que nos provocará importantes daños físicos.

Y de ahí se deduce la necesidad de realizar paradas a diferentes profundidades, haciendo lo que se conoce como descompresiones, ya que si subiéramos de golpe el aire que tendríamos en la sangre, en los pulmones o en otros tejidos (el nitrógeno, por ejemplo, se acumula en la grasa) ocuparía un volumen mucho mayor y podría provocarnos consecuencias desastrosas que abarcan desde fatigas y dolores de cabeza hasta accidentes cerebrovasculares e incluso la muerte. El término con el que se conoce al conjunto de estos síntomas es enfermedad descompresiva o enfermedad del buzo, ya que se debe a los cambios de presión rápidos que provocan el aumento del volumen de los gases almacenados en los tejidos.

Mientras ascendemos con la realización de las paradas a diferentes profundidades durante un tiempo, conseguimos que los gases que están dentro de nuestro cuerpo se vayan adaptando a la presión que nos rodea (cada vez menor conforme ascendemos en dirección a la superficie), y por tanto que las burbujas de gas se vayan adaptando al volumen que deberían tener para no provocarnos los terribles efectos que se han descrito previamente.

No siempre es necesario realizar descompresiones, depende de la profundidad que se haya alcanzado y del tiempo que se haya estado buceando, pero los expertos recomiendan, incluso para las inmersiones más seguras, realizar siempre la llamada «parada de seguridad» que consiste en permanecer durante tres minutos a cinco metros de profundidad y emplear al menos dos minutos para recorrer esos últimos metros.

Por lo que si decides realizar buceo recreativo atiende muy bien las indicaciones que te ofrezcan los responsables de seguridad de la actividad y realiza las descompresiones necesarias por tu propia seguridad.

71

¿PARA QUÉ SE AÑADE SAL A LA NIEVE?

Uno de los fenómenos meteorológicos más interesantes es, sin duda, la nieve. La estampa navideña de las montañas y tejados nevados muestra una imagen de gran belleza. Sin embargo, la nieve también posee riesgos, por ejemplo para los conductores, y es necesario eliminarla de las carreteras (para evitar además que algunas aldeas o pueblos queden aislados durante todo el invierno). Para ello, los seres humanos recurrimos generalmente a echar sal común (cloruro de sodio, NaCl) sobre la nieve. Pero ¿a qué se debe este hecho?

El hielo (y la nieve) se forma cuando el agua alcanza los 0 °C. Entonces, gracias a que posee una superficie muy lisa presenta una muy baja fricción que causa muchos estragos, especialmente para los vehículos ya que se deslizan por su superficie con facilidad. Sin embargo, cuando el agua posee alguna sustancia disuelta necesita descender hasta temperaturas inferiores para poder congelarse. Por ejemplo, el agua del mar que posee una pequeña cantidad de sustancias disueltas congela a menor temperatura (sobre los −2 °C). Este hecho se emplea cuando se vierte sal sobre el hielo, ya que al entrar en contacto los átomos de la sal como los del agua solidificada en forma de hielo interactúan y entonces requiere que haya una temperatura menor para congelarse, por lo que el hielo comienza a derretirse formando agua líquida.

Uno de los hechos más relevantes de este proceso es que cuanta más sal contenga el agua más bajo es su punto de congelación. Por tanto, si la temperatura ambiental fuese de − 8 °C habría que añadir más sal que si fuese de − 3 °C.

El cambio del punto de fusión del agua debido a la presencia de solutos se conoce como descenso crioscópico y esta propiedad se incluye dentro de las llamadas propiedades coligativas, que reciben este nombre porque sus efectos dependen únicamente de la concentración del soluto y no de la naturaleza de sus moléculas (es decir, no tiene ninguna relevancia el tamaño de las partículas, si son o no átomos metálicos, electronegatividad, viscosidad...). La única propiedad importante es que se encuentren disueltos en la sustancia matriz. En el caso del agua, por ejemplo, que formen iones solubles. No serviría de nada añadir aceite u otros materiales insolubles en agua. Por ejemplo, cuando ponemos sal común en agua, lo que obtenemos son dos aniones (Na^+ y Cl^-). Por tanto, la concentración de sal será, como hemos comentado previamente, la que determine el punto de congelación del agua. En el caso de añadir la misma concentración de otra sustancia completamente diferente, como el hidróxido de litio (LiOH), se obtendría la misma variación en cuanto al punto de fusión del agua.

Para el cálculo de la variación en cuanto al punto de congelación se emplea la siguiente ecuación:

$$\Delta T_c = K_c \star m$$

Donde ΔT_c son los grados del descenso crioscópico, K_c es un parámetro propio de cada disolvente (como es el agua, pero también podría ser otro como el etanol) y m es la concentración molal (es decir, número de moles por kilogramo de disolvente y cuya unidad se representa como m).

Por tanto, si no depende del tipo de sustancia, ¿por qué se elige la sal común? ¿Serviría igualmente el carbonato de litio (Li_2CO_3)? De hecho, el carbonato de litio sería incluso más efectivo ya que cuando se disuelve forma tres iones (y no dos como la sal), y al formar más iones la concentración molal es mayor. Al añadir un mol de NaCl en un kilogramo de agua, tendríamos una concentración de 1 m en Na^+ y de 1 m en Cl^-. Pero si se añade Li_2CO_3 se obtendrá una concentración molal de 2 m en Li^+ y 1 m en carbonato. Por lo que el descenso crioscópico sería mayor y se requerirían temperaturas más bajas para que se formase el hielo.

Sin embargo, la sal se elige principalmente por dos motivos: en primer lugar porque es una sustancia muy común y muy fácil de obtener (a partir de agua de mar o en minas de sal), y en segundo lugar y derivado del primero, porque es una sustancia muy barata.

Este principio es el mismo que se emplea en los anticongelantes que se emplean en los motores de los coches. Los motores de los vehículos requieren que haya un líquido que se conoce como refrigerante para evitar que el motor se caliente demasiado. Se suele utilizar agua, pero el riesgo en invierno es evidente y es que este líquido se congele, y por tanto no cumpla con su función. Para evitarlo se añade alguna sustancia (generalmente etilenglicol) que no estropea las partes metálicas del motor (como sí podría hacer la sal) y que al ser un líquido tampoco se acumula como también haría la sal.

Estructura del etilenglicol. Este compuesto se emplea en el líquido anticongelante que se emplea en vehículos. Posee otros usos como disolvente en la industria del plástico y la pintura o como tinta para bolígrafos.

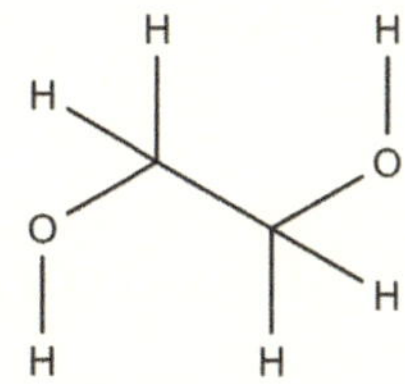

Existen otras propiedades coligativas como por ejemplo la elevación ebulloscópica (que es el aumento del punto de ebullición de un solvente). Se trata de un incremento de la temperatura a la que un líquido comienza a hervir. Se aplica una forma muy similar a la del descenso crioscópico, en la que únicamente se sustituye la constante crioscópica por una nueva constante de ebullición también dependiente de cada solvente. Por tanto, el agua con sal no solo no congela a los 0 °C, sino que tampoco entra en ebullición a 100 °C. En este caso, el punto de ebullición sería superior al esperado para el agua pura.

Finalmente, otras dos propiedades coligativas las encontramos en la presión osmótica y en el descenso de la presión de vapor. En cuanto a la presión osmótica, es importante señalar su gran relevancia en muchos procesos biológicos, por ejemplo, por el paso de sustancias a través de membranas celulares. La presión osmótica se refiere al paso de sustancias a través de membranas semipermeables (que dejan pasar unas sustancias y otras no). Por ejemplo, si tuviésemos dos disoluciones acuosas con concentraciones diferentes de sal separadas por una membrana semipermeable al paso de agua, estas moléculas se moverían hasta igualar la concentración a ambos lados. Este hecho sucede a nivel celular gracias a las membranas celulares que controlan el paso de sustancias al interior de la célula y cuyos desequilibrios pueden provocar graves problemas de salud. La presión osmótica depende igualmente únicamente de la concentración y no del tipo de sustancia, y por ello es una propiedad coligativa. Finalmente, la presión de vapor, que es una medida de la volatilidad de una sustancia. Es decir, cuanto más volátil sea, mayor será su presión de vapor. Al añadir una sustancia a un soluto se disminuye su presión de vapor, y por lo tanto es menos volátil. El resto de propiedades coligativas (como la elevación ebulloscópica y el descenso crioscópico) están provocadas por este descenso en la presión de vapor.

72

¿Empezó la electroquímica gracias a una rana?

La electroquímica es la parte de la química que estudia la relación y la transformación entre la electricidad y la química. Es decir, es posible emplear determinadas sustancias químicas para producir electricidad e igualmente la corriente eléctrica puede provocar transformaciones en la materia, incluidas reacciones químicas para producir compuestos nuevos o para degradar otros, siendo el ejemplo más conocido la reacción de electrólisis del agua, reacción que se produce cuando se aplica corriente eléctrica sobre el agua (el hecho de que sea un líquido se representa en la ecuación de la reacción con una l entre paréntesis, de igual modo que una g entre paréntesis significa que estamos ante un gas) para producir su descomposición en los gases oxígeno e hidrógeno (es una de las principales formas para producir este gas):

$$H_2O\ (l) \rightarrow H_2\ (g) + \tfrac{1}{2}\ O_2\ (g)$$

Ahora sabemos que esta reacción se descompone en dos semirreacciones (en las que es posible ver la influencia de los electrones):

$$4\ H^+\ (ac) + 4\ e^- \leftrightarrow 2\ H_2\ (g)$$

$$2\ H_2O\ (l) \leftrightarrow O_2\ (g) + 4\ H^+\ (ac) + 4\ e^-$$

La historia de esta ciencia tiene un nombre fundamental que es el del italiano Alessandro Volta (1745-1827) quien tuvo una vocación científica muy temprana que provocó que inventase diversos instrumentos, entre ellos, la pila eléctrica (o voltaica, en honor de su inventor). Pero antes de ello estuvo recorriendo Europa, lo que le permitió conocer, entre otros, al famoso escritor Voltaire y también a Luigi Galvani, científico de la Universidad de Bolonia. Este último defendía la existencia de la «electricidad animal» a raíz de un descubrimiento accidental en el que un cuchillo (que estaba cargado con electricidad estática) rozó un anca de rana y se contrajo. Este hecho impresionó al italiano e hizo otros experimentos con otros animales encontrando resultados similares, lo que llevó a acuñar el término de electricidad animal. Galvani atribuía este hecho a la existencia de un fluido eléctrico en los animales. Volta quedó muy impresionado por este descubrimiento y, como buen científico, se decidió a investigarlo por sí mismo. Sus resultados fueron contradictorios con los de Galvani y llegó a la conclusión de que la corriente eléctrica se producía igualmente sin los animales si se ponían en contacto dos metales. Por tanto, una conclusión opuesta a la de Galvani. Cuando expuso su tesis se abrió un debate entre ambos en el que participó activamente la comunidad científica y que llegó a enfrentar a sus universidades.

Volta continuó trabajando en su idea y diseñó un dispositivo compuesto por discos alternativos de cobre y zinc en contacto mediante capas húmedas que producía electricidad, dando lugar a la primera pila eléctrica. Era el año 1799 y su invento fue tendencia mundial dentro de la comunidad científica, que aceptó las tesis de Volta frente a las de Galvani.

Entre los efectos del descubrimiento de la primera pila eléctrica encontramos el del inicio de los estudios del electromagnetismo, otra tecnología fundamental para el ser humano en la actualidad y desarrollada por Michael Faraday (1791-1867) tres décadas después del descubrimiento de la pila voltaica. E igualmente, sin los trabajos de Volta seguramente no hubiésemos llegado a lo que hoy conocemos como electricidad, en cuya historia juegan un papel fundamental dos científicos, cuyo enfrentamiento a finales del siglo XIX superó incluso al de Galvani y Volta: Nikola Tesla y Thomas Alva Edison. Dejando de lado el talento y los múltiples descubrimientos de ambos en cuanto a la electricidad, mientras que el segundo defendía el uso de la corriente continua para su generación, Tesla consideraba que la corriente alterna era más eficiente. Tras años de luchas entre ambos, el modelo de Tesla se impuso y actualmente la electricidad de nuestras casas recurre al modelo de Nikola Tesla. Mientras que en la corriente continua la carga eléctrica (los electrones) circula siempre en la misma dirección, en la corriente alterna varía cíclicamente.

Más de doscientos años después del descubrimiento de Volta, en el 2019 las pilas eléctricas (y las baterías) son fundamentales para nuestra sociedad. Hoy existen baterías y pilas recargables y con tanta potencia como para hacer recorrer cientos de kilómetros a los coches eléctricos o híbridos. Además se continúan desarrollando nuevos dispositivos que alargan la senda iniciada por Alessandro Volta con su primera pila eléctrica. En su honor, el Congreso Internacional de Electricidad aprobó a finales del siglo XIX que se emplease el término voltio como unidad del potencial eléctrico.

73

¿POR QUÉ SE PRODUCE UNA REACCIÓN QUÍMICA?

Como hemos comentado, cuando se ponen en contacto dos sustancias químicas (a las que llamamos reactivos) es posible que se produzca una transformación de la materia (es decir, de esas sustancias), y al tiempo que las cantidades de esas sustancias disminuyen se estén generando otras nuevas (a las que llamamos productos). Igualmente, en las reacciones químicas pueden participar más de dos reactivos (tres, cuatro o más), e incluso es posible que una única sustancia reaccione para formar otra sustancia o varias. El caso más famoso es el de las reacciones de dismutación, donde una única sustancia se oxida y se reduce al mismo tiempo generando por tanto dos productos de reacción.

Para entender de manera básica el por qué se producen las reacciones químicas hablamos de la energía (obviando la influencia de dos factores como son la cinética de las reacciones y la variación de su entropía). La reacción se producirá de forma natural cuando los productos tengan una energía menor que los reactivos. Ahora bien, además hay que tener en cuenta que existe un concepto conocido como energía de activación que supone que existe cierta barrera energética que hay que sobrepasar para que los reactivos reaccionen entre ellos. Si esta barrera es baja, la reacción puede producirse a temperatura ambiente (lo que se conoce como reacción espontánea). Si es más elevada se requerirá el uso de un catalizador (que disminuye la energía de activación) o del aporte de energía, ya que aumentando la temperatura será posible sobrepasar esa barrera. También es posible que si la reacción es de oxidación-reducción y no es espontánea se produzca si aportamos corriente eléctrica (por ejemplo, en la descomposición del agua en hidrógeno y oxígeno mediante un proceso de electrólisis).

Este es el esquema habitual para las reacciones químicas, donde los productos ocupan un nivel energético más bajo que los productos.

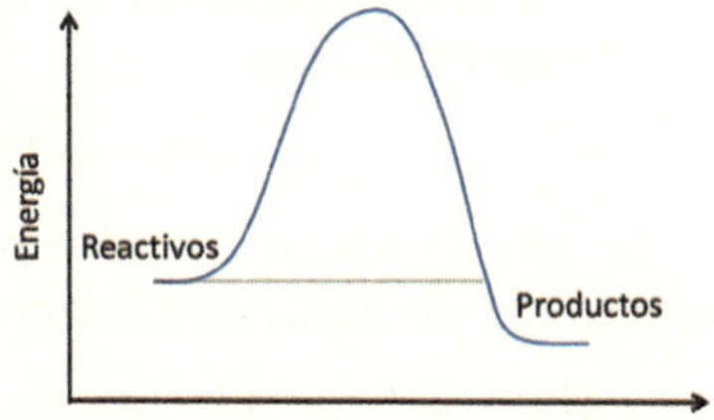

Por otro lado, el aumento de la temperatura (o de la presión o el uso de corriente eléctrica) también permite que reacciones que no se producirían de forma natural (ya que los productos poseen energías superiores a los reactivos) se produzcan. Esto resulta fundamental para la síntesis química y se emplea de manera habitual.

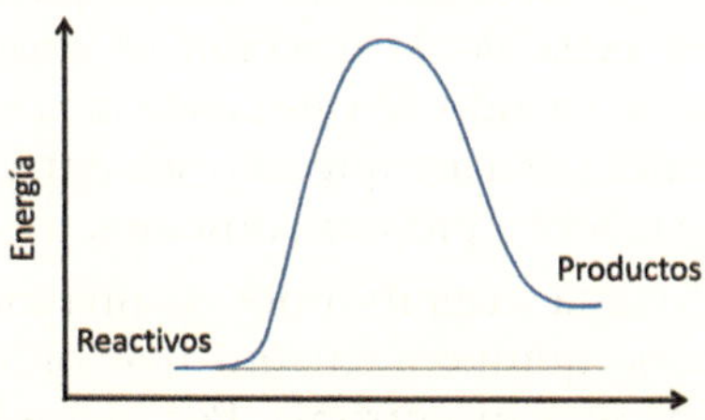

También es posible llevar a cabo reacciones en las que los productos poseen un nivel energético más alto que los reactivos. Estas reacciones no están favorecidas, pero es posible llevarlas a cabo aumentando la energía de la reacción (a través del aumento de la temperatura, la presión o mediante el paso de corriente eléctrica).

Aunque estos son los conceptos generales para entender por qué se producen las reacciones químicas dentro de la química física, existe una herramienta que, bajo ciertas condiciones, describe perfectamente la evolución de los sistemas de reacciones químicas y señala si una reacción se producirá de manera espontánea o no. Es lo que se conoce como energía libre de Gibbs. Pero para llegar a este concepto necesitamos conocer otros de manera previa:

1. Entalpía (H): esta magnitud hace referencia a la energía que posee una sustancia, por ejemplo, un reactivo de reacción química. Además se aplica a las reacciones químicas, para las cuales se define el incremento de la entalpía de una reacción (ΔH) al cambio de entalpías entre los productos y los reactivos de la misma. Para ello se requiere conocer la entalpía de formación (ΔH°_f) de cada compuesto (que se calcula por el número y tipo de enlaces). Este valor está además tabulado para muchas sustancias, y por lo tanto para una reacción:

$$a\,A + b\,B \leftrightarrow c\,C + d\,D$$

Se puede tomar su valor para calcular el ΔH de una reacción que se calcula aplicando la siguiente ecuación:

$$\Delta H = \Sigma \star m\,\Delta H^\circ_f\,(\text{productos}) - \Sigma \star n\,\Delta H^\circ_f\,(\text{reactivos}) =$$
$$a\,\Delta H^\circ_f\,(A) + b\,\Delta H^\circ_f\,(B) - c\,\Delta H^\circ_f\,(C) - d\,\Delta H^\circ_f\,(D)$$

Donde el símbolo Σ significa sumatorio y quiere decir que han de sumarse todas las entalpías de formación de los productos multiplicadas por sus coeficientes estequiométricos (m) y deben restarse todas las entalpías de formación de los reactivos multiplicadas todas por sus respectivos coeficientes estequiométricos (n).

Cuando ΔH es negativo, la reacción es exotérmica (es decir, desprende energía) y cuando ΔH es positivo, la reacción es endotérmica (absorbe energía). Para que esto sea estrictamente cierto, el sistema debe permanecer a presión constante.

2. Entropía (S): esta magnitud nos da una idea del «desorden» de un sistema químico. Cuanto más ordenado sea un sistema menor será su entropía. Por ejemplo, su sólido perfectamente ordenado tendrá valores muy bajos, mientras que un compuesto en fase gaseosa tendrá un valor mucho más alto de este parámetro. Y de igual modo que con la entalpía, se define el incremento de entropía (ΔS) como

el cambio en esta variable en relación a una determinada reacción química. De manera que si aumenta el desorden de la reacción este valor será positivo y si disminuye será negativo. Por ejemplo, al descongelar agua, donde pasamos de un sólido a un líquido, tendremos un valor positivo para el ΔS, mientras que si hacemos reaccionar dos gases para formar uno solo (donde se reduciría el número de moléculas gaseosas) el valor de ΔS sería negativo.

Conociendo ambas magnitudes podemos describir la ecuación de la energía libre de Gibbs (ΔG):

$$\Delta G = \Delta H - T \star \Delta S$$

Donde tenemos el incremento de la entalpía (ΔH); la temperatura (T) que se expresa en grados kelvin y el incremento de la entropía (ΔS). Esta ecuación tan solo es aplicable cuando se trabaja a presión constante (por ejemplo, a presión atmosférica). Si se trabaja a temperatura constante (algo muy habitual), se debe recurrir a otra magnitud denominada energía libre de Helmholtz.

Aplicando la ecuación de la energía libre de Gibbs (y a presión y temperatura constantes), cuando ΔG es menor que cero (es decir, tiene un valor negativo), la reacción es espontánea, mientras que si el valor de ΔG es positivo, se trata de una reacción no espontánea y si el valor es cero, la reacción se encuentra en equilibrio.

De esta ecuación podemos extraer, además, la confirmación de que reacciones que no son espontáneas a temperatura ambiente pueden producirse cuando se aumenta la temperatura. Igualmente, podríamos saber hasta qué temperatura tendríamos que reducir un sistema para que la reacción no se produjera, algo importante si queremos preservar los reactivos.

Por otro lado, es importante conocer que además de las reacciones que nos interesan existen otros procesos (conocidos como reacciones laterales) que se producen de manera simultánea (generando impurezas) y que algunas de ellas pueden llegar a ser incluso mayoritarias si se aumenta mucho la temperatura de la reacción. Por ejemplo, si tenemos dos sustancias orgánicas (compuestas por carbono, oxígeno e hidrógeno principalmente) cuya reacción es no espontánea a temperatura ambiente y queremos que reaccionen, podemos aumentar la temperatura, pero si sobrepasamos cierto umbral llegaremos a provocar la degradación por combustión en el caso de que haya oxígeno en el ambiente, lo que formaría CO_2 y H_2O.

74

¿Es posible medir la velocidad a la que se producen las reacciones químicas?

Otro concepto importante dentro de la química física lo tenemos en la llamada cinética de las reacciones químicas, ya que no todas las reacciones químicas suceden a la misma velocidad y mientras que algunas se producen en intervalos de tiempo inferiores al segundo otras pueden tardar años (la formación del carbón, por ejemplo). Por tanto, en las reacciones químicas no solo debemos conocer qué transformación sucede, sino en cuánto tiempo. Para ello es necesario recurrir a la variable tiempo y esto es precisamente lo que hace la cinética química.

El concepto central de esta parte de la química lo encontramos en la llamada velocidad de reacción, que es la rapidez con que varía la concentración de una sustancia química en función del tiempo.

Por tanto, para calcular la velocidad de reacción de una determinada reacción química debemos tomar alícuotas a diferentes tiempos y medir las concentraciones de cada una de las sustancias que participan en esa reacción química. Ahora bien, si la medida no es inmediata tendremos que tener alguna herramienta capaz de detener el avance de la reacción para que podamos medir la concentración en el momento deseado. Esto se consigue de diversas maneras, desde disminuyendo mucho la temperatura a añadiendo un disolvente o alguna sustancia que bloquea el avance de la reacción y se conoce como *quenching* o desactivación.

Además, es importante señalar que la adición de un catalizador o el aumento de la temperatura pueden influir en la velocidad de una reacción y que, por tanto, para calcular la velocidad de reacción es necesario conocer todas las condiciones en que se produce la reacción química. Otras variables que pueden influir en la velocidad de la reacción las encontramos en el estado en que se encuentre la materia (será más rápida si las sustancias se encuentran en disolución o en estado gaseoso) o en la concentración (ya que cuanto mayor sea la concentración más probable será que se encuentren las dos sustancias y reaccionen). También será diferente en función del disolvente en que se realizan las reacciones (no será lo mismo si las sustancias están disueltas en agua o etanol, por ejemplo).

Finalmente, es importante destacar que el comportamiento de cada reacción es diferente y que hay otras variables, principalmente centradas en el mecanismo de reacción, que pueden afectar a la velocidad de una determinada reacción.

De manera general, para una reacción:

$$a\,A + b\,B \rightarrow c\,C + d\,D$$

La velocidad de reacción se define de manera general como (la mayoría de reacciones químicas están condicionadas por los reactivos):

$$v = k \star [A]^{m} \star [B]^{n}$$

Donde *k* es una constante que depende de la temperatura y otras variables, y m y n son los órdenes parciales de reacción (que pueden o no coincidir con los coeficientes estequiométricos de la reacción). A la suma de m y n se le conoce como orden de la reacción, y cuanto mayor sea mayor será la velocidad de la reacción. El orden de las reacciones se determina de manera experimental (realizando diversos experimentos con concentraciones diferentes y tomando alícuotas a diferentes valores de tiempo) y puede ser desde negativo a positivo, incluyendo el cero.

En relación a esta cuestión podemos clasificar las reacciones en dos tipos principales: las que suceden en varias etapas y las que suceden directamente. Hay reacciones químicas que suceden en un único paso, mientras que otras tienen intermedios de reacción y un mecanismo de reacción complicado. Para las segundas, el orden de reacción puede no parecernos evidente y su cálculo es muy complicado, mientras que las que suceden en un único paso son más fáciles de entender y de calcular. En este caso hay dos tipos principales de mecanismos que van a afectar a la cinética si se trata de una reacción unimolecular o si es bimolecular. Mientras que en la primera todo va a estar en manos de una única especie (que va a ser la que va a determinar por completo la velocidad de la reacción), en las bimoleculares la velocidad estará afectada por la concentración de ambas sustancias.

En suma, las reacciones químicas pueden suceder a diversas velocidades. Este hecho está afectado por varias variables y su determinación debe realizarse de manera experimental.

75

¿Se comporta igual la materia a nivel atómico que a nivel macroscópico?

Desde antes del siglo XX, los físicos y químicos han tratado de desentrañar los secretos de la materia a nivel atómico y para ello han desarrollado una herramienta conocida como química cuántica. Uno de los hechos más destacados que han encontrado es que la materia no tiene por qué tener el mismo comportamiento cuando se encuentra a nivel macroscópico que cuando se estudia su comportamiento siendo un único o unos pocos átomos. Sin embargo, para poder llegar a entender estas diferencias es necesario recurrir a la base que rige toda la química cuántica.

La expresión química cuántica se ha extendido en nuestra sociedad y resulta fácil escucharla. Sin embargo, ¿sabemos a qué nos referimos exactamente cuando empleamos esas palabras?

Esta parte de la química describe el comportamiento de la materia a nivel atómico o molecular y realiza la mayor parte de su trabajo de manera teórica, es decir, gran parte de la investigación en química cuántica se realiza empleando ecuaciones y otras herramientas matemáticas. En esta rama de la química se aplica la llamada mecánica cuántica, que es la parte de la física encargada de explicar la materia a escala atómica (frente a la mecánica clásica que son las leyes de la física que rigen la materia a escala macroscópica) y que, al igual que la química cuántica, posee una importante carga de trabajo teórico. Ese trabajo teórico está diseñado para facilitar el conocimiento de la estructura del átomo (en particular de los electrones y orbitales), de sus interacciones con otros átomos, de la geometría de los compuestos que formasen o de si esa sustancia fuese sólida, gaseosa o líquida a determinada temperatura.

Posteriormente es necesario corroborar que existe una correlación entre los hallazgos teóricos y la realidad de esa materia. Si el comportamiento predicho no es real es que existe alguna variable que no ha sido tenida en cuenta y el trabajo del químico cuántico tiene que volver a empezar.

Es una ciencia relativamente joven, ya que no es posible hablar de química cuántica hasta el siglo XX. Hasta entonces el trabajo de los científicos se limitaba a la física clásica. Sin embargo, en sus desarrollos encontraron una serie de situaciones que no eran capaces de explicar. Sobre el año 1900 el físico Max Planck (1858-1947) señala que «la energía, como la materia, es discontinua». Esto contrasta con los postulados de la física clásica. Además, es por entonces cuando comienza a desarrollarse el conocimiento sobre la estructura del átomo (que hasta ese momento se creía que era la frontera última de la materia). Ambos hechos dan pie a que comiencen a desarrollarse los primeros postulados de la mecánica cuántica. Es importante saber que el trabajo de muchos físicos y químicos cuánticos fue aplicar las normas macroscópicas (como las relacionadas con la energía) a tamaño nanométrico, aunque a decir verdad cuando nos encontramos a nivel cuántico la unidad más empleada es el ángstrom, que se representa con la letra Å y que mide la décima parte de un nanómetro, es decir, 10^{-10} m.

Pero el hecho clave para entender la mecánica cuántica lo encontramos en que el electrón, además de comportarse como la partícula que es, actúa también como una onda (al igual que sucede con la luz, que es simultáneamente una onda y partículas llamadas fotones). Las propiedades de las ondas son las que determinan muchos de los efectos en la mecánica cuántica.

Uno de los hechos más relevantes dentro de la química cuántica es la descripción de los llamados números cuánticos. Se trata de cuatro números que describen el comportamiento de un electrón y son el número cuántico principal (n), el número cuántico secundario (l), el número cuántico magnético (m_l) y el número cuántico de espín (m_s). Los tres primeros definen el orbital en que se encuentra el electrón, mientras que el último señala que los electrones tienen dos posibles «direcciones de giro» (además de que solo puede haber dos electrones por orbital).

1. El número cuántico principal (n) toma valores enteros (1, 2, 3, 4…) y se establece que está relacionado con la distancia promedio del electrón al núcleo atómico. Cuanto mayor sea, más alejado estará del núcleo y más fácil será arrancarlo del átomo.
2. El número cuántico secundario (l) puede tomar valores desde 0 hasta n-1 y se le relaciona con la forma del orbital en que se encuentra el electrón.

3. El número cuántico magnético (m_l) adopta valores desde –l hasta l, incluyendo el cero. Ofrece información sobre la orientación espacial del orbital.
4. El número cuántico de espín (m_s), en el caso de los electrones, puede tomar valores de -½ y ½ que hacen referencia a los dos posibles giros que puede presentar el electrón alrededor de su propio eje.

Cada electrón se encuentra descrito por los cuatro números cuánticos que señalan a qué nivel energético está asignado y en qué orbital se encuentra. Además, en un mismo átomo no puede haber dos electrones descritos por los mismos números cuánticos, ya que se autoexcluyen. Por ejemplo, dos electrones que se encuentren en el mismo orbital poseerán los mismos valores para los números cuánticos n, l y m_l, pero se diferenciarán en el m_s y uno tendrá -½ y el otro ½.

Uno de los problemas a los que se enfrentaron los primeros químicos y físicos cuánticos fue el hecho de que una vez que dedujeron las leyes físicas que regían la materia, para su aplicación se requería el uso de complejas herramientas matemáticas cuya resolución era prácticamente imposible. Inicialmente se apostó por realizar aproximaciones de manera que los requerimientos matemáticos se simplificaban. Hoy ese trabajo se realiza gracias al uso de potentes ordenadores.

De igual modo, aunque cuando nació esta ciencia apenas se había descrito la existencia de los electrones, hoy se ha descubierto un elevado número de partículas subatómicas y gran parte del trabajo dentro del mundo de la química cuántica lo encontramos dentro de esta parcela.

Por tanto, cuando hablamos de química cuántica nos referimos a la química que trata de explicar el funcionamiento de la materia a nivel atómico e incluso dentro de los propios átomos. Y como hemos comentado, el comportamiento de la materia no siempre es igual a nivel atómico o molecular que a nivel macroscópico, para lo cual existen diversos ejemplos como el del principio de indeterminación de Heisenberg o la paradoja del gato de Schrödinger, y que da pie al nacimiento de la parte de la ciencia que conocemos como nanotecnología.

76

¿En qué momento puedo encontrar la posición?

El avance del conocimiento de las partículas subatómicas ha conllevado que se hayan postulado diversos enunciados y leyes dentro de la llamada mecánica cuántica, siendo una de las más famosas la propuesta por el físico alemán Werner Heisenberg (1901-1976). Según este enunciado, conocido como el principio de incertidumbre (o de indeterminación) de Heisenberg, mientras que en el mundo macroscópico es posible determinar la posición y el momento de un objeto, a nivel cuántico no es posible medir de manera simultánea y con precisión absoluta el valor de la posición y el momento (magnitud física también conocida como la cantidad de movimiento) de una partícula (por ejemplo, de un electrón). El momento (en la más sencilla de sus formas, es decir, el momento lineal), también conocido como cantidad de movimiento, se define como una magnitud física en la que están implicadas la masa de la partícula (o del objeto) y su velocidad. La importancia de esta propiedad reside en que es una de las que se conserva, es decir, la cantidad de movimiento de dos objetos es la misma antes y después de una colisión, lo que posee importantes efectos. La fórmula que define esta magnitud es:

$$p = m \star v$$

Donde p es el momento lineal o cantidad de movimiento, m la masa de la partícula y v su velocidad.

Por tanto, para describir el movimiento de una partícula se requiere tanto describir su posición como su momento. Es decir, si queremos describir la trayectoria de un electrón, necesitamos ambas variables. Sin embargo, según los postulados de Heisenberg, no es posible obtener ambas con una exactitud total.

Según el científico teutón, aquello que observamos no es la naturaleza en sí misma sino la naturaleza expuesta a nuestro método de observación, y por tanto el hecho de querer estudiar un fenómeno (como el movimiento de una partícula) puede afectar a dicho fenómeno y alterarlo de manera significativa. Además señala que en el caso de las incertidumbres en las medidas de la posición y la cantidad de movimiento están relacionadas y que cuanto menor sea una, mayor será la otra. Es decir, si podemos determinar con gran exactitud la posición de un electrón, el error en la medida de su velocidad será muy elevado. Ambas incertidumbres están relacionadas a través de una inecuación mediante la llamada constante de Planck:

$$\Delta x \star \Delta p_x \geq h/4\,\pi$$

Donde Δx es la indeterminación en la posición, Δp_x es la indeterminación en la cantidad de movimiento y h es la constante de Planck ($h = 6{,}626 \star 10\text{-}34\ J \star s$).

Habiendo tratado de determinar simultáneamente ambas propiedades y conociendo la indeterminación en una de ellas, es posible resolver esta inecuación y obtener el valor de la indeterminación en la otra variable (y por tanto el posible error en la medida).

Es necesario resaltar que esta incertidumbre no está relacionada con los instrumentos empleados para realizar las determinaciones (estos equipos poseerán su propio grado de error), sino que es producto del proceso de medir en sí mismo. Es decir, que es la presencia del observador la que altera lo que pretende medir.

El principio de indeterminación fue formulado por Heisenberg en 1925 y solo siete años más tarde, en 1932, fue galardonado con el Premio Nobel de Física, lo que da una idea de la importancia que este concepto tuvo en una disciplina en un tremendo auge en ese momento que era la mecánica cuántica.

77

¿Puede un gato estar vivo y muerto al mismo tiempo?

Existe un gato que es tan conocido dentro de la física cuántica, o incluso más, que el principio de indeterminación de Heisenberg. Se trata del gato de Schrödinger y hace referencia a un experimento ideado por el científico austriaco Erwin Schrödinger (1887-1961). Se trata de una paradoja ideada para explicar las diferencias entre el mundo macroscópico (que se rige por las leyes de la física clásica) y el mundo cuántico (en el que actúa la mecánica cuántica). Gracias a él es posible hacerse una idea de un desconcertante hecho relacionado con la mecánica cuántica.

En primer lugar, es importante señalar que se trata de un experimento teórico y que ningún gato sufrió daños durante su elaboración. Básicamente se basa en la presencia de un gato dentro de una caja completamente opaca (es decir, que no podemos saber cómo se encuentra el gato) y dentro de la misma caja hay un dispositivo que contiene un gas tóxico que si se libera mataría al felino. Además, el dispositivo posee un martillo que podría romper el contenedor que mantiene aislado el gas tóxico. Finalmente, una de las partes del dispositivo es radiactiva y posee el 50% de probabilidad de descomponerse en un tiempo dado. Si se descompone, el martillo rompe el contenedor del gas tóxico y el gato muere. Pasado ese intervalo de tiempo, el gato posee el 50% de probabilidad de estar vivo y el 50% de probabilidad de estar muerto. Como la caja es opaca, no podemos saberlo sin abrirla. A nivel cuántico, para describir este sistema tendríamos que recurrir a unas ecuaciones matemáticas que serían la suma de la probabilidad de estar vivo y de estar muerto y gracias a una propiedad de los electrones (que pueden estar en dos posiciones diferentes de manera simultánea, lo que se conoce como superposición de estados) podríamos considerar que el gato podría estar a la vez vivo y muerto. Sin embargo, esto no es posible a nivel macroscópico. Lo que nos señala una de las diferencias entre el mundo macroscópico y el cuántico, porque en el mundo macroscópico el gato estará vivo o muerto antes de que abramos la caja, mientras que en el cuántico habría una superposición de los estados posibles (es decir, podría estar tanto vivo como muerto) y nuestra interacción a la hora de abrir la caja provocaría una perturbación del sistema hasta llevarlo a uno de los estados posibles (como consecuencia de nuestra intervención). Por tanto, en el mundo cuántico se puede establecer la probabilidad de que un fenómeno se produzca, pero no si se ha producido o no.

Que la realidad cuántica (es decir, a escala atómica o subatómica) sea diferente de la que se expresa mediante la física clásica es todavía un campo en el que se está investigando y el paso de la realidad cuántica a la que nosotros conocemos (regida por la física clásica) se conoce como principio de correspondencia (según el cual el escalado de una realidad cuántica hacia una realidad física hace que el sistema se parezca cada vez más a la realidad física, y que por tanto las leyes de la física clásica son aproximaciones de las leyes de la mecánica cuántica para tamaños macroscópicos), y gracias a ello el mundo que nos rodea se rige por las leyes de la física clásica y un gato puede estar vivo o muerto, pero no las dos cosas al mismo tiempo.

Sin embargo, debemos ser conscientes de que las propiedades atómicas son fundamentales para entender la realidad macroscópica, y que todavía no sea así posiblemente se deba a que nuestro conocimiento no ha alcanzado el suficiente nivel. Pero, por ejemplo, ya somos perfectamente conscientes de que la presión (propiedad macroscópica) que ejerce un gas contra un recipiente se debe a las colisiones de los átomos (realidad molecular) de ese contra las paredes del recipiente. Por tanto, cabe pensar que conforme avance la ciencia se logrará entender otros muchos fenómenos macroscópicos en esta clave.

El hecho de que este campo todavía posea tantas incógnitas abre también debates filosóficos que señalan que posiblemente el estudio de la mecánica cuántica todavía esté incompleto y falten herramientas para poder lograr entender con mayor profundidad toda su complejidad.

Gracias al desarrollo de otro trabajo (concretamente a haber plasmado la llamada ecuación de Schrödinger, que describe la evolución temporal de una partícula subatómica dentro de la mecánica cuántica y que es vital dentro de esta ciencia), Erwin Schrödinger recibió el Nobel de Física en 1933.

78

¿Son los ordenadores esenciales en la química moderna?

Desde la invención de los ordenadores nuestro mundo ha cambiado de manera total y a gran velocidad. Hoy no podemos imaginarnos nuestras vidas o la mayoría de nuestros trabajos sin estos elementos. Pero ¿hasta qué punto son fundamentales en la ciencia en general y en la química en particular?

En el caso de la química, también se conoce como química computacional a la aplicación de la tecnología más actual a esta ciencia milenaria. Existen múltiples ejemplos destinados a facilitar el trabajo de los químicos. Es ampliamente conocido que en la química cuántica se requiere del uso de complejas herramientas matemáticas cuya resolución puede llevar días o meses de trabajo, pero que gracias a los ordenadores puede realizarse en mucho menos tiempo.

Otro ejemplo lo podemos encontrar en los programas diseñados para reconocer moléculas con potenciales centros activos contra virus o enfermedades. Es decir, existen programas informáticos a los que se les introduce la estructura de una molécula y establecen el potencial efecto terapéutico de estas contra una determinada enfermedad, bacteria, hongo o virus. Para ello, estas herramientas se basan en lo que se conoce como dinámica molecular, es decir, en las posibles interacciones que los átomos de estas moléculas pueden tener, por ejemplo, con una proteína para bloquearla, y de ese modo impedir la progresión de una enfermedad, o para bloquear la formación de la pared celular de las células invasoras. De esta manera se pueden ahorrar muchos esfuerzos tanto en tiempo como en recursos económicos para seleccionar qué moléculas sintetizar y qué moléculas probar contra determinados tipos de tumores, por ejemplo.

También se emplean ordenadores en el área de la química física para obtener, por ejemplo, los datos de las energías de activación de las reacciones químicas, para saber cuál es el mecanismo de reacción y qué intermedios participan o para saber cuál es la conformación más estable de una molécula orgánica. Estos cálculos se realizan desde hace años y para ello se requiere el uso de potentes equipos que pueden necesitar días para realizar todos sus análisis. Una evolución de estos cálculos es la que ha dado lugar a la llamada bioinformática, que es el almacenamiento, gestión y procesado de los datos e información relativa a los datos biológicos o médicos como la secuenciación masiva (que es el análisis completo de las cadenas de ADN y que requiere el uso de muchísima información). Esta ciencia hace unas décadas era impensable y hoy es básica para el avance de la biomedicina.

El paso más relevante en este aspecto es el derivado del llamado *Big Data*, que es el análisis automático de gran cantidad de datos. Anteriormente, cuando se realizaban determinados estudios se requería que un investigador estuviese analizando uno a uno los resultados obtenidos. Sin embargo hoy, gracias al *Big Data* es posible hacer ese análisis de forma automática y a mucha mayor velocidad, lo que permite hacer análisis más complejos y obtener información más veraz en menor tiempo. Esto se puede aplicar por ejemplo dentro de la química analítica para obtener resultados combinados de manera sencilla y establecer correlaciones y patrones que nos ayuden a identificar y cuantificar sustancias y sus correlaciones. Igualmente, esta tecnología es básica en la llamada física de partículas y los experimentos realizados en los aceleradores de partículas, que en cada experimento generan millones de datos para cuyo análisis se requiere de potentes equipos informáticos y gracias a los cuales es posible saber más de las partículas subatómicas como los quarks.

El uso de la inteligencia artificial que actúa a mucha mayor velocidad que el pensamiento humano conllevará grandes avances dentro de muchos campos de la química. El llamado *machine learning* (que es la capacidad de las máquinas de aprender) supone un nuevo grado de evolución para la aplicación de las nuevas tecnologías en todas las ciencias en general y que puede ser aplicado a la química. Por ejemplo, para el reconocimiento de un determinado patrón en las imágenes obtenidas por resonancia magnética (que al final es el estado en el que se encuentran las sustancias químicas que forman nuestro cuerpo) y su correlación con alguna enfermedad. Actualmente, en el siglo XXI, un operador debe analizar las resonancias magnéticas para establecer si existe un tumor o el grado de avance de una enfermedad degenerativa. Pero se están haciendo estudios para que, analizando miles de resonancias positivas y controles (es decir, individuos sanos), el programa pueda llevar a cabo un cribado y determinar en qué casos estamos ante una enfermedad o en qué grado se encuentra de manera rápida y sencilla.

Otro ejemplo lo encontramos en la llamada minería de textos (*text mining* en inglés) que se basa en análisis de *Big Data* aplicados a artículos científicos. Cada año se publican dos millones de artículos científicos y no es posible que un investigador sea capaz de recolectar y analizar todos esos artículos (muchas veces ni siquiera los de su campo) para extraer todas las conclusiones que les permitan obtener nuevas ideas, correlaciones e hipótesis para proseguir sus investigaciones. Sin embargo, empleando potentes ordenadores sí es posible hacerlo. Es decir, podemos introducir una serie de criterios de búsqueda y selección y el ordenador puede devolvernos la información más relevante. Esta tecnología se ha aplicado, por ejemplo, a la ciencia de materiales. Aplicando minería de textos al concepto de «termoeléctricos» (que son materiales que poseen una determinadas propiedades en función de que se pongan en contacto con otros materiales a diferente temperatura) se han descubierto de manera automática 1820 materiales que poseen esta propiedad analizando los artículos publicados antes de su descubrimiento (es decir, que se podría haber predicho que esta molécula, todavía no conocida, tendría esa propiedad) y además se han establecido 7663 materiales candidatos que podrían ser termoeléctricos. Esta misma búsqueda se ha realizado empleando otras propiedades de materiales y se han obtenido resultados igualmente significativos. Lo que supone que empleando esta tecnología se le podrían encontrar nuevas aplicaciones a muchos materiales. Por tanto, los ordenadores y la minería de textos podrían hacer avanzar a gran velocidad a la llamada ciencia de materiales.

VIII

MATERIALES

79

¿ABRIR EL FRIGORÍFICO DESCALZO ENTRAÑA ALGÚN PELIGRO?

Una noche de verano hace mucho calor y tienes sed. Te levantas de la cama y caminas hasta el frigorífico para beber agua fría. Tocas el electrodoméstico y recibes una descarga eléctrica. Esta posibilidad existe, ya que el cuerpo humano es un buen conductor de la electricidad gracias principalmente al agua que forma parte de nuestro cuerpo y que posee muchos iones disueltos (que son los responsables de la conductividad eléctrica del H_2O).

La corriente eléctrica puede conducirse de diversas maneras: en los sólidos a través de sustancias que poseen una libertad de movimiento para sus átomos y en líquidos gracias a la presencia de iones que se mueven dentro de la disolución acuosa. Por tanto, la electricidad en el caso del frigorífico puede desplazarse a través de las partes sólidas del electrodoméstico que conducen la corriente, mientras que en el ser humano puede hacerlo gracias al agua que contiene nuestro cuerpo y los iones disueltos que se encuentran en ella.

Debemos ser conscientes de que el frigorífico posee partes metálicas que conducen de manera excelente la electricidad (si hubiese un contacto con la corriente eléctrica en algún punto y esta estuviese en contacto con las partes metálicas la descarga sería extremadamente probable). Pero además posee partes formadas por materiales poliméricos, comúnmente conocidos como plásticos, que poseen un fuerte carácter aislante. En muchos casos se colocan estos materiales entre dos partes metálicas (por ejemplo, como mango del asa metálica de la puerta) y de ese modo se reduce la probabilidad de que la corriente entre en contacto con nosotros. Por ello, siempre debemos tocar el frigorífico o bien por un material polimérico o bien donde el metal esté aislado mediante algún plástico.

Pero además debemos saber que el riesgo es mayor si se tienen los pies mojados (por haberse dado una ducha o venir de la piscina), debido a que, aunque el cuerpo humano conduce la corriente eléctrica, su resistividad (que es la oposición al paso de la corriente) es mayor que la del agua ionizada. Por lo que cuando se abre una nevera es aconsejable hacerlo con la piel seca.

Además, existe otro factor que aumenta el riesgo de que esto suceda: que el frigorífico se encuentre en malas condiciones, ya sea por viejo o defectuoso. Por ello, hay que prestar atención a su estado y evitar su deterioro.

Pero la medida de seguridad más efectiva consiste en emplear siempre zapatillas con una suela de lona, es decir de algún material aislante que evite que podamos recibir una descarga eléctrica.

Ahora bien, ¿qué sucede si recibes una descarga eléctrica por parte de un electrodoméstico? Puede conllevar efectos de diversa consideración, desde quemaduras al entrar o salir la corriente eléctrica, la pérdida de la conciencia o sufrir una serie de espasmos musculares que provocan que quien sufre la descarga no pueda separarse de la fuente de la descarga (lo que se conoce comúnmente como quedarse pegado). En este caso, se requiere que otra persona separe a la víctima de la fuente eléctrica, pero no puede tocar directamente a la víctima, debe emplear algún material aislante, como un trozo de madera. Pero los efectos pueden llegar a ser sufrir una parada cardiorrespiratoria e incluso la muerte.

Afortunadamente la tecnología actual permite que las instalaciones eléctricas urbanas posean sistemas de seguridad que, en caso de accidente, cortan la fuente de la corriente y, por tanto, la gravedad del incidente se reduzca. En cualquier caso, cuando se trata de electricidad la precaución es fundamental. Y aunque esta pregunta comience hablando específicamente de un frigorífico puede extenderse a cualquier otro electrodoméstico.

80

¿PUEDE UN MISMO ELEMENTO SER AISLANTE O CONDUCTOR ELÉCTRICO EN FUNCIÓN DE LAS CONDICIONES QUE LE AFECTAN?

La corriente eléctrica en materiales se produce mediante el desplazamiento de electrones a través del material. Aquellos que permiten fácilmente el paso de los electrones se conocen como conductores, y los que presentan una fuerte oposición al desplazamiento de los electrones y por tanto de la corriente eléctrica, son conocidos como materiales aislantes. Existen dentro de cada uno de los tipos materiales más conductores o menos y más o menos aislantes en función de lo eficientes que sean. Por ejemplo, el cuerpo humano es conductor de la electricidad, pero es mucho menos conductor que un cable de cobre. Sin embargo, existen una serie de sustancias que presentan propiedades que las convierten en lo que se conoce como semiconductores.

Estos materiales son capaces de conducir la electricidad bajo determinadas circunstancias y dejar de hacerlo cuando se cambian esas condiciones. Existen diversos factores que pueden provocar ese cambio, pero tal vez el más visual sea la temperatura. Es decir, hay materiales que por debajo de una cierta temperatura actúan como aislantes mientras que cuando esa barrera térmica se supera comienzan a conducir la corriente eléctrica. Otros factores los encontramos en la presencia o no presencia de un campo magnético o eléctrico, la presión o el uso de alguna radiación sobre el material que provocaría que se produjese el paso de electrones y que cesaría cuando la radiación fuese retirada.

Entre los elementos que se conocen y se emplean como semiconductores podemos citar, por ejemplo, el azufre (S), el selenio (Se), fósforo (P) o arsénico (As). También el boro (B) o el germanio (Ge) poseen esta característica. Pero si existe un material semiconductor de gran importancia es el silicio (Si), ya que actualmente es la base de los sistemas informáticos gracias a su fiabilidad, su eficiencia y su bajo coste; esta última característica se basa en que se trata de un elemento muy abundante en la naturaleza.

La justificación de este comportamiento es fácilmente entendible si recurrimos a la teoría de los orbitales. Previamente hemos comentado que los orbitales son las zonas teóricas en las que los electrones de un átomo se pueden encontrar y que cada átomo tiene lo que se conoce como configuración electrónica (que es la organización básica de sus electrones en los respectivos orbitales). Ahora bien, debemos ser conscientes de que los electrones pueden pasar de un orbital a otro si el salto energético entre ambos no es muy grande. Para conocer los posibles saltos entre orbitales debemos representarlos en función de su energía.

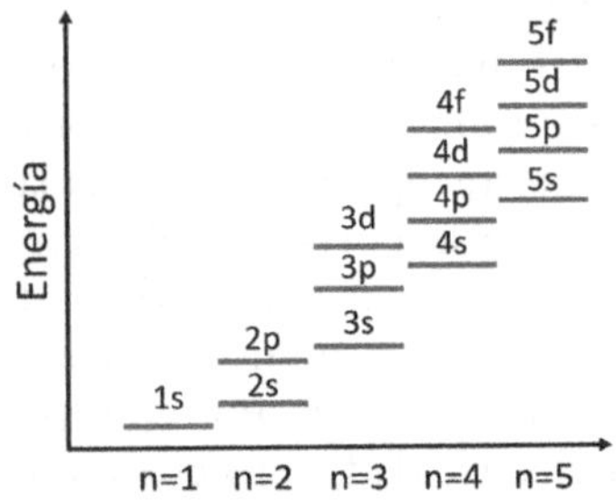

Los saltos energéticos pueden darse entre orbitales que se encuentran en niveles de energía próximos. En el diagrama se ofrece una representación de los orbitales organizados en función de la energía. Un salto entre un orbital 3d a 4s sería factible, mientras que desde un 2s a un 5p no estaría en absoluto favorecido.

Cuando lo que tenemos es un material en el que hay millones de átomos, esta representación previa no tendría la forma de un gráfico de líneas sino de bandas (la acumulación de las líneas crearía estas bandas). En el caso de la banda donde se encontrarían los electrones propios de la última capa de ese elemento tenemos lo que se conoce como banda de valencia. Por el contrario, en la banda donde se encuentran los orbitales que conducirían la corriente, donde los electrones se moverían con total libertad, tenemos la banda de conducción. La distancia que separe estas bandas (que se conoce como banda prohibida ya que en ella no habrá electrones) será la que defina el comportamiento eléctrico del material, ya que si ambas bandas están juntas y el paso de los electrones se produce de manera natural estaremos ante un material conductor. Mientras que si existe un salto muy grande de energías y los electrones no pueden pasar de la banda de valencia a la de conducción, entonces tendremos un material aislante. En el caso intermedio, cuando existe una separación entre ambas bandas pero no es demasiado elevada, estaremos ante un semiconductor.

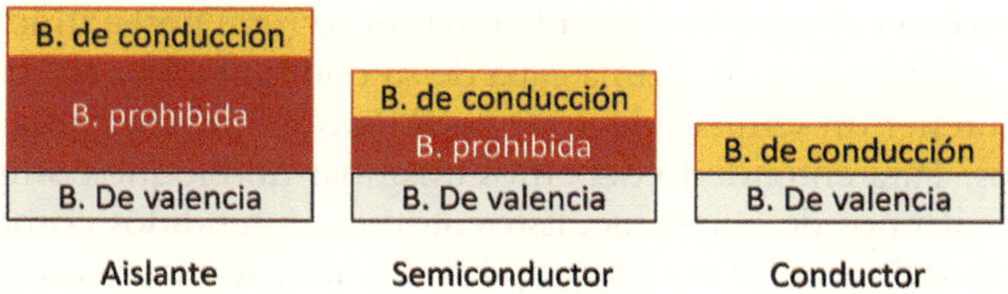

Para describir el comportamiento eléctrico de los materiales se recurre a la teoría de bandas. Un material será aislante cuando la banda de valencia (donde se encuentran los electrones) y la banda de conducción (el nivel energético al que deben pasar para conducir la electricidad) estén separados por una banda prohibida que impida el paso de los electrones. Cuando esa banda sea menor y sea posible lograr el paso parcial de los electrones estaremos ante un semiconductor, y cuando no exista la banda prohibida tendremos un material conductor de la electricidad.

Existen dos tipos de semiconductores: los intrínsecos y los extrínsecos. Los primeros son materiales casi puros que poseen el carácter de semiconductor por sí mismos, mientras que los extrínsecos son elementos que poseen un cierto porcentaje de impurezas que alteran las distancias entre la banda de valencia y la de conducción y facilitan el paso de los electrones. Existen a su vez, dentro de esta segunda clase, dos tipos de semiconductores: los tipo N y los tipo P.

Los tipo N poseen impurezas «donadoras», es decir, que poseen un mayor número de electrones que la sustancia mayoritaria y esos electrones favorecen la conducción de la electricidad. Si nos imaginamos, por ejemplo, una matriz de átomos de germanio (que posee cuatro electrones en su última capa), un elemento que podría donar electrones lo tenemos en el fósforo ya que posee cinco electrones en su última capa. Por tanto, el electrón extra podría moverse con un mayor grado de libertad. También podemos imaginar que la incorporación de estas impurezas cambia el diagrama de bandas para el material y añade líneas que pueden encontrarse en la banda prohibida facilitando el tránsito desde la banda de valencia hasta la banda de conducción. Este primer tipo de semiconductores extrínsecos es fácilmente entendible.

Sin embargo, para entender el funcionamiento de los semiconductores tipo P debemos emplear un poco más nuestra imaginación. En este caso se emplean sustancias «aceptoras», como impurezas que poseen un menor número de electrones que la sustancia principal. Si de nuevo recurrimos al germanio y sus cuatro electrones en la última capa, podríamos adicionar boro (que posee únicamente tres electrones en la última capa de su configuración electrónica) para obtener un semiconductor tipo P. Pero ¿cómo funcionan estos últimos? Para entenderlo debemos imaginar un bloque compuesto por los átomos de germanio. Estos átomos, entendidos como esferas todas del mismo tamaño, se apilan de diferentes maneras en función de qué elemento sea, pero podemos imaginar una estructura muy regular. Además, todos los electrones de estos átomos están perfectamente organizados. De manera obvia, al añadir impurezas se producen distorsiones en esta red, en primer lugar porque los átomos no miden lo mismo y el empaquetamiento de las esferas no puede ser regular. Pero si además retiramos electrones (cada nuevo átomo de boro tiene un electrón menos) podemos imaginar que queda un hueco correspondiente al cuarto electrón del germanio. Entonces la corriente puede comenzar a conducirse gracias a esos huecos, ya que los electrones pueden ir saltando de hueco en hueco. Si intentamos extrapolar este tipo de semiconductores al diagrama de bandas podemos imaginar que los huecos se generan igualmente en la banda de valencia y, por lo tanto, los electrones pueden moverse con mayor libertad que en el material puro (es decir, sin la impureza aceptora).

Por ello, mientras que la conductividad eléctrica en los semiconductores tipo N se debe a los electrones extra adicionados, en los tipo P se debe a los huecos electrónicos generados gracias a las impurezas.

Pero ¿para qué se emplean exactamente los semiconductores? Estos materiales han desarrollado de manera exponencial su uso, en paralelo al aumento exponencial que han sufrido la tecnología y en especial la electrónica en nuestra sociedad desde la segunda mitad del siglo XX. En general se emplean en la fabricación de componentes como chips, circuitos integrados, transistores, rectificadores o diodos. Pero también se recurre a ellos como complementos de sensores o láseres.

Además, existen otras aplicaciones para este tipo de semiconductores. Un ejemplo evidente lo tenemos en aquellos que conducen la corriente a partir de cierta temperatura. Estos materiales se pueden emplear como sensores para detectar cuando la temperatura sobrepasa un determinado valor.

Otra posibilidad consiste en combinar los diferentes tipos de semiconductores para obtener propiedades mejoradas o incluso diferentes. El caso más conocido es el de los diodos. Estos dispositivos (formados por la unión de un semiconductor N con un P) están creados para conseguir que el paso de la corriente sea unidireccional. Este hecho se debe a que en la zona de unión se genera una diferencia de potencial que impide que los electrones del semiconductor N saturen los huecos positivos del semiconductor P.

El desarrollo de los semiconductores es constante y se mejora su uso para lograr circuitos integrados de menor tamaño y más potentes, hecho que se puede observar con la reducción del tamaño de los ordenadores en las últimas décadas al tiempo que aumentaban su capacidad, sus funciones y su potencia.

81

¿EXISTE ALGUNA MANERA DE EVITAR EL FUEGO?

Lo que se conoce como fuego es una reacción química (reacción de combustión) que libera mucha energía en forma de calor y luz. A lo largo de la historia, el fuego ha sido a la vez determinante para la evolución humana y causante de muchos de sus problemas. Por tanto, conocerlo y dominarlo ha sido uno de los objetivos de nuestra especie. La reacción química que sucede gracias al fuego es la siguiente:

$$C_XH_Y + O_2 \rightarrow x\,CO_2 + y/2\,H_2O$$

Además para que el fuego se produzca se necesita una chispa, una energía extra para activar todo el proceso. Ser capaces de generar esa chispa también ha sido investigado desde la Antigüedad mediante la yesca y el pedernal o más tarde con la fabricación de los mecheros.

La primera opción para detener el fuego la encontramos en la eliminación de uno de los reactivos que participan en la reacción. En el esquema que hemos presentado, el oxígeno se conoce como comburente y la sustancia orgánica como el combustible (que es cualquier sustancia que tiene la capacidad de arder en presencia de un comburente). El fuego se apaga, por ejemplo, cuando desaparece el combustible, que es lo que sucede cuando se termina la gasolina en un vehículo (que funcionan a través de los llamados motores de explosión). Sin embargo, en muchas ocasiones, por ejemplo cuando se quema un bosque, no es posible eliminar el combustible, entonces se puede optar por eliminar el comburente (es decir, retirar el oxígeno) que es lo que pasa cuando se tapa una vela encendida con un vaso, que cuando consume todo el oxígeno se apaga. Pero esta opción tampoco es factible cuando se está quemando una casa. Además, debemos ser conscientes de que en nuestra sociedad, con la presencia continua de plásticos, que son sustancias muy inflamables, así como telas o maderas, nuestras casas pueden ser pasto del fuego.

Para reducir el carácter inflamable de estos materiales se han diseñado unos aditivos conocidos como retardantes de llama, que son sustancias que se añaden a un material para dificultar su combustión. Por ejemplo, si una colilla mal apagada cae sobre un material que posee un retardante de llama es más difícil que este material llegue a incendiarse que si no lo tuviera. Su objetivo es dificultar que se produzca el fuego, reducir su poder y evitar su propagación, de manera que sea posible obtener un tiempo extra para evacuar un edificio, por ejemplo. Es importante señalar que cuando se habla de retardantes de llama no se habla de una familia de compuestos sino de la función que cumplen, y que existen compuestos químicos muy diferentes que pueden realizar este papel. Es posible citar cuatro efectos que participan para reducir el poder del fuego en un material:

1. Efecto térmico. Los compuestos que se añaden pueden provocar un aumento de la conductividad térmica del material, de manera que se reduce la acumulación de calor en el material (y por tanto de temperatura) y se dificulta la ignición. De esta manera se aumenta el punto de ignición de un material (es decir, hace falta una temperatura mayor para que se produzca la combustión).
2. Efecto de recubrimiento. Este efecto se consigue cuando se aplica una capa del retardante de llama sobre el material a proteger, de manera que lo protege y evita el contacto del material con el oxígeno que potenciaría el fuego.
3. Efecto químico. Cuando arde la madera se provocan reacciones de pirólisis (que es la descomposición debida a las altas temperaturas y que se produce sin oxígeno y coexiste con el fuego en una cierta proporción). Estas reacciones provocan la emisión de gases combustibles que al entrar en contacto con el fuego entran en combustión. Al adicionar ciertos aditivos es posible reducir la emisión de los gases combustibles.

4. Efecto de dilución de gases. Durante la combustión, algunos retardantes de llama provocan la emisión de gases no inflamables como haluros de hidrógeno, vapor de agua o CO_2, de manera que se diluyen los gases combustibles y el propio oxígeno, por lo que se dificulta el avance del fuego.

Existen muchos tipos de retardantes de llama, entre los cuales es posible citar los retardantes halogenados (que contienen átomos de bromo o cloro y que provocan la emisión de los haluros de hidrógeno gaseosos que reducen el poder del fuego) y los retardantes inorgánicos como el $Al(OH)_3$ que gracias al fuego se convierte en Al_2O_3 (que forma una capa protectora de óxido) y libera tres moléculas de agua que son las que dificultan el avance del fuego. Además, para producirse la reacción se consume energía que reduce la temperatura del fuego y por tanto su poder. Existen otros tipos como los retardantes basados en fósforo o los recubrimientos intumescentes. Lo que provocan los primeros es que gracias al calor se forme un ácido de fósforo que polimeriza y forma una capa cristalina sobre el material, reduciendo la zona en contacto con el oxígeno y por tanto reduciendo el poder del fuego; mientras que los recubrimientos intumescentes evitan el contacto entre el material a proteger y el fuego.

Asimismo, existen diversas maneras de aplicar estos retardantes de llama, desde incluyéndolos en la composición química del material, añadiéndolo como aditivo o mediante impregnación o en forma de pintura o barniz sobre la superficie del material.

Ahora bien, la forma más efectiva de detener un fuego provocado sobre combustible orgánico es rociar el fuego con agua. Ya que, en primer lugar, el agua no puede arder y, en segundo, para convertir el agua líquida en vapor de agua se requiere una gran cantidad de energía, de manera que se enfría el fuego hasta que este no puede proseguir provocando la combustión de las sustancias.

Aunque debemos saber que existen algunos tipos particulares de fuego, como los fuegos eléctricos (que son fuegos con presencia de electricidad y generalmente provocados por el mal estado del cableado eléctrico o por sobrecargas del circuito eléctrico) en los que lo más efectivo es cubrirlos con la espuma de un extintor, de manera que se retire todo el oxígeno del fuego y por tanto se apague.

Y la manera más efectiva contra los incendios será siempre la prevención y evitar conductas de riesgo que puedan poner en peligro tanto vidas humanas como a los bosques de nuestro entorno.

82

¿ES SELECTIVO EL MICROONDAS A LA HORA DE CALENTAR?

Uno de los inventos más revolucionarios para los hogares de gran parte de nuestro planeta fue el horno microondas. Hasta la llegada de este electrodoméstico, calentar la comida requería una dosis de esfuerzo mayor. Además, tener que recurrir a emplear un horno o una sartén conlleva más peligros. Con la llegada del microondas, tan solo había que introducir el plato o el vaso con el alimento que había que calentar, darle a un botón y en un pequeño intervalo de tiempo (desde unos cuantos segundos a un par de minutos) la comida estaba caliente. Sin embargo, todo el mundo tuvo que aprender que había algunos materiales que no podían ser introducidos en el horno microondas (por los riesgos que conlleva) y otros que no se calentaban cuando este estaba en marcha. ¿Cómo es posible este hecho? Dado que el microondas actúa siempre igual, tiene que deberse a las propiedades de los diversos materiales que podemos introducir en este electrodoméstico.

El primer microondas se inventó a mitad de los años 40, pero no fue hasta la década de los 80 cuando su diseño se popularizó y se extendió a gran parte del mundo. El funcionamiento de estos electrodomésticos se basa en la presencia de un magnetrón (que es un dispositivo compuesto por un imán que emplea corriente eléctrica para generar microondas). Estas ondas poseen una baja energía y cuando son generadas por el magnetrón se dirigen hacia el alimento que hay colocado dentro del horno microondas. Las ondas rebotan en las paredes metálicas del electrodoméstico reflejándose también hacia el alimento. Estas ondas magnéticas provocan dos fenómenos en las moléculas: la rotación dipolar y la polarización iónica. La polarización iónica se produce en los alimentos que poseen iones (como las sales). Estos iones, que pueden ser positivos o negativos, se moverán en sentidos diferentes con respecto a la radiación que incide sobre ellos. En estos movimientos se producen las colisiones que generan el calor que calienta el alimento. La rotación dipolar, por el contrario, se produce en sustancias que poseen polaridad (como el agua o las proteínas) que al recibir las microondas se alinean con esta radiación, y como el magnetrón cambia el sentido de la radiación (y por tanto del campo electromagnético) cada muy poco tiempo, las moléculas están en continuo estado de movimiento. Gracias a esas continuas rotaciones se producen las colisiones y fricciones que aumentan la temperatura y calientan la comida. Todas las moléculas que posean grupos –OH en su composición son susceptibles de ser calentadas bajo esta técnica, ya que ese grupo se ve afectado por las radiaciones y comienza a rotar provocando el aumento de la temperatura.

Ambos procesos suceden con una elevada rapidez, pero no de forma homogénea. Es decir, como seguramente habrás observado, al calentar tu comida al microondas se obtienen zonas calientes y otras que no lo están. Además, la temperatura que se alcanza con los microondas (sin contar con otras funciones que le hayan sido añadidas) no es suficiente como para cocinar la mayoría de alimentos. Por ello se usan principalmente para calentar comida que ha sido previamente cocinada.

Ahora bien, ¿por qué algunos objetos como los plásticos no se calientan? Eso se debe a que son, generalmente, sustancias apolares y a que no tienen iones. Por lo tanto no se puede producir en ellos ni la rotación dipolar ni la polarización iónica y no se calientan. Ahora bien, existen algunos plásticos que se degradan a temperaturas no muy elevadas y si los usamos dentro de un microondas no serán las ondas las que los degraden, sino la temperatura del alimento que hemos calentado, o del vapor de agua caliente que emite el alimento, la que provoque su degradación.

La siguiente pregunta es obvia, ¿por qué no se pueden introducir metales? Porque las radiaciones de las microondas, si no impactan contra un material que las absorba, pueden impactar en los metales provocando como efecto indeseado la generación de arcos eléctricos (lo que produce que salte una chispa) que pueden estropear el horno microondas e incluso provocar un incendio. El mismo hecho justifica que tampoco deba activarse el horno microondas sin que se haya introducido ningún alimento, situación en la que las microondas impactarían únicamente con sus paredes pudiendo provocar igualmente un arco eléctrico.

Por otro lado, otro efecto térmico relacionado con la comida que sorprende se produce gracias al papel de aluminio, que cuando se introduce en un horno normal (por ejemplo, para cocinar sobre él una pizza) «no se calienta». O concretamente, el papel de aluminio no quema cuando se toca para sacarlo. Este hecho es diferente al del horno microondas, ya que un horno tradicional calienta mediante una resistencia eléctrica que aumenta la temperatura dentro de todo el horno y también la del papel de aluminio. Sin embargo, este material que posee un espesor muy pequeño (entre diez y cien veces más delgado que un milímetro) posee una masa muy baja. La sensación de quemarse se produce como respuesta sensorial cuando se produce una elevada transferencia de calor desde un objeto hasta nuestro organismo. Además, va acompañada de la pérdida de agua en nuestro organismo y la degradación de los tejidos. Para ello tiene que haber una elevada diferencia de temperatura entre nuestro cuerpo y el objeto con el que estamos en contacto y se requiere que el objeto posea una cierta masa, ya que lo que sucede en el papel de aluminio es que su masa es tan baja que no almacena suficiente calor como para producir una quemadura en nuestro organismo. Es decir, como tiene una masa muy pequeña, nos transmite todo el calor que tiene y se enfría muy rápido sin provocar efectos perjudiciales en nuestro organismo. Pero además, al abrir el horno entra una ráfaga de aire frío que se calienta al entrar en contacto con la fina lámina de papel de aluminio y le extrae el poco calor que ha podido acumular. Ahora bien, si sustituyes el papel de aluminio por una barra de 2 kg de este mismo metal y lo pones dentro de un horno caliente: no se te ocurra tocarlo o recibirás una dolorosa respuesta sensorial.

83

¿Quién es más duro, Chuck Norris o un diamante?

En el imaginario colectivo se ha extendido la creencia de que el actor estadounidense Chuck Norris es un tipo duro. Sin embargo, dentro de la ciencia de los materiales no sería rival para un diamante.

En geología, la dureza se define como la capacidad de un material para resistir el rayado. Alrededor del siglo xix, un geólogo alemán llamado Friedrich Mohs (1773-1839) estableció una escala para describir esta propiedad en los diferentes minerales que examinaba. Hoy se conoce como escala de Mohs y se sigue utilizando. Se trata de un sistema muy simple, Mohs eligió diez minerales y les asignó valores de 1 a 10 en función de si eran capaces de rayarse entre sí o no. Es decir, una sustancia con un valor más alto (por lo tanto, dura) podría rayar todas las que poseen valores más bajos (es decir, más blandas). Un mineral con un valor de 3 en la escala, por ejemplo, no podría rayar otro que tenga un valor de 6. El valor más bajo de la escala, el 1, le fue asignado al talco y el más alto, el 10, al diamante. No se conoce ninguna sustancia capaz de rayar un diamante, excepto otro diamante. Ni siquiera Chuck Norris.

Dureza	Mineral	Composición	Observaciones
1	Talco	$Mg_3Si_4O_{10}(OH)_2$	Se puede rayar fácilmente con la uña
2	Yeso	$CaSO_4.2H_2O$	Se puede rayar con la uña con dificultad
3	Calcita	$CaCO_3$	Se raya con una moneda de cobre
4	Fluorita	CaF_2	Se puede rayar con un cuchillo de acero
5	Apatito	$Ca_5(PO_4)_3(OH^-,Cl^-,F^-)$	Se puede rayar con el cuchillo de acero con dificultad
6	Ortoclasa	$KAlSi_3O_8$	Se puede rayar con una lija para acero
7	Cuarzo	SiO_2	Raya el vidrio
8	Topacio	$Al_2SiO_4(OH^-,F^-)_2$	Se raya con herramientas de carburo de wolframio
9	Corindón	Al_2O_3	Se raya con herramientas de carburo de silicio
10	Diamante	C	Solo se raya con otro diamante

Tabla. Se presenta la escala de Mohs y se añaden algunos comentarios para facilitar la comprensión de su utilidad. En el caso del mineral apatito se observa entre paréntesis (OH^-,Cl^-, F^-), ello se debe a que puede tener cualquiera de los tres aniones, lo que dará lugar a tres subespecies: hidroxiapatita, clorapatita y fluorapatita, respectivamente. En el caso del topacio aparece entre paréntesis $(OH^-,F^-)_2$ debido a que este mineral puede tener una elevada variación de ambos aniones manteniendo siempre constante la suma total de aniones.

Para determinar la dureza de un material sería necesario comprobar su capacidad de rayar los elementos que conforman la escala hasta encontrar el hueco entre el material que sí es capaz de rayar y aquel que no, estando entonces su valor de dureza entre ambos elementos. Por ejemplo, si es capaz de rayar el cuarzo (valor en la escala de Mohs de 7), pero no el topacio (valor 8), entonces su valor de dureza estará entre 7 y 8.

Por otro lado, en ciencia de materiales, también se emplea la dureza para determinar la resistencia de un material a la penetración de un indentador (se trata de un ensayo en que se presiona un material con otro para observar qué marca le provoca). Existen diversos modos de expresar esta cualidad y se conocen por ejemplo como Dureza Brinell, Dureza Rockwell o Dureza Knoop. Para estas determinaciones se emplean máquinas en las que el indentador (que puede ser de diversos materiales, como acero o diamante) golpea o realiza una marca sobre la superficie del material que está siendo analizado. Por ejemplo, en el desarrollo de nuevas aleaciones metálicas para su uso en aplicaciones industriales o tecnológicas, en función del resultado obtenido se determinará si el material cumple determinados criterios para ser empleado en algunas aplicaciones.

84

¿SON LA PLASTICIDAD Y LA ELASTICIDAD LO MISMO?

Aunque pueden parecer palabras similares o incluso llegar a ser confundidas, estas propiedades, aunque están relacionadas, son diferentes.

En el caso de la elasticidad nos referimos a la propiedad de los materiales que son capaces de sufrir deformaciones de carácter reversible bajo la acción de fuerzas externas (es decir, que recuperan su forma original cuando las fuerzas externas cesan). El punto máximo en el que se mantiene el carácter reversible de las deformaciones se conoce como límite elástico.

Mientras que al hablar de plasticidad nos encontramos ante la propiedad de los materiales que, tras sobrepasar su límite elástico, sufren deformaciones irreversibles cuando actúan fuerzas externas sobre ellos. Por lo tanto, sufren deformaciones que no se recuperan cuando el esfuerzo externo es retirado.

Para entender ambas propiedades tenemos que imaginarnos un material que está sometido a un esfuerzo de tensión, es decir, que está siendo estirado. Ese material inicialmente, con tensiones bajas, sufrirá una pequeña deformación que recuperará (volverá a su longitud inicial) cuando la tensión se retire. Esa zona se conoce como región elástica. A partir de cierto punto, a tensiones más altas, la deformación que se produzca no será reversible y no recuperará la forma inicial, a esa zona la conocemos como región plástica.

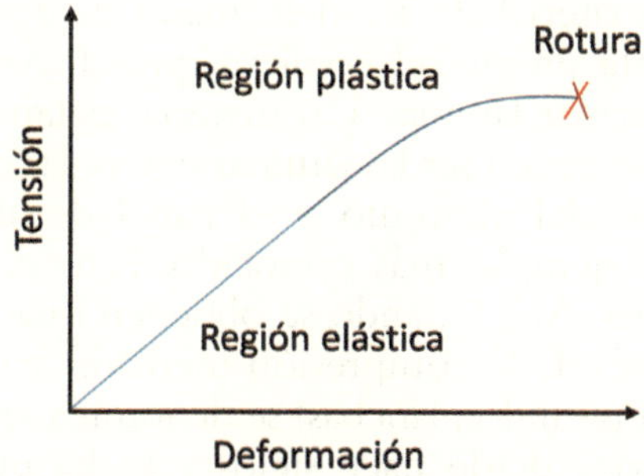

Representación del comportamiento para un esfuerzo de tensión de tracción de un metal dúctil que posee tanto un comportamiento elástico como plástico. Elástico (es decir, que recupera su forma original) para pequeñas deformaciones, mientras que posee plasticidad a partir de cierta deformación. Finalmente, se presenta la rotura del metal en dos partes debido al esfuerzo de tracción.

Conforme aumenta la tensión y el material continúa siendo estirado, se produce una reducción en la superficie perpendicular a la dirección en la que se está ejerciendo la tensión, donde llegado cierto punto acabaría produciéndose la rotura del material, poniendo fin a la región plástica del material para esa tensión determinada.

Los materiales conocidos como elásticos se conocen de ese modo ya que la región elástica es muy amplia, mientras que en el caso de los plásticos, aunque su región plástica pueda ser mayor o menor, el nombre no proviene de esta propiedad sino del adjetivo griego *plastikós* que hace referencia a la capacidad de estos materiales de ser moldeados.

85

¿Conoces propiedades como la maleabilidad, ductilidad y tenacidad?

Aunque ya se han comentado de pasada estas propiedades previamente, en esta pregunta vamos a intentar extendernos en tres propiedades fundamentales dentro de la ciencia de los materiales como son la maleabilidad, la ductilidad y la tenacidad.

La primera de ellas, la maleabilidad, hace referencia a la capacidad de un material de ser deformado mediante compresión sin romperse. Esta propiedad conlleva que el material pueda ser trabajado para formar láminas. Un material es tanto más maleable cuanto más finas pueden ser las láminas obtenidas con él. Ya hemos hablado del caso del aluminio y el papel de aluminio, siendo seguramente el ejemplo más conocido. Pero el elemento más maleable es el oro (Au). Cuando se obtienen finas láminas de este elemento (a través de la compresión mediante rodillos o a través de martillado empleando planchas) se denomina «pan de oro». Este material se conoce desde hace siglos y se ha utilizado ampliamente en el mundo del arte, en esculturas, orfebrería, retablos o iconos. También se emplea en la decoración de mobiliario. El material se ha trabajado desde la Antigüedad obteniendo unas láminas de hasta 0,006 mm de espesor.

En cambio, cuando hablamos de ductilidad nos referimos a la propiedad mediante la cual es posible obtener hilos o alambres cuando se le aplica una fuerza. Si en la maleabilidad el esfuerzo aplicado era de compresión, en la ductilidad se aplica tracción sobre el material. Es decir, se estira el material. Esta propiedad es muy importante, por ejemplo en el caso del cobre, ya que permite la obtención de cables que conducen la electricidad.

La elevada ductilidad de los metales es fácil de entender recordando el enlace metálico en el que se formaban capas de átomos con diferentes estructuras conocidas como empaquetamiento de esferas (cúbica centrada en el cuerpo, cúbica centrada en las caras, hexagonal compacta...) pero que todas conllevan la posibilidad de que se desplacen los átomos del metal sin que se produzca la ruptura del material y al tiempo que se conservan sus propiedades iniciales.

Cuanto mayor sea esta propiedad para un material más tardará en producirse su ruptura bajo el esfuerzo de tracción, si bien al final se producirá igualmente. Las fracturas se pueden clasificar en función del tipo de ruptura que se produzca.

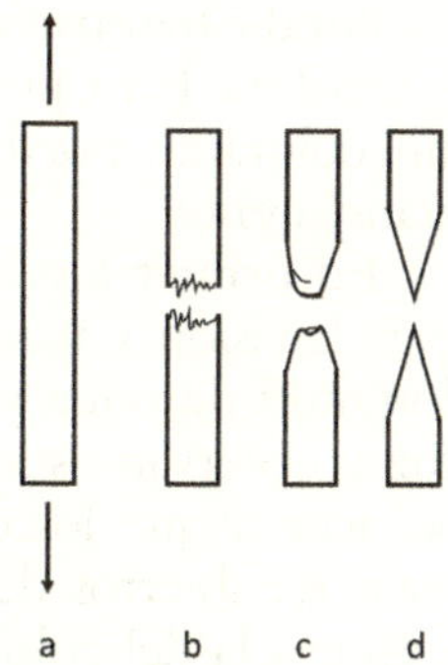

Se representan los diversos tipos de fracturas más habituales. La figura a representa una probeta de metal y el tipo de esfuerzo al que se va a someter. La figura b es la que representa una fractura frágil, mientras que c es una fractura intermedia entre frágil y dúctil y finalmente d es la típica fractura completamente dúctil, ya que se puede observar que, gracias al esfuerzo aplicado, el metal se ha deformado creando una especie de hilo o alambre.

Un material puede ser tanto dúctil como maleable al mismo tiempo. De hecho, la mayoría de metales muestran buenos comportamientos respecto a ambas propiedades.

Finalmente, la tenacidad hace referencia a la resistencia que opone un material a ser roto o deformado y se cuantifica como la cantidad de energía que es capaz de absorber el material antes de romperse. Esta propiedad es esencial a la hora de emplear determinados materiales, ya que una baja tenacidad podría inhabilitar su uso, por ejemplo, como componentes de motores de vehículos dado el elevado estrés mecánico al que estarían expuestos y que, debido a su baja tenacidad, haría que estos materiales se desgastasen o rompieran fácilmente.

86

¿NUNCA TE HAS PARADO A PENSAR POR QUÉ UN VIDRIO ES TRANSPARENTE?

Convivimos con el vidrio, el agua o el plástico transparente desde que nacemos y tal vez nunca te lo hayas preguntado. Pero ¿cómo es posible que una sustancia que es perfectamente compacta, que posee materia, que está formada por millones de átomos que cubren el volumen de estas sustancias sea transparente? ¿Cómo es posible que seamos capaces de ver a través de los átomos que conforman esa materia?

Debemos realizar una anotación previa, y es que no debemos confundir transparente con incoloro. El agua líquida es transparente e incolora. Pero, por ejemplo, una disolución acuosa que contenga un colorante puede ser coloreada pero mantener su carácter de transparente.

En primer lugar, deberíamos entender la importancia de la luz para la visión. Cuando no hay luz, nuestros ojos no reciben ninguna longitud de onda y por ello lo vemos todo negro. Cuando sí hay luz y observamos los objetos que nos rodean de diferentes colores, se debe a que los objetos, por ser de un determinado material o estar recubiertos de alguna pintura, absorben todas las longitudes, excepto la del color que observamos. Estos materiales que no dejan pasar la luz se conocen como opacos.

Existe un estado intermedio para un objeto que no es ni transparente ni opaco y que se conoce como traslúcido y que hace referencia a aquellos objetos que dejan pasar la luz (o al menos parte de ella) pero no permiten que los objetos colocados al otro lado de ellos se observen con nitidez.

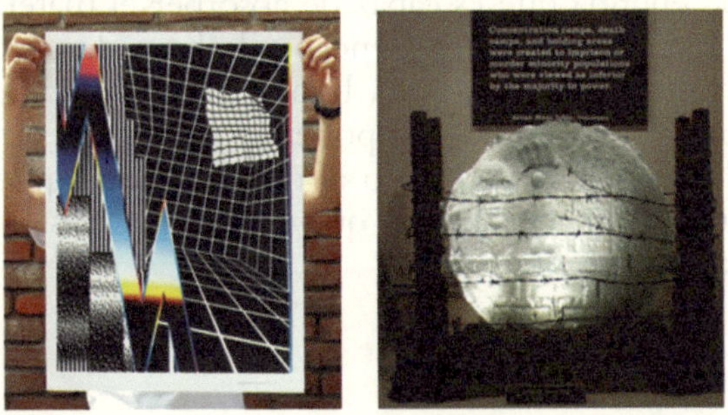

A la izquierda tenemos un objeto opaco ya que no deja pasar la luz. En este caso se trata de una obra de arte titulada *Optichromie 69* del artista Felipe Pantone. A la derecha, tenemos un objeto traslúcido ya que, aunque la luz se observa, no es posible observar nítidamente los objetos que hay al otro lado. La escultura se titula *Concentration Camp*, es obra del americano Steve Tobin y se encuentra expuesta en el National Liberty Museum de Filadelfia (Estados Unidos).

Y finalmente, cuando un objeto es transparente se debe a que deja pasar la luz, es decir, permite que los haces de luz lo atraviesen sin problema alguno y es posible observar nítidamente objetos al otro lado de ese material. Pero ¿por qué motivo la luz atraviesa estos materiales sin esfuerzo?

Se debe a su estructura electrónica, o concretamente a la energía que requieren los electrones de un material para ser excitados. Los electrones de un material pueden saltar de un orbital a otro tan solo con la recepción de una energía determinada (que se relaciona con la longitud de onda del fotón). No sirve cualquier longitud de onda para excitar un electrón.

Cuando un haz de luz (que contiene fotones) incide sobre un material, los fotones entran en contacto con los electrones del material. Si la longitud de onda de estos fotones coincide con alguna de las longitudes de onda que excitan a los electrones del material, provocan la excitación del electrón y se consumen. Si por el contrario su longitud de onda no coincide con ninguna longitud de onda, el fotón prosigue su camino. Si no se encuentra con ningún material que posea electrones que puedan ser excitados, el fotón atraviesa completamente el material y estaríamos ante un material transparente.

Esta explicación se basa en la luz visible (que son radiaciones con longitudes de onda entre 400 y 700 nm), pero también es aplicable para radiaciones ultravioletas (por debajo de los 400 nm) o infrarrojas (por encima de los 700 nm). Por eso hay sustancias que protegen de la luz ultravioleta, que absorben estas radiaciones gracias a que sus electrones se excitan cuando reciben fotones con esas longitudes de onda.

La luz visible posee longitudes de onda entre los 400 y los 70 nm. Por debajo de estas longitudes de onda nos encontramos con los rayos ultravioletas y por encima con los infrarrojos. La longitud de onda es inversamente proporcional a la energía. Por ello, los rayos ultravioletas son más energéticos (y más peligrosos para nosotros que la luz visible o los infrarrojos). Imagen titulada *Visible light spectrum with precise colors attribution.* Autor: Fulvio314. El archivo está disponible bajo la licencia Creative Commons Atribución-CompartirIgual 4.0 Internacional.

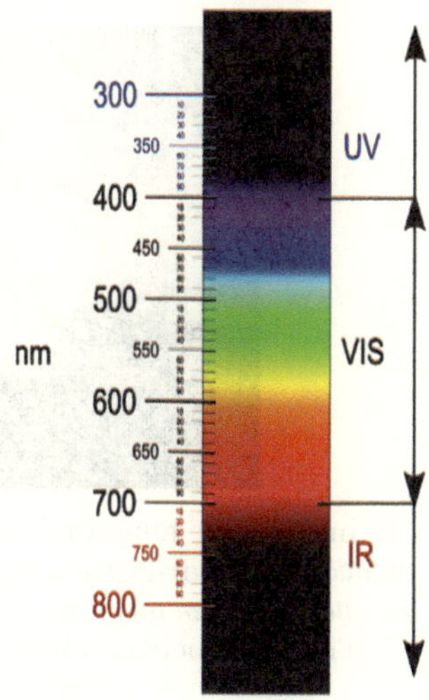

Tal vez el caso del agua requiere que se realicen algunos comentarios particulares. En primer lugar, el agua líquida es transparente, pero puede presentar color si añadimos partículas en disolución. Ello se debe a que estas partículas absorben algunas longitudes de onda y emiten otras, pero la luz consigue atravesar la disolución y continúa manteniendo su carácter transparente. Si lo que posee son partículas en suspensión (que son pequeñas partículas no solubles), el agua tampoco será transparente sino que en función de la cantidad de partículas puede ser traslúcida u opaca. Otro ejemplo de sustancia transparente pero coloreada lo encontramos en el aceite. En este caso se debe a que las propias moléculas del aceite son capaces de absorber algunas radiaciones y emitir otras.

En segundo lugar, cuando se trata de hielo (agua sólida) la mayoría de bloques pierden su carácter de transparente. Ello se debe a que, en general, elaboramos el hielo con agua del grifo que posee impurezas. Cuando el agua se congela, las impurezas (tanto partículas sólidas disueltas como gases disueltos) huyen de la parte sólida y se concentran en la parte líquida. Al final, todo el bloque se congela y las partículas, ya sean impurezas sólidas o pequeñas burbujas de aire, hacen rebotar los haces de luz, ya que cuando cambian de un medio a otro (por ejemplo, de un sólido a un líquido) se produce un cambio en el índice de refracción del medio y los haces desvían su trayectoria. Gracias a ello los fotones no pueden atravesar el bloque directamente, mostrando el carácter traslúcido que hemos comentado previamente para el hielo.

El hielo puede tener carácter de transparente, traslúcido u opaco (color blanco). En la imagen se observa el carácter traslúcido. La imagen titulada *Bloque de hielo en una playa cercana a Jökulsárlón, Islandia* es obra de Andreas Tille y se encuentra bajo licencia Creative Commons Atribución-CompartirIgual 4.0 Internacional.

Por otro lado, la nieve, que también es agua sólida, es blanca y no transparente. Ello se debe a que cada copo de nieve está formado por muchos y minúsculos bloques de hielo. La suma del carácter traslúcido de cada uno de ellos dota a la nieve del color blanco con el que la relacionamos instintivamente.

87

¿Sobreviviré si me disparan llevando un chaleco antibalas?

En primer lugar, es conveniente señalar que la palabra antibalas no es adecuada para estos materiales, igual que cuando se habla de los cristales antibalas o de los vehículos militares antiminas. Lo correcto en todos los casos sería nombrarlos como materiales resistentes a las balas y a las minas. En el caso de los vehículos militares es muy fácil entender este hecho, ya que se puede diseñar un dispositivo capaz de hacer frente, por ejemplo, a una explosión de una mina que contenga 20 kg de explosivo. Sin embargo, empleando una carga explosiva el doble de potente, posiblemente el vehículo no resistiría. Por tanto, el vehículo no es antiminas sino resistente a las minas (sobre todo dentro de cierto margen). De igual modo sucede con los chalecos y cristales antibalas, cuyo nombre más adecuado sería el de chalecos o cristales resistentes a las balas.

Empezando por los llamados chalecos antibalas (o chalecos de protección balística) es importante señalar que se trata de equipos de protección individuales, que existen de diferentes tamaños y que sus funciones se centran en evitar la penetración en el cuerpo de proyectiles procedentes de armas de fuego, así como de metralla o armas blancas. Para ello debe absorber la energía del impacto y reducirla para que sea mínima para el usuario del chaleco. Los equipos empleados de manera convencional son bastante ligeros y flexibles para que el usuario pueda disfrutar de cierta comodidad, pero ello reduce su efectividad y la protección que ofrecen es, sobre todo, contra proyectiles de arma corta o pequeños fragmentos de metralla. Además, cuanto más cercano sea el disparo mayor es su potencia, por lo que cuanto mayor sea la distancia desde el tirador hasta el chaleco de protección más probable será que este ejerza bien sus funciones. Los chalecos están formados por capas sucesivas de fibras que lo que hacen es disipar parte de la energía que lleva el proyectil. Existen diversos materiales empleados para elaborar estos chalecos; el más famoso es el Kevlar®, que es un polímero que presenta excelentes propiedades mecánicas. Para entender el funcionamiento básico de estos equipos debemos imaginar el impacto del proyectil contra la primera capa de fibras, en la que antes de ser atravesada se disipa una cierta cantidad de energía que se dispersa a lo largo de las cadenas poliméricas. Las cadenas poliméricas comparten el impacto y su energía, de manera que esta se reparte de una manera más equitativa y no solamente en el punto donde el proyectil impacta. Cuando la energía es lo suficientemente alta, atraviesa esa primera capa para chocar contra la segunda capa de fibras poliméricas, que de nuevo disipan la energía que lleva el proyectil. Este proceso se repite en cada capa de fibras que forma el chaleco. En función de la energía que lleve el proyectil se conseguirá detener por completo o llegará a impactar por el portador de este equipo de protección.

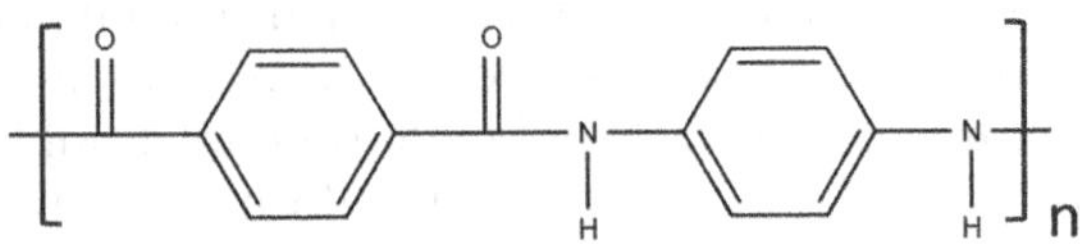

El material conocido como Kevlar® es un plástico diseñado por la empresa DuPont. Cuando se dibuja un polímero, la estructura representada dentro del paréntesis es conocida como monómero y el subíndice n hace referencia a que esa estructura se reproduce miles de veces. Además, cuando se representa un polímero se suele diseñar de manera lineal (obviando la disposición espacial real de los sustituyentes del carbono y el nitrógeno).

Cuando se busca proteger frente a proyectiles procedentes de fusiles (como en las acciones de guerra) o frente a fragmentos de metralla de mayor tamaño, se requiere que los chalecos estén reforzados con placas rígidas que aumentan su peso y provocan que sean más incómodos, limitando la movilidad del usuario. El ejemplo más claro sobre esto se encuentra en los trajes de protección, empleados por los artificieros que se dedican a desactivar bombas, en los que se emplean placas que son más resistentes que las fibras sintéticas. Existen otros ejemplos como los utilizados como equipos de protección contra proyectiles en vehículos militares. En estos casos, cuando se produce un impacto, lo que se provoca en el sistema de protección es una explosión en la dirección contraria a la del proyectil, es decir, oponiendo una gran fuerza, de manera que se detiene gran parte de la energía que el proyectil contenía.

Actualmente se está investigando el uso de materiales combinados (nanocomposites) que incluyan el uso de otras sustancias, como grafeno o nanotubos de carbono, que presentan mejores propiedades mecánicas al tiempo que reducen el peso del equipo de protección.

En el caso de los cristales resistentes a las balas (o blindados) el funcionamiento es similar, pero se emplean otros materiales. Generalmente se fabrican entremezclando capas de un polímero conocido como policarbonato (que es muy resistente) que se comprimen entre capas de algún vidrio que ya sea resistente de por sí. Cuantas más capas de uno y otro, más resistente será el cristal. El principio que rige el efecto protector de estos cristales es el mismo que el de los chalecos antibalas. Cuando el proyectil impacta contra la capa de policarbonato, la energía del impacto se dispersa entre las cadenas poliméricas. Entonces, en función de la energía del impacto podrá atravesar un número variable de capas de polímero y de vidrio.

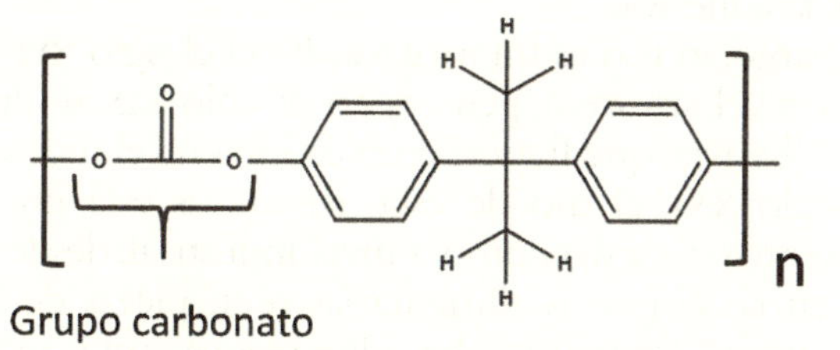

Estructura del policarbonato. En estos compuestos el grupo carbonato se integra en la cadena lineal del polímero.

Es importante señalar que igual que los chalecos resistentes a las balas, estos cristales blindados no resisten el impacto de todas las armas posibles y que, en el caso de fusiles de asalto, no se podría recurrir a los mismos cristales que si el objetivo es detener el impacto de proyectiles de armas cortas o piedras lanzadas por vándalos. Estos cristales se emplean en bancos, embajadas o en coches blindados, por ejemplo.

88

¿ES LA ADHESIÓN UN FENÓMENO FÍSICO O QUÍMICO?

Lo que se conoce como adhesión es el fenómeno que provoca que dos sustancias permanezcan unidas. En algunos casos se unen los dos materiales, mientras que en la mayoría de casos es necesario adicionar una tercera sustancia conocida como adhesivo. Un ejemplo de adhesión entre dos materiales lo tenemos en la pintura y un lienzo, y como caso donde es necesario recurrir a un adhesivo es posible citar el cierre de heridas mediante bioadhesivos.

La historia de los adhesivos es muy antigua, ya que hay descubrimientos arqueológicos que señalan que ya se usaban antes del año 3000 a. C. Las sustancias que se empleaban por entonces eran de origen animal, como podían ser las resinas de los árboles, la caseína (que es una proteína que se encuentra en la leche) o la sangre de los animales. Asimismo, es fácil citar muchos ejemplos de adhesión en la naturaleza como pueden ser la de las plantas carnívoras que dejan pegados a los insectos, los organismos marinos que se pegan a las rocas y el desplazamiento de los caracoles empleando una sustancia adhesiva.

Sin embargo, su uso es minoritario hasta el siglo XVII, cuando se empleaba a nivel artesanal, pero ya en el siglo XIX se desarrollaron diferentes adhesivos que fueron empleados a nivel industrial.

En el siglo XXI, el uso de estas sustancias está implementado tanto en nuestro día a día como a nivel industrial, desde para cerrar embalajes en las empresas alimentarias o en piezas de la industria automovilística o aeronáutica, los adhesivos se emplean para mejorar las propiedades y el acabado de sus productos.

La adhesión se trata de un fenómeno superficial que implica a las propiedades de las dos sustancias, así como a las de la sustancia adhesiva. Esto quiere decir que las relaciones entre las propiedades de las tres sustancias determinan la potencia de las uniones y que los adhesivos no son igual de efectivos para todos los materiales. Por tanto, si se quiere emplear un adhesivo, por ejemplo para realizar tareas de bricolaje, se debe estudiar cuál es el más adecuado para las sustancias concretas que deseamos unir.

Existe un elevado número de tipos de adhesivos y tal vez por ello no existe un único modelo para describir cómo funcionan las uniones adhesivas, ya que ninguno de los que existen explica por completo todos los tipos de uniones que se conocen.

Por ejemplo, existen familias de adhesivos, como los cianoacrilatos o los adhesivos tipo epoxi, que necesitan que se produzca una reacción química para provocar su efecto adhesivo.

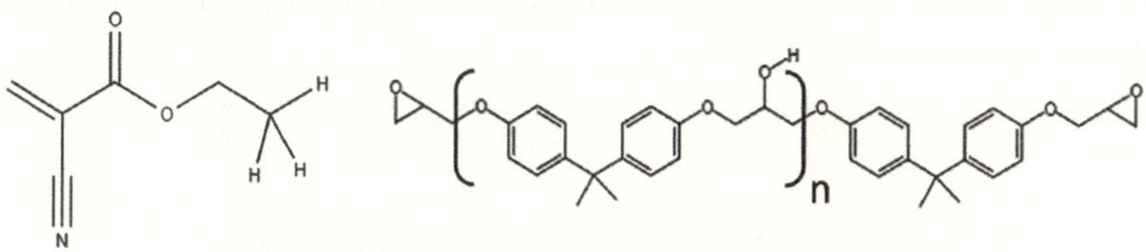

A la izquierda se presenta la estructura del cianoacrilato de etilo. A la derecha, una cadena polimerizada de una resina epoxi. El grupo epoxi está formado por un ciclo de tres átomos en el que uno de ellos es un oxígeno. Para que se genere la unión adhesiva cuando se emplean estos materiales debe producirse la polimerización del monómero.

Otros adhesivos desarrollan su efecto para unir dos sustancias cuando se elimina el disolvente con el que se aplican o, por ejemplo, en el caso de los *hot-melts*, que son un tipo de adhesivos compuesto por un polímero, una resina y una cera, que se aplican en caliente, generalmente con una pistola que calienta el adhesivo hasta cerca de 200 °C y que al enfriarse desarrollan un potente efecto adhesivo.

El tiempo que el adhesivo necesita para alcanzar su máxima potencia para unir las sustancias se conoce como tiempo de curado y es diferente para cada opción. Ello también afecta a la elección del adhesivo ya que algunas aplicaciones requieren de rápidos tiempos de curado.

Por otro lado, una de las características más singulares de los adhesivos es que no son igual de efectivos para todos los posibles esfuerzos que pueden sufrir. Lo que se traduce en que hay adhesivos que son capaces de resistir movimientos de torsión (donde la unión se retuerce) hasta un determinado valor que provocaría la ruptura habiendo empleado otro adhesivo, mientras que este segundo adhesivo es capaz de mantener la unión adhesiva cuando el esfuerzo es de tracción (es decir, que el esfuerzo tira de ambos extremos para separar la unión adhesiva) y la primera sustancia no hubiese soportado el esfuerzo. Por tanto también hay que estudiar el tipo de exposición que va a sufrir un adhesivo antes de seleccionarlo.

Una de las teorías más estandarizadas respecto al mecanismo mediante el cual se produce la adhesión es que, durante la reacción química que se produce en estas sustancias, rellenan los huecos superficiales de una y otra sustancia, y al convertirse el adhesivo en una sustancia sólida evita que las otras sustancias se puedan separar fácilmente. En este caso estaríamos ante una unión puramente física gracias a un cambio químico.

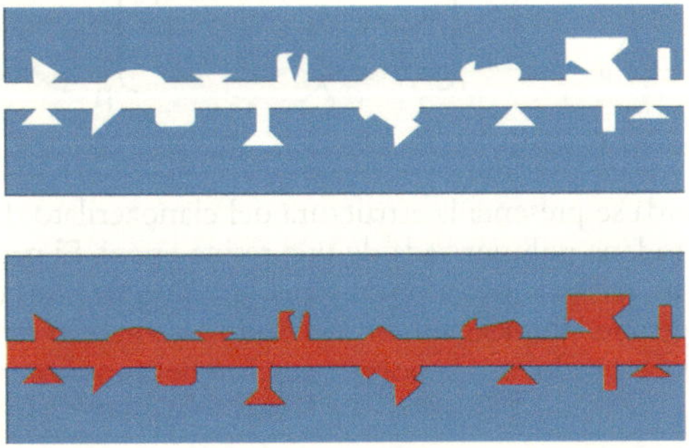

En la parte superior se observa la representación de las superficies de dos materiales con huecos de pequeño tamaño. En la parte inferior se presenta el adhesivo (en color rojo) que ha rellenado los huecos y generado la unión adhesiva. Aunque a simple vista puede parecernos que dos superficies son lisas, si aumentamos la imagen podremos comprobar que existen huecos. Los adhesivos pueden introducirse en ellos antes de curar (de solidificarse) y con eso provocar que se produzca la unión adhesiva.

Existen otras teorías basadas en las cargas eléctricas o basadas en interacciones moleculares débiles entre los adhesivos y las sustancias que pretenden unir. Por tanto, es posible señalar que la adhesión se basa en interacciones físicas, si bien en la mayoría de casos se requiere que se produzca un cambio químico en el adhesivo.

89

¿SABES QUÉ ES REALMENTE UN PLÁSTICO?

Casi cualquier persona con solo tocar un material compuesto por lo que llamamos plástico podría identificarlo. Pero lo que comúnmente nombramos con ese término responde a una definición amplia, ya que se conoce como plástico a los compuestos químicos orgánicos de cadenas largas y elevado peso molecular. Sin embargo, las proteínas o el ADN también se podrían incluir en esta definición, y por ello se establece el término polímeros. Las cadenas de estos compuestos están formadas por la repetición en un elevado número de veces de una estructura concreta, que es la que proviene del origen de estas sustancias y que se llaman monómeros.

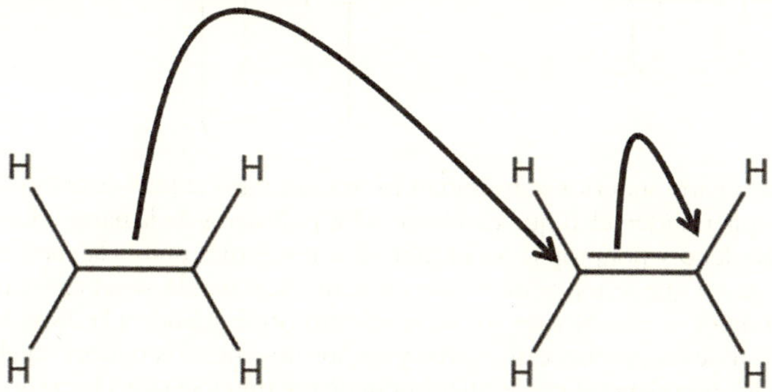

Iniciación de la reacción de polimerización del eteno (también conocido como etileno). El par de electrones del doble enlace C=C reacciona formando un enlace simple C-C con un carbono de otra molécula de etileno, provocando que uno de los pares de electrones del doble enlace de la segunda molécula quede libre para poder atacar a una tercera molécula de etileno, provocando el mismo proceso. El etileno es el monómero que da lugar a uno de los polímeros más empleados: el polietileno.

Es posible provocar una reacción química que conlleva que los monómeros reaccionen entre ellos formando cadenas. Este proceso se conoce como reacción de polimerización.

Cuando esta reacción se produce en infinidad de ocasiones y un monómero se repite un elevado número de veces da lugar a un polímero, y esto es lo que se conoce como un plástico. Existen muchos tipos de plásticos, tanto por el tipo de monómero utilizado (que puede ser un único monómero o combinar varios) como por las propiedades que se obtienen en la síntesis de un polímero. Es decir, empleando un mismo monómero se pueden obtener materiales con diferentes propiedades.

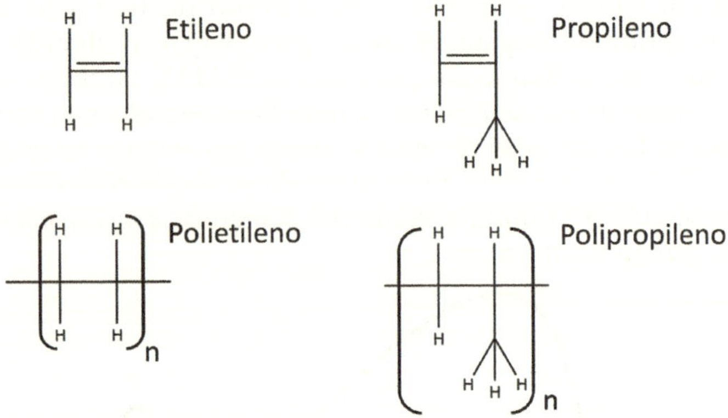

En la parte superior se muestran los monómeros etileno (izquierda) y propileno (derecha) que dan lugar a los polímeros de la parte inferior: polietileno y polipropileno. El subíndice n significa que es la parte de la estructura que se repite de manera indefinida. Cuando se representan los polímeros (y en este caso, sus monómeros) no se atiende a la disposición espacial de las cadenas carbonadas y sus sustituyentes. Asimismo, en el caso de los propileno el grupo metilo puede encontrarse tanto hacia arriba como hacia abajo y de manera ordenada o desorganizada, gracias a lo cual vuelve a aparecer la estereoquímica, ya que, en función de esta disposición, el polímero poseerá diferentes propiedades y, por tanto, sus aplicaciones serán diferentes.

Además, los plásticos se pueden clasificar en función de sus propiedades. En general, se trata de compuestos sólidos a temperatura ambiente que funden cuando se aumenta la temperatura hasta cierto punto, lo que permite darles diferentes formas. Además, es importante señalar que tienen muy malas conductividades térmicas y eléctricas (son aislantes), poseen una elevada resistencia química (es difícil degradarlos empleando agentes químicos como ácidos o bases) y la mayoría de ellos son inflamables (es decir, pueden ser devorados por el fuego).

Generalmente se clasifican en tres tipos principales:

1. Termoplásticos: este tipo de plásticos se ablandan con el calor, es posible fundirlos y volver a moldearlos y al enfriarse se endurecen, obteniendo de nuevo una forma rígida. Como este proceso se puede repetir muchas veces, se considera que son materiales reciclables. Entre los ejemplos de este tipo de polímeros encontramos: el polietileno, polipropileno, policarbonato o el policloruro de vinilo (PVC).

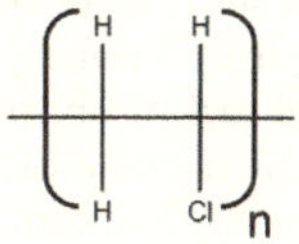

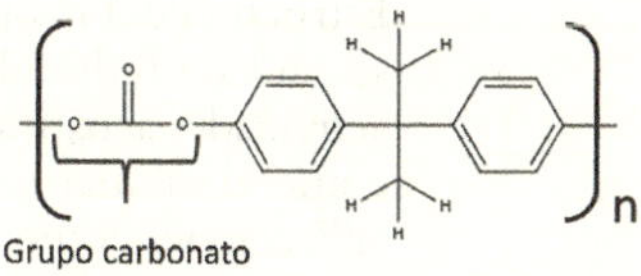

Además del polietileno y del polipropileno, dentro de los polímeros termoplásticos encontramos dos muy conocidos como son el PVC (izquierda) y el policarbonato (derecha).

2. Termoestables: en este caso se trata de materiales que una vez que han sido moldeados no se ablandan con la temperatura. Dado que forman estructuras muy compactas (muy entrelazadas entre sí), son compuestos que en general son duros y rígidos con muy buenas propiedades mecánicas, por lo que se utilizan en muchas aplicaciones que requieren compuestos resistentes y con una densidad más baja que la de los metales. Entre los polímeros termoestables encontramos ejemplos como el poliuretano, epoxis o politetrafluoretileno (PTFE).

Entre los ejemplos más conocidos de los polímeros termoestables encontramos el politetrafluoretileno (PTFE). Este compuesto es más conocido por el nombre de teflón y destaca por su carácter inerte (es decir, apenas reacciona con ninguna sustancia química). Además, es muy conocido por su antiadherencia y elevada resistencia a la temperatura (desde valores muy bajos hasta valores altos). Estas propiedades le confieren un elevado número de aplicaciones que abarcan desde revestimientos de aviones, naves espaciales o prótesis biocompatibles, aunque su uso más conocido es como recubrimiento en sartenes antiadherentes.

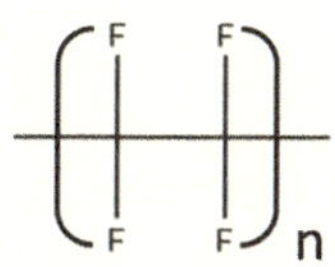

3. Elastómeros: finalmente, dentro de los elastómeros se engloban todos los polímeros que tienen una consistencia gomosa y elástica y que no se funden. Por ejemplo, existen polímeros estirénicos que se ajustan a este modelo y también otros vulcanizados u olefínicos, además de copolímeros como copoliésteres o copoliamidas. Los compuestos más conocidos de este grupo son posiblemente los cauchos y los neoprenos. También compuestos como el poliuretano expandido que se emplea, por ejemplo, en los sillines de las bicicletas.

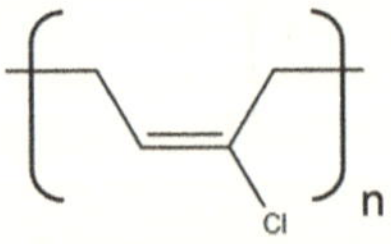

Estructura del neopreno. Por su flexibilidad y su carácter hidrófobo se emplea en trajes para actividades acuáticas como el surf o subacuáticas como el submarinismo. También posee otras aplicaciones como en mangueras domésticas, fundas protectoras o guantes.

Los plásticos actualmente son una de las mayores fuentes de contaminación del mundo ya que, por su carácter inerte, apenas se descomponen y su elevada producción a nivel mundial está provocando su acumulación en todo el mundo, especialmente en los océanos, donde suponen un grave riesgo para la vida marina. Para reducir estos problemas actualmente se están desarrollando bioplásticos y plásticos biodegradables que podrían suponer importantes mejoras. Pero la mejor opción la encontramos en realizar una gestión eficiente de recursos basada en las 3 R: reducir, reusar y reciclar, y que se refieren a reducir la cantidad de materiales empleados, reusarlos siempre que se pueda y reciclarlos al final de su vida útil.

90

¿ES EL GRAFENO EL NUEVO ORO?

El grafeno, del que ya hemos hablado previamente, es una de las formas alotrópicas del carbono. Las formas alotrópicas hacen referencia a las diferentes estructuras que pueden adoptar los átomos de un mismo elemento, generando sustancias con diferentes propiedades químicas y físicas.

En el caso del grafeno, los átomos de carbono se organizan en una única capa siguiendo un patrón hexagonal. Se trata de un material muy duro, con una densidad muy baja, que conduce la electricidad (aunque únicamente lo hace en la dirección de la lámina de átomos de carbono) y el calor y que puede ser modificado químicamente para mejorar sus propiedades. Se trata de un compuesto flexible y transparente. Además, la investigación ha conseguido abaratar sus costes de producción hasta convertirlo en un material asequible para poder ser empleado en un gran número de aplicaciones.

El grafeno está compuesto por una lámina de átomos de carbono que se estructuran formando hexágonos. *Lámina de grafeno,* de AlexanderAlUS y el archivo se encuentra bajo la licencia Creative Commons Genérica de Atribución/Compartir-Igual 3.0.

Cabe señalar que la investigación sobre este material ha sufrido una explosión desde 2004, cuando Andre Geim y Kostya Novoselov, de la Universidad de Manchester, describieron la primera capa individual de átomos de carbono. Ambos recibieron el Premio Nobel de Física por este descubrimiento en 2010.

Además, la Unión Europea puso en marcha en 2013 un programa de investigación sobre este material dotado con mil millones de euros para lograr su desarrollo e implementación. Se conoce como el Graphene Flagship y se espera que sus resultados sean presentados en 2025.

De momento, de esta molécula se han descrito un gran número de propiedades que han creado elevadas expectativas en cuanto a sus posibles aplicaciones. Por ejemplo, el hecho de que sea flexible y transparente conlleva que pueda ser utilizado en la creación de pantallas táctiles flexibles que se puedan enrollar. Pero existen otras muchas áreas donde este material puede ser empleado, como en la elaboración de sensores, en electrónica o en fotónica, además de en la elaboración de composites (es decir, en materiales compuestos en los que se añade grafeno para mejorar las propiedades iniciales de un material), por ejemplo, se ha empleado grafeno para la elaboración de chalecos antibalas menos pesados y con propiedades mecánicas mejoradas.

En particular, en cuanto a las aplicaciones tecnológicas se espera que acabe remplazando al silicio (hoy tan utilizado en la creación de chips y ordenadores), ya que mejora muchas de sus propiedades y es un material más eficiente (por ejemplo, se calienta menos al recibir la misma carga eléctrica). Además, los dispositivos elaborados con grafeno podrían ser elaborados con un tamaño menor que los actuales que son de silicio.

Asimismo, empleando grafeno se espera crear baterías con mucha más capacidad y menor volumen y peso que las que se utilizan actualmente, lo que supondría un cambio de gran importancia para el desarrollo de vehículos eléctricos.

Pero existen otras muchas aplicaciones que se están estudiando de este material, desde su uso como agente anticancerígeno a su aplicabilidad para crear mejores cámaras fotográficas. El grafeno, además, está siendo estudiado para elaborar membranas más eficientes para llevar a cabo el proceso de osmosis inversa que se requiere en la desalinización del agua, por lo que, gracias a él, esta tecnología podría facilitar el acceso a agua potable a millones de personas.

Las posibilidades de este material todavía se están estudiando, pero lo que parece claro es que su desarrollo va a suponer importantes cambios para toda la humanidad.

91

¿EXISTE UN LÍQUIDO QUE DESAFÍA LA LEY DE LA GRAVEDAD?

A simple vista se trata de un líquido de color oscuro, de apariencia viscosa, pero nada nos hace sospechar que nos encontramos ante una sustancia única. De repente, sin embargo, parece tener vida propia y su superficie tranquila se ve acuchillada por docenas de agujas líquidas que se alzan en todas direcciones. Además, y sin explicación aparente, esas agujas comienzan a moverse y a cambiar de tamaño. Se encogen y crecen, giran hacia la izquierda y luego hacia la derecha. ¿Cómo un simple líquido ha podido realizar semejante proeza?

La respuesta la tenemos en que nos encontramos ante un ferrofluido, que es una sustancia que no existe en la naturaleza y que ha sido sintetizada en los laboratorios. Y tanto la aparición de esas agujas como su movimiento se explica por la aplicación de un campo magnético, es decir, porque hemos acercado, alejado o movido un potente imán que ha afectado a las moléculas del líquido que previamente, ajeno al campo magnético, se comportaba de acuerdo a la ley de la gravedad. Pero que una vez que sufre la influencia del imán parece olvidarse de ella.

Los ferrofluidos interaccionan cuando se encuentran en presencia de un imán y forman estructuras puntiagudas siguiendo las líneas del campo magnético. En la foto se observa un ferrofluido depositado sobre un vidrio que se encuentra apoyado en un potente imán. De ahí las formas puntiagudas que se observan. En los laterales de la gota es posible comprobar la forma lisa propia de la gota de líquido. Autor: Gregory F. Maxwell. *Ferrofluid on a reflective glass plate under the influence of a strong magnetic field*. El archivo se encuentra bajo licencia Creative Commons Attribution-Share Alike 3.0 Unported.

Pero ¿qué es exactamente un ferrofluido? Se trata de un líquido (puede ser agua o un disolvente orgánico) que posee partículas ferromagnéticas suspendidas de pequeño tamaño, también llamadas nanopartículas (cuyo tamaño se encuentra alrededor de 10 nm, es decir, 10 ⋆ 10^{-9} m). Es necesario adicionar lo que se conoce como un surfactante para evitar que las nanopartículas se aglomeren formando partículas más grandes y precipiten.

Las nanopartículas ferromagnéticas pueden estar formadas por magnetita (que es un mineral que contiene varios cationes de hierro, cuya fórmula es $Fe^{2+}Fe^{3+}{}_2O_4$) o por otros minerales ferromagnéticos y que se mezclan con el líquido y el surfactante para que se suspendan sin precipitar para generar el ferrofluido.

Entonces, el líquido que posee las nanopartículas magnéticas suspendidas cuando entra en contacto con un campo magnético potente parece cobrar vida, formando las estructuras que se han comentado y variando su forma en función de los movimientos del imán. Actualmente, este tipo de sustancias poseen diversas aplicaciones que abarcan desde aplicaciones biomédicas como contraste para mejorar las resonancias magnéticas o para orientar el efecto de fármacos (para que actúen únicamente en una zona determinada), como aplicaciones tecnológicas para su uso como tinta o en industrias como la aeroespacial o la defensa. Es decir, que los ferrofluidos van más allá de poseer el comportamiento tan curioso que hemos descrito.

IX

NANOTECNOLOGÍA

92

¿PODEMOS ESCRIBIR LOS 24 VOLÚMENES ENTEROS DE LA ENCICLOPEDIA BRITÁNICA SOBRE LA CABEZA DE UN ALFILER?

En 1959, el físico estadounidense Richard Feynman (1918-1988) pronunció un discurso que fue recibido con escepticismo y que pasaría desapercibido durante los siguientes veinte años. Sin embargo, hoy está considerado el nacimiento de la nanotecnología.

Feynman ofreció su disertación el 29 de diciembre de 1959 en la reunión de la Sociedad Americana de Física bajo el título *There's Plenty of Room at the Bottom* ('Hay bastante sitio al fondo', sería su traducción). Entre otras, el científico planteó la cuestión que da pie a este capítulo: ¿por qué no podemos escribir los 24 volúmenes enteros de la Enciclopedia Británica sobre la cabeza de un alfiler?

En un momento en que los pocos ordenadores existentes ocupaban habitaciones enteras, Feynman propuso el trabajo a escalas mucho menores, en términos nanométricos (un metro está compuesto por 1 000 000 000 nanómetros) y defendió que ello conllevaría importantes ventajas. Por ejemplo, la posibilidad de almacenar gran cantidad de información en muy poco espacio (como ya hace la naturaleza a través de las cadenas de ADN), y defendió la posibilidad de hacer máquinas formadas únicamente por unos pocos átomos que podrían actuar, por ejemplo, dentro del cuerpo humano.

No fue hasta los años 80 cuando la nanotecnología surgió como una ciencia, y desde entonces se han invertido en ella miles de millones de euros, ha llamado la atención por sus múltiples descubrimientos y ha cosechado diversos Premios Nobel. Por ejemplo, en 1996 se le concedió el Premio Nobel de Química a tres científicos, Robert F. Curl, Richard Smalley y Harold Kroto, por el descubrimiento de los compuestos conocidos como fullerenos (compuestos orgánicos formados por átomos de carbono que forman diferentes estructuras geométricas, de las que la más conocida es una esfera), y en 2016 se le concedió a Fraser Stoddart, Jean-Pierre Sauvage y Ben Feringa por el diseño de máquinas moleculares. Estos dispositivos formados por unos pocos átomos son capaces de llevar a cabo pequeñas acciones coordinadas y controladas por sus descubridores. Uno de los inventos más conocidos, en este caso del holandés Feringa, es un nanocoche que se deslizaba sobre una superficie. Se han llegado a organizar carreras de nanocoches diseñados por diferentes equipos de científicos. Hoy, el empleo de la nanotecnología se está estudiando también en campos como la biomedicina (con el uso de nanopartículas para el tratamiento del cáncer) o la ciencia de materiales con el estudio, por ejemplo, de los fullerenos y los nanotubos de carbono para diversas aplicaciones.

A Feynman se le concedió el Premio Nobel de Física en 1965, pero por otras investigaciones que nada tuvieron que ver con el, ahora sí, famoso y visionario discurso de 1959.

93

¿EMPEZÓ LA NANOTECNOLOGÍA HACE 800 AÑOS?

La nanotecnología se define como la ciencia que se centra en el estudio, el diseño y la manipulación de la materia a escala nanométrica, lo que se traduce a que trabaja al nivel de átomos o moléculas. Concretamente, la nanotecnología trabaja con una escala de hasta 100 nm. Es importante señalar que cuando hablamos de un compuesto químico presentamos únicamente su fórmula (Al_2O_3, por ejemplo), estas moléculas generalmente se encuentran agrupadas formando bloques y que tan solo en algunos casos, cuando se trabaja con disoluciones (es decir, mezclas de una o más sustancias sobre un disolvente) si se realizan los tratamientos adecuados es posible obtener nanopartículas. Además, muchas de estas sustancias requieren de estabilizantes para evitar la agregación (la formación de partículas más grandes). En las nanopartículas aparecen efectos y propiedades que no son esperadas en esa misma sustancia cuando posee tamaño macroscópico: el estudio de estas propiedades es uno de los objetivos de la nanotecnología.

Si bien por su nombre parece que estamos ante un ejemplo de la investigación más puntera, la realidad es que los seres humanos llevamos utilizando nanotecnología desde hace mucho tiempo. Aunque ciertamente no fue el primero, uno de los ejemplos más famosos lo encontramos hace unos ocho siglos con la construcción de muchas de las catedrales europeas y, concretamente, con la elaboración de las famosas vidrieras que podemos observar en un gran número de ellas. ¿Por qué podemos considerar estas vidrieras como un ejemplo de la aplicación de la nanotecnología?

Los colores obtenidos en muchas de esas vidrieras se deben a las nanopartículas metálicas que se adicionaban al vidrio. Las nanopartículas pueden, en función de su tamaño, mostrar diferentes colores, ya que las diferentes coloraciones se deben a la dispersión de la luz al atravesar el vidrio al que se han adicionado. Las sustancias empleadas para obtener los colores abarcan desde partículas de plata para obtener el color amarillo o nanopartículas de oro que dotan de color rojo a las vidrieras.

Ahora bien, como hemos comentado, el tamaño de las nanopartículas provoca cambios en la coloración de las vidrieras. Por ejemplo, empleando oro el tono rojizo se obtiene con nanopartículas de unos 5 nm, mientras que si aumentamos el tamaño hasta varias decenas de nm, el color de estas nanopartículas de oro presentaría tonos azulados. Este hecho explica uno de los principios fundamentales de la nanotecnología que hemos comentado previamente y que señala que las propiedades de un material varían en función de su tamaño. Es decir, que las propiedades de los materiales a escala nanométrica pueden ser completamente diferentes de las propiedades del mismo material a escala macroscópica y, por lo tanto, pueden estudiarse para conocer sus posibles efectos o aplicaciones.

Las vidrieras de las catedrales medievales son uno de los ejemplos más conocidos de las diferencias en las propiedades de la materia en función del tamaño de partícula. La autora de la fotografía es Evelyn Simak y el archivo se encuentra bajo licencia Creative Commons Attribution-ShareAlike 2.0 Generic (CC BY-SA 2.0).

Debemos ser conscientes de que los maestros que crearon estas vidrieras desconocían que las propiedades de las sustancias que emplearon estaban basadas en el tamaño de sus partículas. Solamente ahora poseemos los suficientes conocimientos tecnológicos como para determinar la composición exacta del material o el propio tamaño de sus partículas. Pero ello no impide que a esos antiguos artesanos se les pueda señalar como pioneros e incluso como investigadores, ya que obtener estas sustancias les costó muchos esfuerzos e intentos a base de prueba y error.

94

¿EL BALÓN DE FÚTBOL MÁS PEQUEÑO DEL UNIVERSO?

Previamente hemos hablado de algunas de las formas alotrópicas del carbono, pero esta cuestión va a centrarse en dos de las que más fama han cogido en las últimas décadas: los nanotubos y los fullerenos.

Los nanotubos fueron descritos por el científico japonés Sumio Iijima en 1991. Aunque ya había referencias previas que indicaban que estos compuestos podían existir, no fue hasta ese año cuando la ciencia focalizó su interés en estas estructuras cilíndricas compuestas por átomos de carbono.

Existen varios tipos, pero estas moléculas en general están formadas por láminas de grafito enrolladas sobre sí mismas formando un cilindro. Algunas están cerradas por uno de sus lados por media esfera. Tal vez la mayor diferencia entre las estructuras de los nanotubos la encontramos en si se trata de nanotubos de pared sencilla (una única lámina de átomos de carbono) o de pared múltiple (compuesta por varias unidades de pared simple colocadas de forma concéntrica).

Se presenta la estructura de un nanotubo de carbono de pared sencilla diseñado por Arnero. El archivo «Carbon nanotube armchair povrayse.png» se encuentra bajo licencia Creative Commons Attribution-Share Alike 3.0 Unported.

Una de las características que es importante nombrar al hablar de estas moléculas la encontramos en su relación longitud/radio, ya que es muy elevada. Estas estructuras apenas poseen un par de nanómetros de radio, mientras que su longitud puede llegar a ser de 10^5 nm.

Sus propiedades eléctricas y térmicas son muy interesantes y les confieren un elevado grado de aplicaciones dentro del mundo de la tecnología. Por un lado, a nivel eléctrico, los nanotubos pueden poseer carácter desde semiconductor a superconductor y a nivel térmico conducen muy bien el calor, lo que los convierte en buenos disipadores del calor en circuitos eléctricos.

Finalmente, en cuanto a sus propiedades mecánicas es importante señalar que se trata de una fibra con una gran resistencia (mayor que la del acero) siendo a su vez un material muy ligero.

Además, en cuanto a todas estas propiedades, es importante señalar que los nanotubos son estructuras que pueden fácilmente sufrir un proceso de dopaje que consiste en la introducción de otros átomos que mejoran sus, ya de por sí buenas, propiedades eléctricas, térmicas o mecánicas.

Algunas de las aplicaciones que se han señalado para los nanotubos las encontramos en la fabricación de supercondensadores (es decir, condensadores mucho más efectivos), en celdas solares para almacenar hidrógeno o como transistores, memorias o en otras aplicaciones industriales dentro de la automoción, la industria aeroespacial o en la elaboración de materiales muy ligeros y funcionales como bicicletas o raquetas de tenis de competición. También se están investigando algunas aplicaciones a nivel biomédico como en terapia génica, en la reparación de huesos rotos o desgastados e incluso en terapias de recuperación de células neuronales degradadas.

Por otro lado, los nanotubos de carbono han sido empleados para obtener grafeno, otra de las formas alotrópicas del carbono de la que ya hemos hablado con más detenimiento previamente.

Uno de los motivos por los que los nanotubos no fueron considerados hasta 1991, aunque su existencia ya se había descrito, se debió a que algunos de los artículos que los citaban estaban escritos en ruso, lo que hacía muy difícil que despertasen la curiosidad del conjunto de la comunidad científica; y otra fue que estaban publicados en revistas de muy poco impacto. La publicación de 1991 fue llevada a cabo en la revista *Nature*, que es una de las más conocidas y que es de carácter generalista, por lo que despertó un gran interés en la comunidad científica. Asimismo, en los años 90 del siglo XX ya había comenzado la nanofiebre o el gran interés por todo lo que tuviera que ver con la nanotecnología, y por ello los nanotubos comenzaron a ser uno de los mayores objetos de estudio dentro de esta disciplina de la ciencia. Aunque el japonés Sumio Iijima nunca recibió el Premio Nobel por este descubrimiento, sí fue galardonado con el Premio Príncipe de Asturias de Investigación Científica y Técnica que se entrega en España y que le fue concedido en 2008.

Los fullerenos fueron descritos antes que los nanotubos, concretamente en 1985, y gracias a ellos sus descubridores, Robert F. Curl, Harold W. Kroto y Richard E. Smalley, sí recibieron el Premio Nobel de Química en 1996. Estas formas alotrópicas del carbono poseen una estructura compuesta por átomos de carbono que se cierra sobre sí misma, formando una figura geométrica. En función del número de átomos de carbono tienen formas diferentes. Es decir, hay fullerenos compuestos por 20, 60, 70 o 540 átomos de carbono y cada uno de ellos posee una forma geométrica diferente.

Pero el primer fullereno descrito en 1985 tenía 60 átomos de carbono y se le conoce como C_{60} o buckmisterfullereno, en honor al arquitecto y escritor estadounidense Richard Buckminster Fuller (1895-1983). El C_{60} posee 20 hexágonos y 12 pentágonos

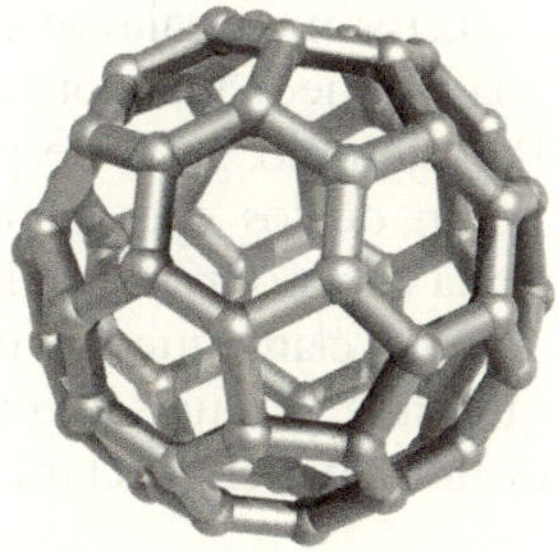

Estructura del fullereno C_{60}. Autoría: YassineMrabet. El archivo se encuentra bajo la licencia Creative Commons Atribución 3.0 Unported.

en los que cada vértice es un átomo de carbono. Esta estructura es la misma que la de un balón de fútbol (por tanto, el balón de fútbol más pequeño del universo) o que la famosa cúpula geodésica diseñada por Buckminster Fuller y por la que se le relacionó con esta molécula. Cabe señalar que en esta estructura ninguno de los pentágonos comparte algún lado con otro pentágono (todos están rodeados de cinco hexágonos).

El resto de fullerenos tienen estructuras variables, por ejemplo, C_{70} se asemeja a un balón de rugby y C_{20} forma un dodecaedro formado por 12 pentágonos.

Cabe señalar que en 2010 la NASA anunció que había descubierto la presencia de fullerenos en el espacio. Concretamente que obtenía una señal mediante visión infrarroja de uno de sus telescopios correspondiente a la presencia de C_{70} en una nebulosa espacial conocida como Tc1.

En cuanto a las aplicaciones de estas estructuras se ha publicado mucho en referencia a la biomedicina. Por ejemplo, se ha demostrado que el C_{60} posee actividad antiviral tanto contra el VIH como contra otros patógenos como el citomegalovirus o como agentes de transporte y liberación de fármacos. Es decir, que el fármaco se podría introducir dentro de un fullereno, y posteriormente ser liberado en la zona que se quiere que este fármaco actúe, lo que reduciría, por ejemplo, los efectos secundarios de algunas terapias. También es posible emplearlos como fotosensibilizadores en terapia fotodinámica. Esta intervención consiste en emplear un compuesto que no es tóxico que, al hacer incidir un haz de luz sobre él, se vuelve tóxico y sirve, por ejemplo, para cerrar fístulas o cauterizar heridas. Pero además, los fullerenos poseen propiedades como antioxidantes, hecho que se está estudiando para ser aplicado y, de este modo, reducir los procesos oxidativos, incluso dentro de las células.

Estos materiales se emplean en otras aplicaciones no vinculadas a la biomedicina, como en la elaboración de diferentes materiales. Por ejemplo, gafas de protección, ya que pueden reducir la exposición de los ojos a radiaciones con determinadas longitudes de onda que podrían resultar perjudiciales.

Está claro que no está todo dicho respecto a estas estructuras químicas, ya que se sigue investigando sobre ellas y quién sabe hasta dónde pueden afectar a nuestro día a día.

95

¿EXISTEN SERES MÁS PEQUEÑOS QUE LOS LILIPUTIENSES? HISTORIA DE LOS NANOPUTIENSES

Uno de los libros más famosos de la literatura universal es, seguramente, *Los Viajes de Gulliver* del irlandés Jonathan Swift, que fue publicado en 1726. Los personajes más conocidos de esta novela son los liliputienses, que eran personas de pequeño tamaño, de unos quince centímetros de altura, con las que se encuentra el protagonista en uno de sus viajes. Estos seres de ficción eran los seres humanos más pequeños hasta hace poco tiempo.

En 2003 se publicó el primer trabajo que dio pie al nacimiento de los nanoputienses. Se trata de la síntesis de una serie de moléculas antropomórficas (es decir, que tienen forma o apariencia humana), aunque su tamaño es más bien pequeño: unos 2 nm de altura (es decir, $2 \star 10^{-9}$ m).

El trabajo, que ha pasado a la historia de la química como una curiosidad científica, describe la síntesis de varias estructuras químicas que terminan juntándose hasta ofrecer el aspecto de una persona.

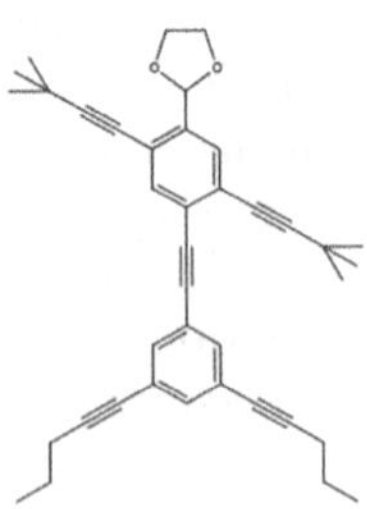

Esta es la estructura básica de los nanoputienses. Como se puede observar poseen cabeza, cuerpo y las extremidades superiores e inferiores.

Esta estructura principal no es fija y puede alterarse; de hecho, los investigadores Chanteau y Tour idearon varias síntesis mediante las que crearon un hermano pequeño o que, variando la forma de la cabeza de los nanoputienses, dieron lugar a los nanoputienses con diferentes profesiones como el NanoMonarca, el Nanochef, el NanoPanadero, el NanoPeregrino o el NanoBufón.

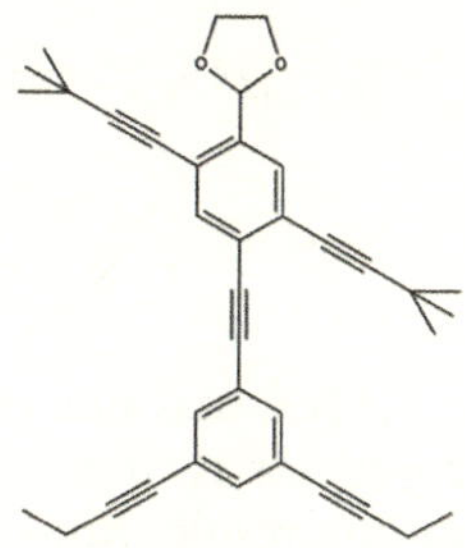

Los nanoputienses pueden llegar a ser una familia muy feliz. En esta imagen se observa al hermano pequeño.

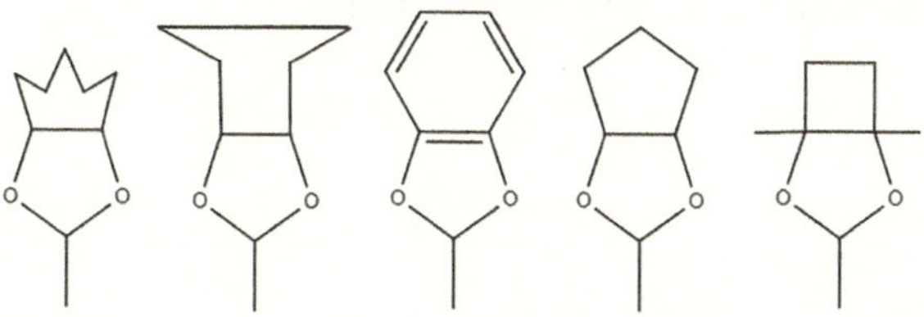

De izquierda a derecha se presentan las cabezas de algunos nanoputienses: NanoMonarca, NanoPanadero, NanoChef, NanoBufón y NanoPeregrino. Cada nanoputiense fue sintetizado de manera individual y, además de estas, se sintetizaron otras profesiones.

Además, los investigadores idearon en su trabajo otros nanoputienses que bailaban, o incluso cadenas poliméricas formadas por nanoputienses.

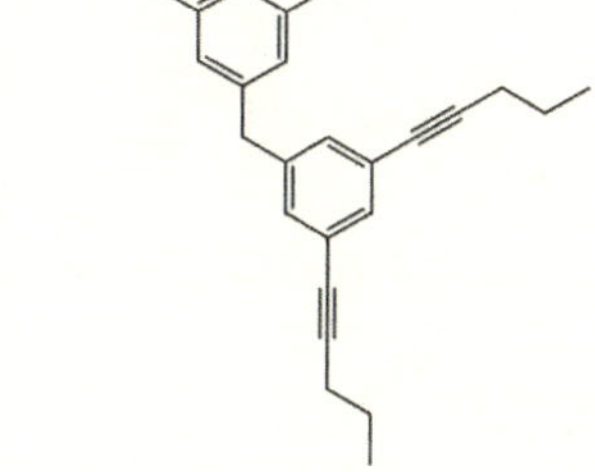

Pero los nanoputienses no solo tienen muchas profesiones. También tienen aficiones. Una de las más destacadas es el baile.

Pero el mundo de los nanoputienses es, además, un mundo con un gran poder mágico, como demostraron otros investigadores con el descubrimiento del NanoDuende (y sus poderes como catalizador).

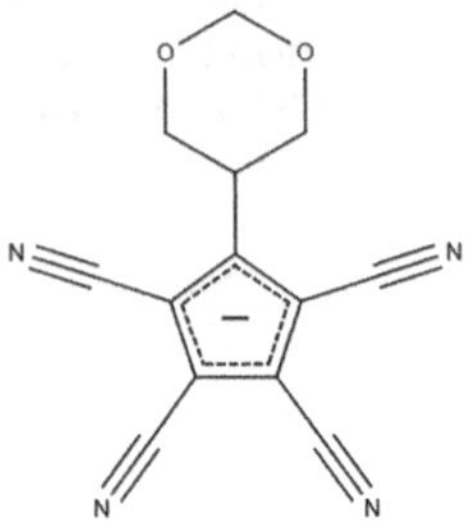

El NanoDuende posee una carga negativa deslocalizada en el anillo de cinco átomos de carbono (que posee dos enlaces dobles), por lo que requiere de un catión (compuesto con una carga positiva) para compensar las cargas y que el resultado global sea neutro.

¿Qué más nos puede enseñar esta diminuta realidad? Estos trabajos nos recuerdan que la ciencia puede ser de lo más divertida, lo que resulta fundamental para su divulgación y para fomentar las vocaciones científicas entre niños y niñas.

96

¿UN COCHE MÁS PEQUEÑO QUE UN 600?

La nanotecnología ha cosechado un elevado número de Premios Nobel de Química durante los últimos años. Uno de ellos fue otorgado en 2016 a tres investigadores: Ben Feringa, Jean-Pierre Sauvage y Fraser Stoddart. El máximo galardón científico les fue entregado por haber diseñado «máquinas moleculares».

En el caso del holandés Feringa, una de sus más conocidas publicaciones hace referencia al diseño de un nanocoche, siendo este de un tamaño de nanómetros, es decir, mil millones de veces más pequeño que el mítico modelo 600 de la marca Fiat.

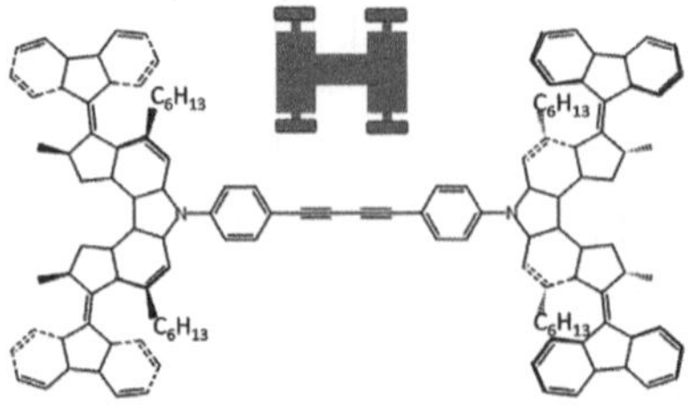

Representación del nanocoche diseñado por Feringa. Sobre la molécula se presenta un esquema para comprender mejor la disposición de las ruedas y el resto de elementos de esta estructura.

El diseño y la síntesis química de estas curiosas máquinas moleculares resultan más complicados de lo que a primera vista podría parecer. Las moléculas en química orgánica poseen cierta rotación y cada molécula gira en una dirección aleatoria, pero el nanocoche de Feringa posee cuatro rotores (colocados en forma de ruedas) que giran en la misma dirección. Conseguir que estas giren siempre en la misma dirección es uno de los logros de Feringa y su equipo.

En la publicación consigue que su nanocoche se desplace a través de una superficie metálica aplicando pequeños voltajes sobre la molécula. En función del diseño del nanocoche es posible que se desplace, por ejemplo, siempre hacia delante. O con pequeños cambios que posea un movimiento más errático. De ahí la importancia del diseño químico de estas máquinas moleculares.

Otros investigadores como James M. Tour también han diseñado otros nanocoches.

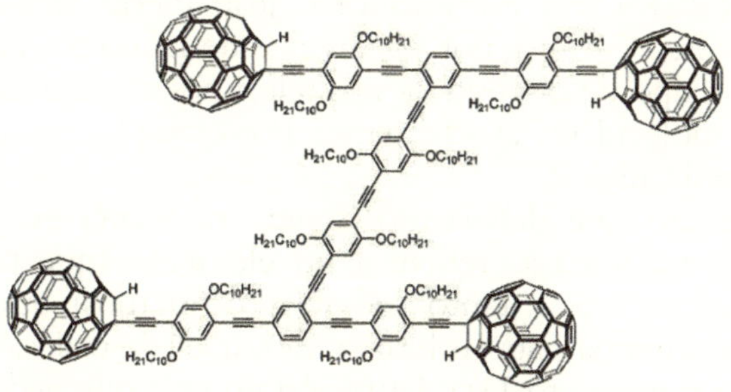

Estructura del nanocoche diseñada por el grupo de James M. Tour. Se observa claramente que las «ruedas» son fullerenos. Autores: Shirai, Y. et al. (2005). *Directional Control in Thermally Driven Single-Molecule Nanocars*. Nano Lett. 5: 2330. El archivo se encuentra bajo licencia Creative Commons Attribution-Share Alike 3.0 Unported.

La nanociencia sigue evolucionando e incluso ha habido una carrera entre seis nanocoches diferentes. Estas moléculas tenían estructuras diversas y sus mecanismos de propulsión también se basaban en principios diferentes, lo que demuestra que la ciencia puede avanzar por diversos caminos hacia una misma dirección. La primera competición entre nanocoches fue ideada no solo para probarlos, sino para atraer la atención mediática sobre el mundo de la química y de la nanotecnología.

Y aunque la creación de nanocoches pueda parecer un tema interesante, en realidad a Feringa se le concedió el Nobel por diseñar motores moleculares capaces, por ejemplo, de girar en una dirección determinada al incidir sobre ellos un haz de luz, de moverse al cambiar el pH del medio o de hacer girar un cilindro de vidrio 10 000 veces más grande que los propios motores moleculares utilizados, y no por haber diseñado un nanocoche, aunque como curiosidad esta última sea seguramente más sorprendente.

97

¿CABE UN ASCENSOR EN UNA VENA?

Tal y como hemos comentado, en el año 2016 se entregó el Premio Nobel a tres investigadores, Jean-Pierre Sauvage, Fraser Stoddart y Ben Feringa, por sus diseños de máquinas moleculares. Pero ¿a qué tipo de dispositivos nos referimos cuando hablamos de máquinas moleculares exactamente? Por ejemplo, ¿existen los ascensores moleculares?

Lo primero que deberíamos tener en cuenta es que la definición de máquina se refiere a un elemento (que puede estar compuesto por otros, tanto móviles como fijos) que es capaz de emplear energía para realizar o apoyar en la realización de un proceso o un producto. Esta definición no es la que necesitamos, al menos todavía, cuando hablamos de nanotecnología. En este campo debemos ser conscientes de que la materia es capaz de moverse libremente cuando se encuentra en estado gaseoso o que en el caso de las moléculas orgánicas existe un cierto grado de rotación. En cualquier caso, estos movimientos siempre son aleatorios y no se pueden dirigir, o al menos no se podía hasta la llegada de las máquinas moleculares. Estas moléculas se definen porque son capaces de moverse de manera controlada (es decir, siguiendo las pautas de sus descubridores) y ese movimiento es o bien de una parte de la molécula respecto del resto de la misma o bien respecto a un sustrato. Por ejemplo, los coches moleculares son capaces de mover las ruedas respecto del resto de la molécula y de desplazarse a través de un sustrato como una lámina metálica. A continuación vamos a describir algunos de los descubrimientos más conocidos dentro de este campo.

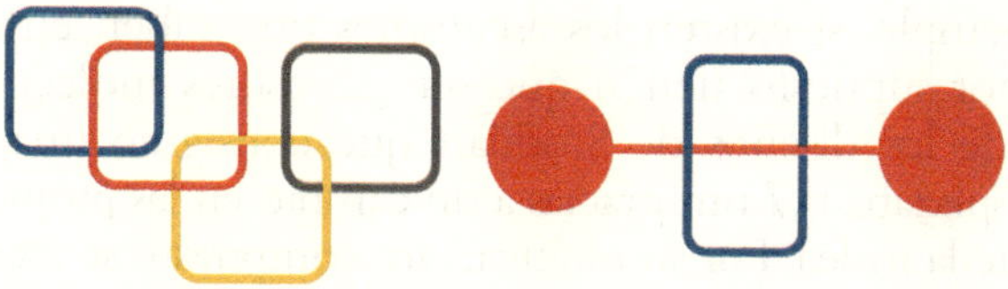

Esquema de los catenanos (izquierda) y de los rotaxanos (derecha). Por un lado, los catenanos forman estructuras similares a una cadena formada por diversos eslabones que se encuentran entrelazados sin poseer ningún enlace químico entre ellos. Mientras que los rotaxanos poseen la forma de una mancuerna en cuyo eje se encuentra otra subestructura atómica que está bloqueada en los extremos (por lo que no puede salirse de la estructura del rotaxano) pero que posee libertad de movimiento a lo largo del eje.

Uno de los diseños más simples (y más antiguos) son los llamados catenanos. Estas moléculas se asemejan a una cadena (y de ahí su nombre) y su estructura se forma gracias a que dos o más macrociclos están entrelazados, si bien entre ellos no media enlace alguno. Estas moléculas fueron sintetizadas por Sauvage ya en 1983. Se han diseñado muchas estructuras de este tipo, por ejemplo, uniendo cinco anillos de manera que se asemeje al símbolo de los juegos olímpicos (este compuesto es conocido como olimpiadano) o entrelazando un buen número de macrociclos de manera que parezca una cadena. Estas moléculas no realizan un movimiento determinado (por lo que no podrían ser consideradas máquinas moleculares) pero gracias a ellas se dieron grandes pasos hasta lograr el desarrollo de las llamadas máquinas moleculares. Es importante tener en cuenta que la síntesis de estas máquinas siempre posee un elevado nivel de dificultad, y que lograr que los anillos se entrelazasen supuso un hito gracias al cual se lograrían sintetizar muchas otras moléculas como las que vamos a conocer a continuación.

Estructura de un catenano de dos eslabones sintetizado por el grupo de Sauvage. Figura dibujada por M stone a partir de M. Cesario, C. O. Dietrich-Buchecker, J. Guilhem, C. Pascard and J. P. Sauvage in the Journal of the Chemical Society, Chemical Communications, Year 1985, Pages 244-247. El archivo se encuentra bajo licencia Creative Commons Attribution-Share Alike 3.0 Unported.

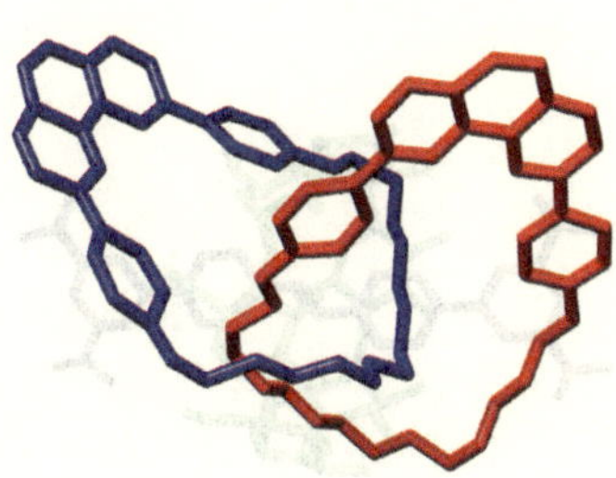

Por ejemplo, sí existen los ascensores que caben en una vena, aunque por supuesto tienen que ser ascensores moleculares. Este fue uno de los diseños de Stoddart que consiguió una molécula que se desplazaba 0,7 nm gracias a un cambio en las propiedades del medio que la rodea. Por su estética, este compuesto se asemeja a un diminuto ascensor.

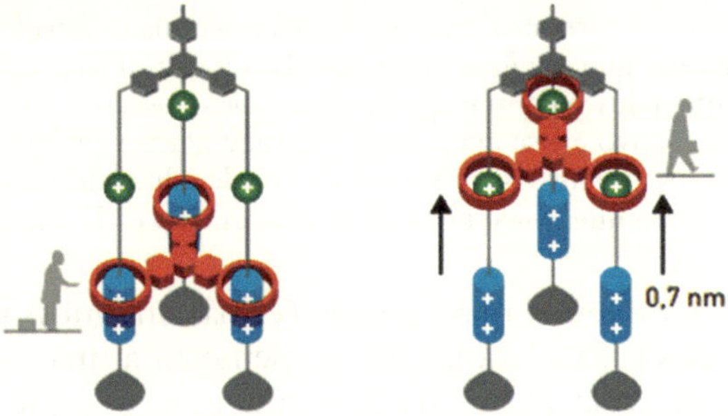

Esquema del ascensor de menor tamaño que se conoce. La imagen, tomada de la página web oficial de la Fundación Nobel, ha sido diseñada por Johan Jarnestad y el copyright es suyo y de la Royal Swedish Academy of Sciences. https://www.nobelprize.org/prizes/chemistry/2016/press-release/

Pero para este descubrimiento, Stoddart se basó en sus diseños previos, como las moléculas conocidas como rotaxanos, que actúan como transportadores moleculares. Se basan en el movimiento de una plataforma sobre un eje gracias a las interacciones moleculares que conllevan que el rotaxano se mueva a lo largo del eje. Para ello colocó una molécula cíclica deficiente en un electrón alrededor de una cadena que poseía dos zonas ricas en electrones. Además, bloqueó los dos extremos de la cadena para que el ciclo no pudiese salir. Gracias a este diseño, la molécula con forma de anillo se movía de una a otra de estas zonas de manera sucesiva, y por lo tanto diseñó una máquina molecular.

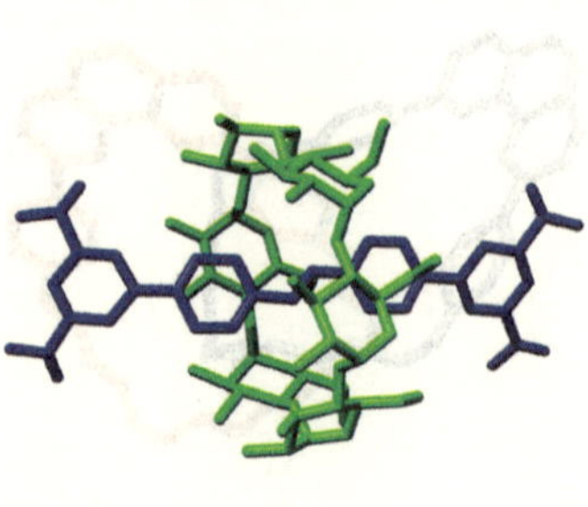

Estructura de un rotaxano diseñado y sintetizado por Carol A. Stanier y colaboradores. Imagen generada por M stone a partir de Carol A. Stanier, Michael J. O Connell, Harry L. Anderson and William Clegg, Chemical Communications, 2001, 493. El archivo se encuentra bajo licencia Creative Commons Genérica de Atribución/Compartir-Igual 3.0.

Los trabajos de Stoddart con los rotaxanos siguieron evolucionando y, por ejemplo, creó un músculo molecular capaz de levantar una delgada lámina de oro. De manera casi simultánea, Sauvage presentó también un trabajo que incluía el empleo de rotaxanos e incluso de su propio músculo molecular, que se contraía y estiraba como se puede observar en la figura. Esta molécula requería de un proceso de oxidación para cambiar su estructura, ya que en la forma extendida se requiere la presencia de dos átomos de cobre (I) que al oxidarse a cobre (II) ya no podían interaccionar del mismo modo y la coordinación se realizaba con átomos de zinc (II). Esta diferencia se consigue debido a que el cobre (I) se coordina a través de cuatro posiciones y el zinc (II) con cinco. Para lograr este cambio, la molécula debe moverse y adaptarse, dando lugar al movimiento de contracción y estiramiento. En todas las máquinas moléculas se emplean necesidades específicas de alguna parte de la molécula para lograr que realicen el movimiento deseado.

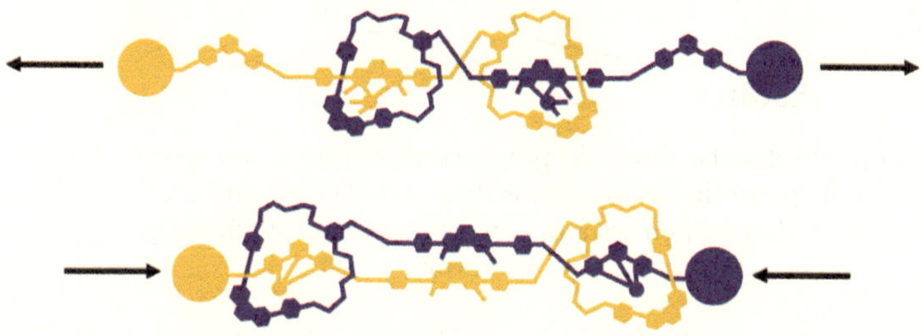

Representación de un músculo molecular en el que dos moléculas interaccionan de manera semejante a los rotaxanos y los catenanos, es decir, sin tener ningún enlace químico entre ellas. Las dos estructuras están entrelazadas y pueden realizar un movimiento de contracción y estiramiento de manera coordinada.

Previamente en este libro hemos descrito uno de los más famosos diseños dentro de la nanotecnología como es el del nanocoche de Feringa, pero este investigador es famoso por otros motivos, por ejemplo por el desarrollo de los motores moleculares. Estas estructuras están controladas mediante factores externos (como la luz) para conseguir que giren siempre en la misma dirección (algo como hemos dicho que no sucede en la naturaleza, donde los movimientos moleculares son siempre aleatorios). Feringa diseñó rotores que eran capaces de girar siempre en la misma dirección gracias a una inducción mediante luz y las propias condiciones de la molécula.

Pero uno de sus trabajos más famosos consistió en el diseño de un rotor que fue capaz de mover una varilla de vidrio 10 000 veces mayor que el propio rotor. Para ello dispuso una película de cristal líquido con una textura determinada (alineada en una dirección) y dopada con el rotor, y sobre ella colocó la varilla de vidrio. Al hacer incidir luz ultravioleta, la rotación del rotor diseñado por Feringa alteraba la alineación del cristal líquido, cambiando su forma, y como consecuencia la varilla de vidrio se desplazaba.

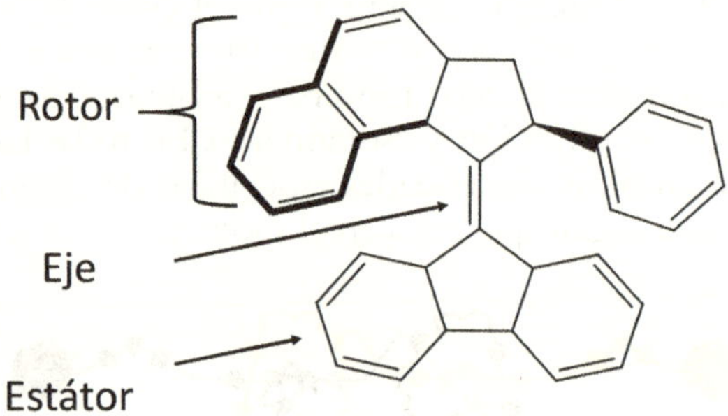

El motor molecular diseñado por Feringa consta de tres partes. Un estátor (que es la parte fija de un motor dentro de la cual gira un rotor. En este caso no es dentro, pero está fija en referencia al rotor), un eje y el propio rotor.

Se han desarrollado otros muchos diseños dentro de esta rama de la química. Muchos grupos de investigadores e investigadoras siguen trabajando para conocer con mayor grado de detalle las posibilidades de estas moléculas. Algunas recurren a cambios de pH para sus movimientos, otras a la presencia o no de determinados metales y cada día se proponen nuevas estructuras y condiciones para las máquinas moleculares. Pero la pregunta es ¿para qué sirven estas moléculas? A día de hoy son más una curiosidad científica que un invento con muchas aplicaciones. Sin embargo, representan el clásico avance científico que, partiendo de la investigación básica (donde se investiga por el conocimiento científico puro), obtiene resultados interesantes que otras personas investigadoras consiguen aplicar. Y existen innumerables ejemplos sobre cómo la investigación científica ha logrado llevar resultados de investigación básica hasta niveles inimaginables. ¿O acaso podía imaginar Benjamin Franklin que gracias a sus estudios sobre la electricidad íbamos a desarrollar algo tan complejo como internet? Pues sin los descubrimientos básicos del estadounidense no hubiésemos llegado hasta donde estamos hoy, o al menos hubiésemos necesitado más tiempo. Y quién sabe si en un futuro próximo no habrá máquinas moleculares capaces de reparar tejidos biológicos o destruir células tumorales y organismos patógenos.

98

¿CONOCES LA PELÍCULA MÁS PEQUEÑA DEL MUNDO?

En el año 2013 se estrenaron un elevado número de películas. *Frozen el Reino de Hielo*, *Gravity* o *Django Desencadenado* fueron algunas de ellas. Sin embargo, hubo una película que no tuvo presencia en las grandes pantallas, pero que obtuvo bastante fama dentro de la comunidad científica. Se trata de la película *A Boy and His Atom* (Un niño y su átomo) que fue realizada por la empresa estadounidense IBM y que entró directamente en el libro *Guiness de los récords* por ser la película más pequeña jamás creada. Esto no fue por su duración, unos dos minutos, sino porque se rodó empleando átomos. Fue grabada empleando la técnica *stop-motion* (en la que cada imagen se captura como fotografía individual y después se colocan unas detrás de otras).

Cartel anunciador de la película *A Boy and His Atom*, la más pequeña de la historia. Foto cortesía de IBM Research.

El argumento de la película se centra en Atom, un chico fabricado con átomos que se hace amigo de un simple átomo. Atom y su nuevo amigo bailan, caminan o juegan durante toda la película. El objetivo de esta película es divulgar una realidad científica relacionada con la nanotecnología, ya que para poder elaborarla los científicos de IBM tuvieron que ser capaces de coger los átomos a nivel individual, posicionarlos y ajustarlos para la toma de las imágenes y crear todas las imágenes necesarias para elaborar la película.

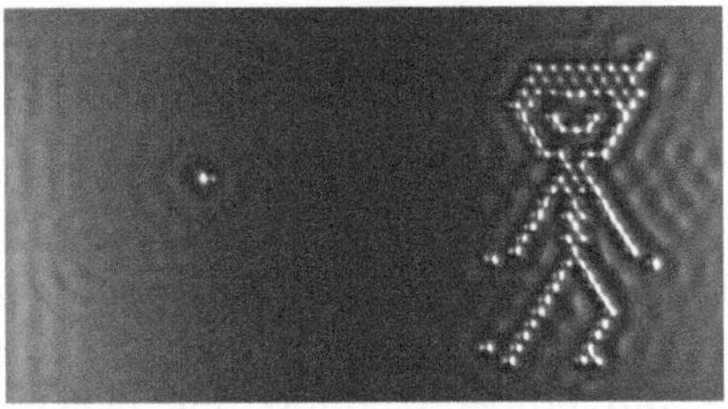

Foto de los protagonistas de la película más pequeña del mundo. El átomo a la izquierda y el chico a la derecha. Imagen cortesía de IBM Research.

Pero la principal cuestión no la encontramos en este ejemplo en sí, sino en la manera de llegar hasta ellos. Para poder observar los objetos que poseen un pequeño tamaño, los seres humanos hemos recurrido desde hace ya bastantes años a los microscopios. Concretamente a los microscopios ópticos que emplean la luz (solar o procedente de una fuente artificial) para hacernos llegar las imágenes. Gracias a eso, su resolución (que es la distancia más pequeña entre dos puntos que todavía pueden distinguirse como dos puntos independientes) tiene un límite. Concretamente, es de 200 nm, lo que está muy lejos de permitir observar los átomos a nivel individual. Esta barrera imposibilitaba el estudio de un elevado número de propiedades, experimentos y hechos relacionados con la nanotecnología.

Para poder trabajar con los átomos a nivel individual es necesario recurrir al uso del microscopio de efecto túnel (STM) diseñado por los científicos Binnig y Rohrer de IBM, que por este descubrimiento recibieron el Premio Nobel de Física en 1986. Como hemos comentado, hasta entonces no era posible observar los átomos. Los nuevos microscopios, que emplean electrones para que podamos ver los objetos, son conocidos como microscopios electrónicos y gracias a ellos se consiguen imágenes de átomos con la suficiente resolución. Desde entonces se han publicado diferentes ejemplos de trabajos desarrollados con simples átomos que pueden resultar interesantes. Uno de ellos se publicó en 1989, pocos años después del descubrimiento del microscopio de efecto túnel, en el que científicos de IBM colocaron átomos de xenón sobre una superficie metálica (de níquel) para conformar las letras IBM en el que fue el cartel más pequeño del mundo. La compañía IBM posee grupos de investigación que continúan trabajando a nivel atómico, explorando las posibilidades de esta tecnología. Fruto de ese trabajo también, en 2014, los científicos de la compañía elaboraron la portada de revista más pequeña del mundo. Para ello escogieron un número de la revista *National Geographic Kids* (marzo de 2014) en la que aparecen dos pandas y la imitó con un tamaño mucho menor. Concretamente con unas dimensiones de 11 × 14 micrómetros (un metro equivale a 10^6 micrómetros, es decir, un millón de micrómetros). Esta portada fue diseñada mediante un proceso llamado nanoestampación en el que se empleó una punta de silicio de muy pequeño tamaño (miles de veces más pequeña que un alfiler) calentada a mil grados, que realizó el dibujo sobre la superficie de un polímero.

¿Qué será lo próximo? ¿Podremos llegar a contemplar el interior de los átomos?

Foto del diseño realizado por los investigadores de IBM recreando la portada de la revista *National Geographic Kids*. Foto cortesía de IBM. El archivo se encuentra bajo licencia Attribution-NoDerivs 2.0 Generic (CC BY-ND 2.0).

99

¿PUEDE LA NANOTECNOLOGÍA SALVAR VIDAS?

Uno de los campos donde la investigación en nanotecnología es más activa lo encontramos en el campo de la biomedicina, ya que se han encontrado aplicaciones de las nanopartículas tanto en el tratamiento del cáncer como en su detección, ya que es posible acoplar nanopartículas metálicas a biomarcadores específicos de un tipo de cáncer para diagnosticar con mayor antelación que con las pruebas convencionales.

En el caso de la detección, es importante señalar que las nanopartículas metálicas que se emplean poseen afinidad por un tipo concreto de sustancia que llamamos biomarcador, y que es el que ofrece información sobre la presencia o no de un tumor, por ejemplo. Las técnicas analíticas empleadas para determinar moléculas orgánicas presentan dificultades técnicas y son más caras (sobre todo porque el equipamiento que requieren es extremadamente caro) que otras empleadas para detectar metales. Por lo tanto, es posible realizar las determinaciones de una manera más eficiente y a menor coste, lo que redunda en beneficio del sistema público de salud.

Asimismo, existen nanopartículas que pueden ser empleadas para mejorar el contraste en técnicas de diagnóstico por imagen. Gracias a estas nanopartículas se podría lograr detectar con mayor antelación tanto tumores o defectos como acumulaciones de sustancias (como sucede en la enfermedad de Alzheimer donde se acumulan diferentes sustancias como las proteínas anómalas β-amiloides en el cerebro) que señalan que existe alguna enfermedad en el organismo.

Pero el uso de nanopartículas va mucho más allá, ya que se está estudiando su uso como potenciadores de los efectos de la radioterapia. El objetivo de este trabajo se basa en provocar un mayor daño sobre las células tumorales gracias a la incorporación de fármacos que actuarían sobre el tumor, liberando radicales libres que degradarían las células. Para esta tecnología es fundamental lograr el transporte hasta las zonas de interés (por ejemplo, los tumores). Precisamente también se está investigando en el uso de las nanopartículas como vehiculizantes de biomoléculas. Esta aplicación presenta gran interés ya que es llevar las biomoléculas hasta la zona de interés (por ejemplo, los fármacos citotóxicos empleados contra el cáncer llevados directamente a un tumor o los antibióticos hasta una infección) y entonces proceder o bien a su liberación controlada o bien a su activación. El hecho de que se actúe principalmente sobre una zona podría reducir los efectos secundarios en el resto del organismo (ya que no atacaría en otros órganos como el riñón o el hígado y no presentaría toxicidad renal/hepática), mientras que se aumentan los efectos terapéuticos sobre la diana en la que se busca actuar. El encapsulamiento, que es una de las maneras de llevar a cabo la liberación controlada, presenta ventajas a la hora de tomar una medicación ya que podría conseguirse que, si el objetivo del fármaco se encuentra en el intestino grueso, la degradación no se produzca ni en el estómago ni en el intestino delgado y solo en el intestino grueso se libere el fármaco, aumentando su concentración en esa zona y por tanto, su efectividad.

La investigación biomédica tiene muchas expectativas en el uso de las nanopartículas y continúa trabajando para poner a punto todo su potencial con el fin de salvar el mayor número posible de vidas.

100

¿Podemos saber cuál será el futuro de la nanotecnología?

En primer lugar, al hablar del futuro no sería lo mismo imaginar la realidad dentro de veinte años, un siglo o un milenio. En esta pregunta vamos a desarrollar teorías más centradas en las dos primeras opciones que en la tercera. Y hemos de reconocer que tal vez la respuesta a esta pregunta corresponda más a la ciencia ficción que a la ciencia en sí. Pero entre quienes se atreven a aventurar el futuro, las posiciones se dividen en dos: los utópicos y los distópicos. Los utópicos son aquellos que defienden un futuro mejor, mientras que los distópicos temen que esté plagado de peligros y riesgos.

Por ejemplo, para los utópicos es fácil imaginar un futuro en el que las máquinas moleculares sean capaces de reparar nuestros problemas de salud. Por ejemplo, que haya nanomáquinas capaces de eliminar las células cancerígenas en nuestro cuerpo a tiempo real. Existen otras funciones que podrían llevar a cabo, como la eliminación de los depósitos que se observan en la enfermedad de Alzheimer o la reparación de nervios seccionados (lo que conllevaría que personas parapléjicas o tetrapléjicas pudiesen recuperar la movilidad). E igualmente, que estas nanomáquinas fuesen capaces de realizar operaciones por sí mismas.

Mientras que los distópicos pueden imaginar igualmente que esas nanomáquinas podrían servir para reprogramar nuestros cerebros y tratar de controlar nuestras emociones y pensamientos. Este hecho, que también podría ser empleado para evitar que las personas depresivas tengan ideas suicidas, podría resultar un grave riesgo si no existe un control ético de la investigación biomédica y de su aplicación real.

Otra posibilidad sería el empleo de pequeñas cámaras del tamaño lo suficientemente pequeño como para circular por venas y arterias, que serían el final de las endoscopias, colonoscopias y otras pruebas invasivas. Igualmente, mediante estas máquinas se podría llegar a acceder a un feto para reparar posibles defectos congénitos incluso desde antes del parto.

Asimismo, implantando sistemas biónicos de muy pequeño tamaño se podría conseguir, por ejemplo con su colocación en los ojos, desde la recuperación de la visión para personas invidentes (sobre esto ya hay algunos trabajos) hasta un sistema visión nocturna activable durante la noche o dispositivos de realidad aumentada que ofreciesen más información para los individuos que los emplean.

Por otro lado, un descontrol en el funcionamiento de las nanomáquinas empleadas en biomedicina (por una síntesis errónea o por un accidente que las alterase) podría convertirlas en un peligro para los seres humanos. Por ejemplo, provocando ataques contra nuestro propio sistema inmune o provocando reacciones biológicas en cascada como inflamaciones o respuestas del sistema inmune. Por ello sería necesario tener preparados antídotos capaces de eliminar las nanomáquinas una vez que su vida útil hubiese acabado o en caso de que provocasen cualquier fallo.

De igual modo, llegado el caso, para los más distópicos no es difícil dibujar un escenario con nanomáquinas especialmente diseñadas para actuar como venenos y armas biológicas o químicas. Lo que, dado el historial de la humanidad, tampoco es descabellado.

Pero no solo se elaborarían nanomáquinas relacionadas con la biomedicina. Por ejemplo, es posible que se desarrollen otras capaces de degradar los millones de partículas de nanoplásticos que contaminan los mares y océanos de nuestro planeta. Mientras que las partículas de mayor tamaño pueden ser recogidas por otros métodos, cuanto más pequeñas son las partículas más difícil resulta su eliminación, y su acumulación en las aguas de todo el planeta supone cada día un mayor riesgo. Tal vez la nanotecnología encuentre la solución a este grave problema medioambiental.

Igualmente se podrían realizar sistemas capaces de aislar elementos radiactivos y, por lo tanto, empleables para llevar a cabo la descontaminación de zonas con una elevada cantidad de radiactividad.

Otra de las vertientes de doble filo que puede tener la tecnología a pequeña escala sería su empleo para las cuestiones relacionadas con el espionaje, ya que por un lado podría servir para luchar contra el terrorismo, y por otro resulta difícil imaginar una forma eficiente para protegerse contra posibles intromisiones ilícitas en la intimidad si se emplean dispositivos casi indetectables.

Otro de los principales riesgos de esta tecnología, y de cualquier otra, es que no llegue en igualdad de condiciones para todo el mundo. Es decir, que por su precio no sea accesible para quienes no tienen demasiados recursos y entonces no puedan acceder a la curación de enfermedades o a recuperar su visión gracias a la nanotecnología.

Lo cierto es que cuanto más pensemos, más lejos podemos llegar tanto con los riesgos como con los potentes beneficios de esta tecnología. Aunque muchas de estas opciones pueden parecer muy lejanas, tal vez en menos de cincuenta años estén implantadas en nuestro día a día.

Glosario

A continuación se exponen algunos de los términos empleados para los que se puede requerir poseer ciertos conocimientos previos:

ADN: es la abreviatura empleada para nombrar al ácido desoxirribonucleico, que es el compuesto químico que contiene la información genética de todos los organismos vivos (y de algunos virus). Es el responsable de la transmisión de la información genética de padres a hijos (herencia genética). Está compuesto por nucleótidos (que son la unión de bases nitrogenadas, un monosacárido de cinco carbonos y un grupo fosfato) que se repiten miles de veces y tiene estructura de doble hélice con dos cadenas de bases nucleótidos donde las bases nitrogenadas interaccionan y se complementan unas con otras.

Afinidad electrónica: esta propiedad describe la energía liberada cuando un átomo gaseoso en su estado fundamental capta un electrón libre y se convierte en un ion negativo (carga −1). La afinidad electrónica sirve para prever qué elementos pueden generar aniones estables. Los valores de este parámetro aumentan de izquierda a derecha en la tabla periódica y de abajo hacia arriba, es decir, los elementos con mayor afinidad electrónica se encuentran en la parte derecha superior de la tabla periódica (como el oxígeno o el cloro).

Alquimia: es el término empleado para describir los estudios sobre la materia que fueron realizados en la Antigüedad y durante la Edad Media. Entre sus objetivos se encontraba lograr el elixir de la vida eterna o lograr convertir cualquier metal en oro. La alquimia es básica para la química, ya que la segunda surgió a raíz de ella.

Anión: es una especie química cargada (es decir, un ion) que posee carga negativa. Por lo tanto, que ha ganado electrones.

ARN: son las siglas empleadas para nombrar al ácido ribonucleico, que también está compuesto por nucleótidos que forman una cadena simple (de menor longitud que la del ADN). Participa en diversos procesos como la síntesis de proteínas o actúa como mensajero de la información contenida en el ADN.

Biomarcador: son sustancias que se emplean para conocer el estado de salud o la enfermedad en un individuo. Pueden servir para detectar una enfermedad o su estado, así como la respuesta al tratamiento, entre otras. Lo que se realiza es determinar su presencia así como su concentración.

Cápsida: se trata de la estructura proteínica que envuelve el ácido nucleico de los virus.

Catalizador: se trata de compuestos o elementos químicos empleados para lograr que una reacción que no tendría lugar a unas condiciones dadas de presión y temperatura suceda gracias a la adición de esta sustancia, o bien se emplea para aumentar la velocidad de reacción a la que se produce dicha reacción química. Los catalizadores se emplean en cantidades mucho menores que los reactivos químicos y, en principio, se regeneran durante la reacción y se pueden reutilizar.

Catenano: es una estructura molecular compuesta por dos o más macrociclos entrelazados a semejanza de una cadena en la que no se pueden separar sus eslabones sin romper enlaces covalentes de alguno de los macrociclos.

Catión: se trata de una especie química cargada que posee carga positiva, es decir, que ha perdido electrones.

Configuración electrónica: es la descripción de la manera en que los electrones se estructuran en un átomo en capas electrónicas y orbitales que poseen diferentes formas.

Corteza: se trata de una de las partes en que se divide un átomo que posee el núcleo (donde se encuentran los protones y los neutrones y, por tanto, la mayoría de la masa del átomo) y la propia corteza, que ocupa la práctica totalidad del volumen del átomo y en la que se encuentran los electrones.

Cromatografía: es un método químico de separación que se basa en las diferentes interacciones entre los compuestos que se pretende separar y una fase estacionaria (fija) y una fase móvil (una mezcla de disolventes) que circula a través del sistema.

Cromosomas: es la estructura que se encuentra en el interior de las células y que contiene la información genética de cada individuo. Los seres humanos poseemos 23 pares de cromosomas, uno de los cuales es el que define el sexo del individuo, que se denomina XX en caso de las mujeres y XY para los hombres.

Crudo: es la mezcla que se obtiene tras la realización de una reacción química y en la que coexisten los productos deseados, restos de los reactivos e impurezas. También se conoce como crudo al petróleo (que también es una mezcla de muchos compuestos químicos).

Deuterio: se trata de un isótopo del hidrógeno que posee un protón y un neutrón (por tanto, su masa es prácticamente el doble que la del hidrógeno). Posee una abundancia natural del 0,015% de los átomos de hidrógeno.

Electrón: se trata de una partícula subatómica elemental (es decir, que no está formada por otras) que posee una masa muy pequeña (en comparación con un protón) y que tiene carga eléctrica negativa. En un átomo neutro hay tantos electrones como protones. Los electrones son responsables de la mayor parte de la reactividad de los elementos químicos.

Electronegatividad: es una capacidad de un determinado elemento para atraer a los electrones cuando forma enlaces químicos. La diferencia entre las electronegatividades de los átomos en un enlace determinará si se trata de un enlace iónico o covalente.

Enantiómeros: se conoce como enantiómeros a dos compuestos químicos en el que uno es la imagen especular del otro y son no superponibles. Poseen la misma masa molecular y la mayoría de propiedades químicas y físicas son idénticas, a excepción de la interacción con luz polarizada y de la reactividad con otras sustancias químicas quirales en la que puede haber grandes diferencias.

Energía de ionización: es la energía que se requiere para extraer un electrón de un átomo de un elemento en su estado fundamental gaseoso. Cuanto mayor sea este valor más difícil será separar el electrón (y por tanto, más difícil formar un catión estable).

Enzima: se trata de moléculas orgánicas que de manera natural se comportan como catalizadores dentro de los organismos vivos (aceleran la velocidad de reacción de muchos procesos biológicos).

Estereoisomería: es una propiedad de los compuestos que poseen la misma fórmula química pero cuyos átomos presentan una diferente disposición espacial, lo que provoca que, con la misma masa molecular, puedan poseer propiedades, sobre todo reactivas, muy diferentes.

Formas alotrópicas: este término hace referencia a una propiedad de algunos átomos y compuestos que poseen diferentes estructuras atómicas o moleculares para la misma fórmula. Por ejemplo, el carbono (C) puede adoptar las formas de carbón, grafito, grafeno o diamante entre otras, o el oxígeno puede encontrarse en la forma diatómica (O_2) o como ozono (O_3).

Gravimetría: se trata de una técnica de análisis empleada en química analítica para la determinación de la cantidad de una sustancia que se basa en la eliminación de todas las sustancias que interfieren con la misma y entonces proceder a pesar la sustancia objetivo del análisis, que puede mantenerse en la forma original o puede haber sufrido transformaciones conocidas hasta la obtención de otra estructura conocida que puede llevarnos a conocer la cantidad inicial de la sustancia que se pretendía determinar.

Hadrones: son partículas subatómicas que están formadas por quarks (partículas elementales) que permanecen unidos gracias a la llamada interacción nuclear fuerte. Los protones y los neutrones son los ejemplos más conocidos.

HPLC: Son las siglas por las que se conoce la cromatografía líquida de alta eficacia (del inglés *High Performance Liquid Chromatography*), es una de las principales técnicas empleadas en química analítica para la determinación de compuestos químicos, tanto componentes orgánicos como bioquímicos.

Índice de refracción: es el cociente entre la velocidad de la luz en el vacío y en un determinado medio. Los haces de luz se desvían al cambiar de medio en función del cociente entre los índices de refracción de ambos medios.

Inerte: se conoce como sustancia inerte a aquella que no posee apenas reactividad química. El ejemplo más conocido son los llamados gases nobles de los que durante años no se conoció su capacidad para reaccionar con otros elementos y que en la actualidad sigue siendo muy reducida.

Isótopo: se aplica este término a aquellos átomos que, poseyendo el mismo número atómico (es decir, son el mismo elemento), presentan distinta masa atómica y por lo tanto, difieren en el número de neutrones. Muchos de estos isótopos no son estables y se descomponen con el paso del tiempo, lo que da lugar a muchos procesos radiactivos.

Neutrón: se trata de una partícula subatómica que se encuentra presente en el núcleo de los átomos y que no posee carga eléctrica. Posee una masa muy similar a la del protón (y por tanto, mucho mayor que la del electrón). El número de neutrones puede variar dentro de un mismo elemento, dando lugar a los llamados isótopos.

Núcleo: se trata de la parte central de un átomo y posee un volumen minúsculo. Sin embargo, posee la gran mayoría de la masa del átomo. Está compuesto por protones (que poseen carga eléctrica positiva) y neutrones (que no poseen carga eléctrica).

Orbital: son las diferentes regiones del espacio dentro de la corteza de los átomos, en los cuales se distribuyen los electrones. Cada orbital puede contener un máximo de dos electrones. Existen diversos tipos de orbitales, que poseen formas diferentes.

Péptido: se trata de compuestos químicos formados por un número bajo de aminoácidos.

Período de semivida: se emplea este término para describir el comportamiento de un átomo radiactivo y describe el tiempo requerido para que se lleve a cabo la desintegración de la mitad de los núcleos de la muestra radiactiva.

Producto químico: se conoce con este término a cualquiera de las sustancias que se obtienen como resultado de una reacción química. Es decir, que se genera en el transcurso de la reacción química.

Protón: es una de las dos partículas subatómicas que se encuentran en el núcleo de un átomo. Posee carga eléctrica positiva y su masa es 1836 veces mayor que la de un electrón. El número de protones se conoce como número atómico y es lo que determina que se trate de un elemento u otro.

Radioactividad: se trata de una propiedad que poseen los núcleos atómicos inestables que pueden proceder a reaccionar emitiendo partículas y energía a través de su desintegración.

Reactivo químico: este término hace referencia a las sustancias químicas que participan en una reacción química, combinándose y dando lugar a otras (los llamados productos químicos). Los reactivos químicos reducen su concentración conforme avanza la reacción química.

Redox: este término se emplea para definir aquellas reacciones químicas en las que se produce una transferencia de electrones. También son conocidas como reacciones de oxidación-reducción.

Refinado: es el proceso de purificación que se realiza para separar los diferentes componentes de una mezcla química. El caso más conocido es el del proceso realizado para separar los diferentes componentes del petróleo en fracciones que poseen diversas aplicaciones, desde la gasolina a los asfaltos.

Resistividad: con este término definimos la resistencia eléctrica específica de un determinado material.

Tetraedro: se trata de un cuerpo geométrico que posee cuatro caras, todas ellas triangulares. Es la figura que adoptan los cuatro sustituyentes de un carbono con hibridación sp^3, en la que el propio átomo de carbono ocupa el centro y los sustituyentes cada uno de los vértices del tetraedro.

Zwitterión: se trata de una molécula que posee de manera simultánea una carga positiva y otra negativa en su estructura, siendo la resultante de cargas neutras.

Bibliografía consultada

Libros

Carey, F. A. (2006) *Química orgánica.* Madrid: McGraw Hill.

Dickerson, R. E.; Gray, H. B.; Darensbourg, M. Y. y Darensbourg, D. J. (1992) *Principios de química.* Barcelona: Editorial Reverté.

Fernández Álvarez, J. M. (2001) *La estadística en Química Analítica.* Pamplona: Universidad de Navarra.

Juaristi, E. y Manzanilla Naim, L. R. (2015) *La química: el funcionamiento del universo, los seres vivos y las actividades humanas.* Ciudad de México: Editorial El Colegio Nacional.

Levine, I. N. (2004) *Fisicoquímica.* vol. 1. Madrid: Mc Graw Hill.

Macarulla, J. M.; y Marino, A.; Macarulla, A. (1988) *Bioquímica cuantitativa.* Barcelona: Editorial Reverté.

Martín Martínez, J. M. (2000) *Conceptos básicos de adhesión y de uniones adhesivas*. Alicante: Publicaciones Universidad de Alicante.

Shriver, D. F.; Atkins, P. W. y Langford, C. H. (1998) *Química inorgánica*. Barcelona: Editorial Reverté.

Valenzuela Calahorro, C. (1995) *Química general. Introducción a la química teórica*. Salamanca: Ediciones Universidad Salamanca.

Revistas

Albrecht, T.; Bührer, C.; Fähnle, M.; Maier, K.; Platzek, D. y Reske, J. (1997) «First observation of ferromagnetism and ferromagnetic domains in a liquid metal». En: *Applied Physics A*, 65: 215-220.

Araujo-Ferrer, S.C.; De Almeida, A.; Zabala, A. y Granados, A. (2013) «Uso de catalizadores en los procesos Fischer-Tropsch». En: *Revista Mexicana, Ingeniería Química*, 12: 257-269.

Ballesteros-Vásquez, M. N.; Valenzuela-Calvillo, L. S.; Artalejo-Ochoa, E. y Robles-Sardin, A. E. (2012) «Grasas trans, salud humana, regulación y disminución en su consumo». En: *Nutrición Hospitalaria*, 27: 54-64.

Cabrera-García, A.; Checa-Chavarria, E.; Pacheco-Torres, J.; Bernabeu-Sanz, A.; Vidal-Moya, A.; Rivero-Buceta, E.; Sastre, G.; Fernández, E. y Botella, P. (2018) «Engineered contrast agents in a single structure for T1-T2 dual magnetic resonance imaging». En: *Nanoscale*, 10: 6349-6360.

Chanteau, S. H. y Tour, J. M. (2003) «Synthesis of Anthropomorphic Molecules: The NanoPutians». *The journal of organic chemistry*, 68: 8750-8766.

Delgado Ortiz, M. I. y Hernández Mujica, J. L. (2015) «Los virus, ¿son organismos vivos? Discusión en la formación de profesores de Biología». En: *Varona*, 61: 1-7.

Eelkema, R.; Pollard, M. M.; Vicario, J.; Katsonis, N.; Serrano Ramon, B.; Bastiaansen, C. W. M.; Broer, D. J. y Feringa, B. L. (2006) «Nanomotor rotates microscale objects».En: *Nature*, 40: 163.

Emanuel, M.; Rawlins, M.; Duff, G. y Breckenridge, A. (2012) «Thalidomide and its sequelae». En: *Lancet*, 380: 781-783.

Feynman, R. P. (1960) «There's Plenty of Room at the Bottom». En: *Engineering and Science*, 23: 22-36.

Gago, I.; Río, M. del; Carretero, J.; Ibarra, I.; León, G. y Miguel, B. (noviembre 2017) «Nanocomposites basados en el grafeno para chalecos antibalas: límite balístico y propiedades en tensión e impacto». En: V Congreso Nacional de I+D en Defensa y Seguridad, Toledo.

Garcés Giraldo, L. F. y Hernández Ángel, M. L. (2004) «La lluvia ácida: un fenómeno fisicoquímico de ocurrencia local». En: *Revista Lasallista de Investigación*, 1: 67-72.

Garritz, A. (2014) «Historia de la química cuántica». En: *Educación química*, 25: 170-175.

Iijima, S. (1991) «Helical microtubules of graphite carbon». En: *Nature*, 354: 56-58.

Jensen, W. B. (2007) «How and When Did Avogadro's Name Become Associated with Avogadro's Number?». En: *Journal of chemical education*, 84: 223.

Kroto, H. W.; Heath, J. R.; O'Brien, S. C.; Curl, R. F. y Smalley, R. E. (1985) «C_{60}: Buckminsterfullerene». En: *Nature*, 318: 162-163.

Kudernac, T.; Ruangsupapichat, N.; Parschau, M.; Maciá, B.; Katsonis, N.; Harutyunyan, S. R.; Ernst, K.H. y Feringa, B. L. (2011) «Electrically driven directional motion of a four-wheeled molecule on a metal surface». En: *Nature*, 479: 208-211.

Lander, E. S. (2016) «The Heroes of CRISPR». En: *Cell*, 164: 18-28.

Lagos, M. L.; Poggi, H. M. y Mellado, C. S. (2011) «Conceptos básicos sobre el estudio de paternidad». En: *Revista médica de Chile*, 139: 542-547.

Martín León, N. (2011) «Sobre fullerenos, nanotubos de carbono y grafenos». En: *Arbor*, 187:115-131.

—, (1999) «Fullerenos: moléculas de carbono con propiedades excepcionales». En: *Anales de la Real Sociedad Española de Química*, vol. 95; 14-23.

Muñoz Páez, A y Garritz, A. (2013) «Mujeres y química. Parte I. De la antigüedad al siglo XVII». En: *Educación Química*, 24: 2-7.

Olalla Herbosa, R. y Tercero Guitérrez, M. J. (2011) «Dopaje. En el deporte». En: *Revisión. Offarm*, 30: 59-64.

Papaseita, E.; García-Algar, O. y Farré, M. (2013) «Talidomida: una historia inacabada». En: *Anales de Pediatría*, 78: 283-350.

Rapenne, G. y Joachim, C. (2017) «The first nanocar race». En: *Nature Reviews Materials*, 2: 17040.

Rebolo Lopez, R. (2003) «Exoplanetas». En: *Revista Española de Física*, 17: 29-33.

Sakai, T.; Nagao, Y.; Nakamura, Y. y Mori, Y. (2017) «Methanolysis of the Cyclic Acetal Function of NanoKid Catalyzed by NanoGoblin, the Pyridinium Salt of Tetracyanocyclopentadienide». En: *ACS Omega*, 2: 8543-8549.

Sauvage, J. P. (1998) «Transition Metal-Containing Rotaxanes and Catenanes in Motion: Toward Molecular Machines and Motors». En: *Accounts of Chemical Research*, 31: 611-619.

Scherer, C. y Figueiredo Neto, A. M. (2005) «Ferrofluids: Properties and Applications». En: *Brazilian Journal of Physics*, 35: 718-727.

Silva, G.; Poirot, L.; Galetto, R.; Smith, J.; Montoya, G.; Duchateau, P. y Pâques, F. (2011) «Meganucleases and Other Tools for Targeted Genome Engineering: Perspectives and Challenges for Gene Therapy». En: *Current Gene Therapy*, 11: 11-27.

Tshitoyan, V.; Dagdelen, J.; Weston, L.; Dunn, A.; Rong, Z.; Kononova, O.; Persson, K. A.; Ceder, G. y Jain, A. (2019) «Unsupervised word embeddings capture latent knowledge from materials science literature». En: *Nature*, 571: 95-98.

Van Delden, R. A.; Ter Wiel, M. K. J.; Pollard, M. M.; Vicario, J.; Koumura, N. y Feringa, B. L. (2005) «Unidirectional molecular motor on a gold Surface». En: *Nature*, 437: 1337-1340.

Webgrafía

(Todos los enlaces se han comprobado por última vez el 14 de octubre de 2019)

A división of the American Chemical Society. «CAS Registry. The gold standard for chemical substanceinforation», *CAS*, Recuperado de: https://www.cas.org/support/documentation/chemical-substances

Asociación española de industriales de plásticos. «¿Qué son los plásticos?», ANAIP. Recuperado de: https://www.anaip.es/economia-circular/losplasticos/que-es.html.

Borrás, J. J. «Enlace metálico», *Universitat de Valencia*. Recuperado de: https://www.uv.es/borrasj/ingenieria_web/temas/tema_3/tema_3_enlace_metalico.pdf.

Buis, A., Clavin, W. y Harrington, J. D. «NASA Telescope Finds Elusive Buckyballs in Space», *Nasa*. Recuperado de: https://www.nasa.gov/mission_pages/spitzer/news/spitzer20100722.html.

Graphene Flagship. http://graphene-flagship.eu/.

Instituto Linus Pauling. «Fósforo», Oregón State Universitu. Recuperado de: https://lpi.oregonstate.edu/es/mic/minerales/fosforo.

Sociedad Nuclear Española. «Funcionamiento de las centrales nucleares», SNE. Recuperado de: https://sne.es/es/energia-nuclear/preguntas-y-respuestas/funcionamiento-de-las-centrales-nucleares/article/122393-ipor-que-se-enriquece-el-uranio.

Bibliografía recomendada

Asimov, I. (2003) *Breve Historia de la Química*. Madrid: Alianza Editorial.

Sobre la historia de la química puedes leer este libro fantástico de uno de los maestros de la literatura: Isaac Asimov que estudia la evolución del estudio de la materia que ha realizado la humanidad desde sus inicios (con la metalurgia o la alquimia) hasta la época contemporánea del escritor (incluyendo los estudios de química nuclear y las bombas atómicas).

Policía Nacional: https://www.policia.es/org_central/cientifica/com_cientifica.html

Si quieres saber más sobre el funcionamiento de la policía científica en España basta con una visita a su página web que ofrece información muy completa y a la que se puede acceder de manera muy sencilla. Incluye un apartado de actuaciones relevantes donde desgranan su labor en diversos casos algunos de ellos muy mediáticos.

FAO. «Grasas y ácidos grasos em nutrición humana». Recuperado de: http://www.fao.org/3/i1953s/i1953s.pdf

Este informe de la FAO aborda el tema de las grasas y la dieta humana de manera muy completa, e incluye un capítulo destinado a las necesidades nutricionales de las grasas tanto en el embarazo y la lactancia como para lactantes de entre cero y dos años y para niños de dos años a dieciocho, además de las recomendaciones nutricionales sobre este tema. También aborda la relación de las grasas con diversos tipos de cáncer.

NASA e Instituto de Astrofísica de Canarias https://www.nasa.gov/ y http://www.iac.es/

En caso de que te interese la astronomía, te recomiendo dos recursos: la página web de la NASA (que está en inglés) y la del Instituto de Astrofísica de Canarias, que está en castellano y contiene muchísima información, desde sobre la composición del universo a las órbitas de los cuerpos celestes, junto a los principales descubrimientos científicos en este campo, presentada de manera divulgativa, que puede ser de tu interés.

Martín Martínez, J. M. (2001) *Adhesivos*. Editorial Red CYTED VIII.

Si te interesan los adhesivos, sus diferentes tipos o su funcionamiento, te recomiendo un libro muy completo, posiblemente el más detallado que existe en lengua española, que además está escrito de manera que hace muy accesible su lectura, lo que facilita la comprensión de esta materia:

«The Nobel Prize in Chemistry 2016. NobelPrize.org». En: *Nobel Media AB 2019*. Recuperado de: https://www.nobelprize.org/prizes/chemistry/2016/summary/

La web de la Fundación Nobel incluye información, en inglés, sobre los trabajos de todas las personas que han recibido su galardón. En concreto, el Premio Nobel de Química de 2016, que fue otorgado a tres investigadores por sus trabajos sobre la nanotecnología, presentan un resumen de sus logros más relevantes acompañados de varios esquemas que facilitan la compresión de las nanomáquinas diseñadas por estos investigadores.

Sicilia, A. «El bosón de Higgs ("la partícula de Dios") en 9 claves». En: *Principia Marsupia.* Recuperado de: http://www.principiamarsupia.com/tag/leptones/

Si quieres saber un poco más sobre física de partículas y en concreto sobre el Bosón de Higgs puedes recurrir a este artículo donde se desgranan, de manera clara y sencilla, las diferentes partículas subatómicas. El autor de esta página, Alberto Sicilia, además de ser doctor en física teórica, trabaja como reportero freelance en escenarios tan difíciles como Gaza o Irak. Tal vez gracias a esto, el lenguaje que emplea sea tan accesible para personas no expertas en el campo y clarifica los conceptos relacionados con el Bosón de Higgs de manera que es posible su comprensión para cualquier persona.

Fernández Panadero, J. (2008) *¿Por qué el cielo es azul?* Madrid: Páginas de Espuma.

—, (2011) *¿Por qué la nieve es blanca?* Madrid: Páginas de Espuma.

Son dos textos que abordan temas del día a día relacionados con la química y la materia, y que están redactados empleando un lenguaje sencillo y un tono muy didáctico que facilita su comprensión

Fernández Organista, M.ª y Ruiz Abánades, D. (2018) *La Bioquímica en 100 preguntas.* Madrid: Ediciones Nowtilus.

Si quieres conocer en profundidad los detalles y secretos de la Bioquímica lo puedes encontrar dentro de esta misma colección de la editorial Nowtilus. Un libro en el que los autores plasman su amplio conocimiento de manera rigurosa y aportan esquemas que ayudan a comprender de manera sencilla aspectos claves de la bioquímica.

Agradecimientos

Para que este libro viese la luz han colaborado muchas personas. Voy a intentar acordarme de todos y cada uno de ellos y ellas.

Tengo que agradecerle al doctor Pablo de Vera su inestimable ayuda en el complejo campo de la química física, donde su ayuda fue fundamental. Igualmente, Nahúm Chazarra, todo un «geólogo en apuros», me asesoró en las preguntas sobre la datación histórica y la determinación de la composición química de los planetas. A Sofía Linares y Alba de la Rica, química y farmacéutica, respectivamente, por haber sacado un hueco en sus agendas para revisar diversas partes del primer manuscrito. El doctor Víctor Barberá, resiliente como pocos, que aportó luz a la bioquímica de este trabajo. La doctora Alejandra Moyano, persona rigurosa y exigente, sin la cual la calidad del resultado final hubiese sido mucho menor.

Al catedrático y doctor Diego Alonso, quien además de haber sido un mentor científico para mí, puso sus amplios conocimientos sobre química orgánica al servicio de este volumen.

Por supuesto, he de agradecer la labor de Paloma Albarracín, editora de Nowtilus, por su guía a través de la travesía química destinada al puerto de la edición. Y también a Santos Rodríguez, químico enamorado del mundo de la edición, por su fe en este proyecto.

Eso sí, cualquier posible fallo en este trabajo es únicamente atribuible a mí mismo y a mis modestas capacidades.